U0617478

中国岩相古地理图集

（泥盆纪—三叠纪）

牟传龙　王启宇　葛祥英　等　编著

科学出版社

北京

内 容 简 介

本图集以国家科技重大专项"大型油气田及煤层气开发"下属课题"全国油气基础地质研究与编图"、中国地质调查局基础调查项目"中国岩相古地理编图"、中国地质调查局能源矿产地质调查项目"四川盆地地质结构与深层油气综合调查"、"西南重要盆地多能源资源地质调查"、中石油西南油气田公司勘探开发研究院委托项目"上扬子地区二、三叠系地层及沉积特征研究"为依托，采用"构造控盆、盆地控相、相控油气基本地质条件"的核心思路和造山带岩相古地理编图思路和方法，编制完成新一轮中国泥盆纪—三叠纪岩相古地理图集，进一步填补了近 20 年来全国性连续断代岩相古地理研究与编图的空白，是中国岩相古地理研究系列成果之一。本图集呈现的研究成果中，在金沙江结合带新识别出榴闪岩及对其两侧盆地性质和岩相古地理格局的控制、四川盆地二叠纪构造 - 沉积格局、塔里木盆地泥盆纪—石炭纪原型盆地及沉积格局、青藏高原等研究程度相对较低地区的地层划分与对比、岩相古地理特征等重大基础地质问题取得重要进展。本图集系统总结了四川盆地及周缘、塔里木盆地及周缘等重点地区重点层系的岩相古地理格局与生、储、盖特征以及空间分布规律，对国内越来越精细的油气风险勘探部署具有重要的指导作用和参考价值。

本图集可供从事基础地质、沉积地质、石油天然气地质、沉积型矿产地质工作者和有关科研人员阅读与参考。

审图号：GS 川（2024）196 号

图书在版编目（CIP）数据

中国岩相古地理图集 . 泥盆纪—三叠纪 / 牟传龙等编著 . —北京：科学出版社，2024.8
ISBN 978-7-03-077335-7

Ⅰ . ①中… Ⅱ . ①牟… Ⅲ . ①泥盆纪—三叠纪－岩相古地理图－中国－图集
Ⅳ . ① P534 ② P586

中国国家版本馆 CIP 数据核字（2023）第 253226 号

责任编辑：罗　莉 / 责任校对：彭　映
责任印制：罗　科 / 封面设计：墨创文化

科学出版社 出版
北京东黄城根北街 16 号
邮政编码：100717
http://www.sciencep.com

四川煤田地质制图印务有限责任公司印刷
科学出版社发行　各地新华书店经销

*

2024 年 8 月第 一 版　　开本：889×1194　1/8
2024 年 8 月第一次印刷　　印张：22 1/2
字数：602 000

定价：798.00 元

（如有印装质量问题，我社负责调换）

中国岩相古地理图集

（泥盆纪—三叠纪）

作 者

牟传龙　王启宇　葛祥英　王秀平　侯　乾

周恳恳　夏　彧　梁　薇　昝博文　王远翀

前　言

中国岩相古地理图集（泥盆纪—三叠纪）是中国岩相古地理研究系列成果之一。

2016年，《中国岩相古地理图集（埃迪卡拉纪—志留纪）》出版。该图集是2011~2015年笔者在承担国家科技重大专项"全国油气基础地质研究与编图"和中国地质调查局项目"中国岩相古地理编图"时，根据研究任务与服务对象，提出以"构造控盆、盆地控相、相控油气基本地质条件"为基本指导思想，采用优势相或压缩法编制形成的一套全国岩相古地图。该图集实现了两个方面的创新和认识：一是在活动论和古纬度坐标上的洋、海、陆分布古地理研究、指导思想、编图方法及表达上更进一步，有创新性的认识和表达方式。如在活动性体现上，按地质断代，以角图形式尽量反映中国各块体在全球构造中的位置；在编图思路和方法上，通过收集、分析利用前人相关成果资料，厘清沉积盆地演化的基本地质背景，编制各阶段"大地构架和沉积盆地分布图"，作为编制岩相古地理图的基础和"构造控盆、盆地控相"思路的体现；在相关图件与岩相古地理图相结合上，试图在现今中国大陆经纬度坐标下，客观反映各时期中国大陆构造格架、主要沉积盆地类型及其空间配置关系，大致推演海陆变换的时空过程，体现构造与沉积作用的有机联系。该图集代表了笔者对中国埃迪卡拉纪—志留纪构造-沉积盆地、洋（海）陆转换、沉积相类型、岩相古地理面貌及其时空演变规律的理解。二是明确提出"岩相古地理研究及其图件编制，对于沉积层控矿产（石油、天然气、固体矿等）来说就是一种找矿方法，而不能仅仅归属于基础研究"以及"沉积相应与最原始的油气基本地质条件关系密切（即'相控油气基本地质条件'）"的认识。前者指出岩相古地理学在指导油气勘探开发、沉积层控矿产远景预测以及水资源勘查等领域可起到关键作用，揭示沉积和能源矿产分布的内在联系是其研究与编图的终极目标之一；后者表明不同的沉积相决定了烃源层、储集层和盖层的初始沉积发育条件，而后随着成岩作用、流体作用和构造作用等影响发生重大调整，最终形成具有实际意义的油气组合。沉积相虽然不能控制复杂的成岩、成藏演化过程，但却为形成有效的油气组合创造了最基础的前提。该图集中重点地区、重点含油气沉积盆地更为详细的岩相古地理图和潜在烃源层-储盖层平面分布图着重表达了沉积与油气基本地质条件的关系，可为油气勘探的早期部署提供科学依据。

《中国岩相古地理图集（泥盆纪—三叠纪）》作为中国岩相古地理研究系列成果之一，继承和发扬了《中国岩相古地理图集（埃迪卡拉纪—志留纪）》的基本指导思想和编图方法。通过6年的持续工作与研究，依靠中国地质调查局大区中心平台优势，充分收集利用近年来相关学科、领域研究进展和研究成果，特别是重点含油气沉积盆地基础调查和油气勘探开发取得的新成果综合编制完成。《中国岩相古地理图集（泥盆纪—三叠纪）》共编制完成3幅构造格架与沉积盆地类型分布图、18幅岩相古地理图、若干重点盆地重点层系岩相古地理图以及系列沉积相综合柱状图和沉积模式图。图集前言由牟传龙编写，构造-盆地演化部分由牟传龙、王启宇、葛祥英执笔，西北地区由王启宇、侯乾执笔，华北-东北地区由葛祥英、王远翀执笔，华南地区由王秀平、周恳恳、昝博文、梁薇执笔，青藏高原及邻区由王启宇、侯乾执笔，最后由牟传龙、王启宇统筹定稿。

中国地质调查局成都地质调查中心潘桂棠研究员、王立全研究员、朱同兴研究员、王保弟研究员、余谦教授级高级工程师、张予杰高级工程师、汪正江研究员、杨平高级工程师、占王忠高级工程师、赵安坤高级工程师、孙伟高级工程师、王东高级工程师等对本项工作中的重点盆地、重要构造结合带的构造演化等方面进提供了多方面资料。在与中石油西南油气田公司勘探开发研究院周刚高级工程师、陈骁高级工程师、王文之高级工程师、和源工程师，成都理工大学沉积地质研究院文华国教授、王昌勇教授等对国内重点含油气盆地关键地质问题、重点层系新的勘探线索和编图资料的深入探讨与交流中获益良多。此外，贾承造院士、马永生院士、郭旭升院士、郭彤楼研究员等对该项工作提供了持续的支持和帮助；刘宝珺院士、许效松研究员对中国岩相古地理研究系列图集的编制与出版进行了持续的指导和关心。对此深表谢意！

本研究依托国家科技重大专项"大型油气田及煤层气开发"下属课题"全国油气基础地质研究与编图"（2008ZX05043-005、2011ZX05043-005）、中国地质调查局基础调查项目"中国岩相古地理编图"（1212011120112）、中国地质调查局能源矿产地质调查项目"四川盆地地质结构与深层油气综合调查"（DD20211210）的联合资助。

作　者

2023年9月

目　录

中国二叠纪岩相古地理

中国三叠纪岩相古地理

通 用 图 例

陆源区

Le	天然堤	Bs	后滨	IP	孤立台地

OL 古陆 　Sp 决口扇 　Fs 前滨 　Sl 斜坡

UA 隆起 　FB 河漫滩 　Ns 近滨 　Ra 缓坡

陆相 　FP 泛滥平原 　TF 潮坪 　Ba 次（半）深海

AL 冲积扇 　Ma 沼泽 　SpT 潮上带 　Ab 深海

FL 河流 　过渡相 　IdT 潮间带 　OB 洋盆

MFt 曲流河 　D 三角洲 　SbT 潮下带 　Re 生物礁

BFt 辫状河 　FD 扇三角洲 　Lag 潟湖 　PMS 台地边缘浅滩

La 湖泊 　LaD 湖泊三角洲 　海相 　PMR 台地边缘生物礁

SLa 滨湖 　ES 河口湾 　Sh 陆棚 　PFS 台地前缘斜坡

BLa 浅湖 　DP 三角洲平原 　SSh 浅水陆棚 　PE 浅滩

DLa 深湖 　DF 三角洲前缘 　DSh 深水陆棚 　Slu 上斜坡

AP 冲积平原 　PD 前三角洲 　OP 开阔台地 　Sll 下斜坡

PB 边滩 　DC 分流河道 　RP 局限台地 　PLS 台缘下斜坡

CB 心滩 　Li 滨岸 　EP 蒸发台地

碎屑岩类型

角砾岩

钙质角砾岩

钙质砾岩

砾岩

硅质砾岩

凝灰质砾岩

砂砾岩

含砾砂岩

粗砂岩

中砂岩

细砂岩

粉砂岩

含砾泥质粗砂岩

含砾细砂岩

含砾粉—细砂岩

长石砂岩

石英砂岩

含角砾中砂岩

硅质中砂岩

钙质细砂岩

泥质细砂岩

泥质粉砂岩

页岩

砂质页岩

碳质页岩

硅质页岩

泥岩

砂质泥岩

粉砂质泥岩

含砾泥岩

碳质泥岩

钙质泥岩

碳酸盐岩类型

灰岩（石灰岩）

泥灰岩

白云质灰岩

含泥灰岩

生物灰岩

生物碎屑灰岩

介壳灰岩

角砾状灰岩

硅质灰岩

鲕粒灰岩

砂屑灰岩

粉屑灰岩

碳质灰岩

粉晶灰岩

细晶灰岩

粗晶灰岩

瘤状灰岩

礁灰岩

颗粒灰岩

白云岩

颗粒白云岩

鲕粒白云岩

泥晶白云岩

亮晶白云岩

泥质白云岩

灰质白云岩

砾屑白云岩

砂屑白云岩

粉屑白云岩

角砾状白云岩

硅质白云岩

葡萄状白云岩

硅质岩

火山岩组合类型

玄武岩、基性火山岩组合

中基性火山岩组合

安山岩、中性火山岩组合

中酸性火山岩组合

流纹岩、酸性火山岩组合

粗面岩、偏碱性火山岩组合

深海、洋盆岩石组合类型

稳定区

大陆边缘区

深海洋盆区

其他

控相断裂

相边界

推测相边界

岩相界

等厚线

海侵方向

海流方向

物源提供方向

古水流方向

泥盆纪—三叠纪中国古大陆复原图

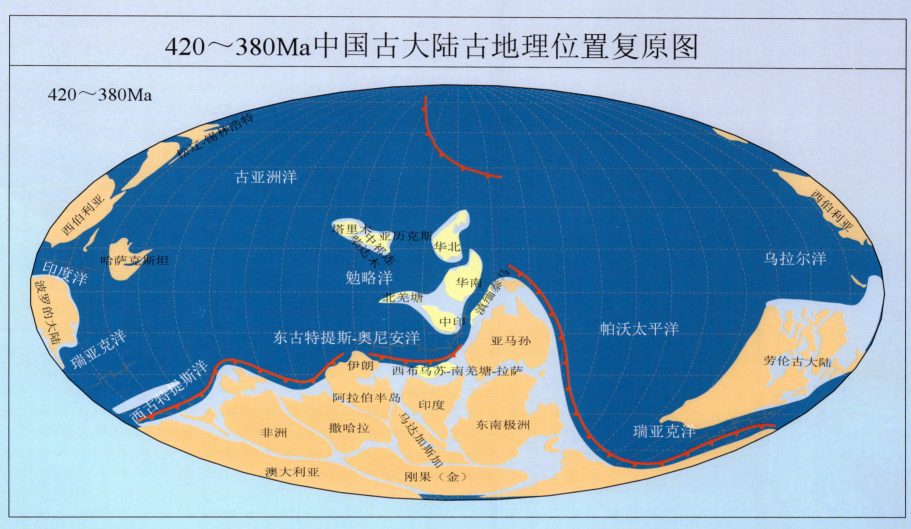

420～380Ma中国古大陆古地理位置复原图

420～380Ma

古亚洲洋 · 西伯利亚 · 哈萨克斯坦 · 印度洋 · 波罗的大陆 · 瑞亚克洋 · 西古特提斯洋 · 塔里木 · 亚历克斯 · 勉略洋 · 北羌塘 · 华北 · 华南 · 中印 · 东古特提斯-奥尼安洋 · 伊朗 · 西布马苏-南羌塘-拉萨 · 阿拉伯半岛 · 印度 · 非洲 · 撒哈拉 · 马达加斯加 · 澳大利亚 · 刚果（金） · 东南极洲 · 亚马孙 · 帕沃太平洋 · 乌拉尔洋 · 西伯利亚 · 劳伦古大陆 · 瑞亚克洋

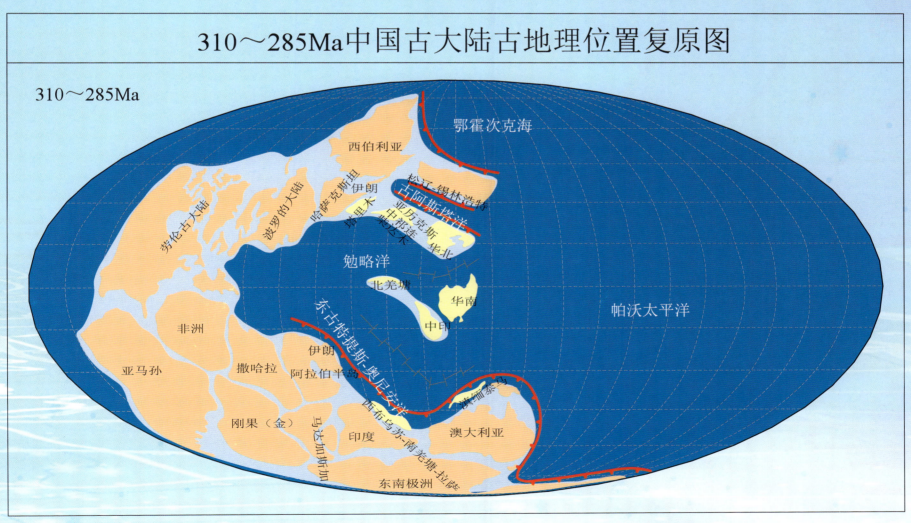

310～285Ma中国古大陆古地理位置复原图

310～285Ma

鄂霍次克海 · 西伯利亚 · 松辽-锡林浩特 · 古阿斯塔洋 · 亚历克斯 · 鄂里木 · 中朝洋 · 华北 · 劳伦古大陆 · 波罗的大陆 · 哈萨克斯坦 · 伊朗 · 勉略洋 · 北羌塘 · 华南 · 中印 · 帕沃太平洋 · 非洲 · 亚马孙 · 撒哈拉 · 东古特提斯-奥尼安洋 · 伊朗 · 阿拉伯半岛 · 刚果（金） · 马达加斯加 · 西布马苏-南羌塘-拉萨 · 印度 · 澳大利亚 · 东南极洲

280～265Ma中国古大陆古地理位置复原图

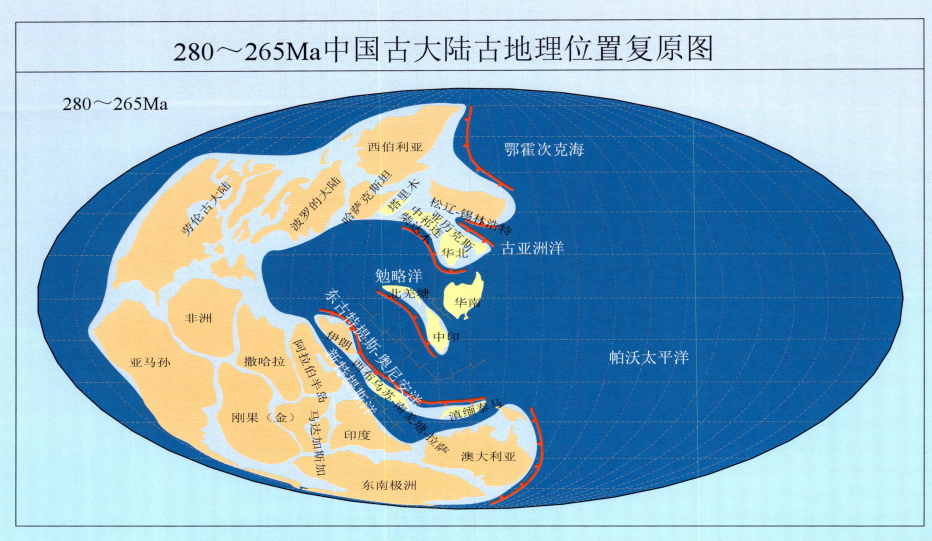

260～245Ma中国古大陆古地理位置复原图

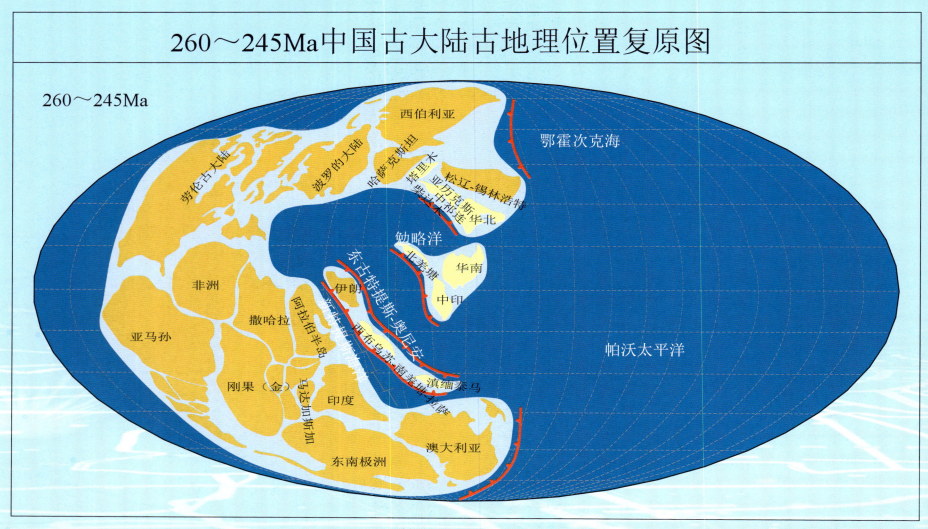

220Ma中国古大陆古地理位置复原图

220Ma

盘古大陆

西伯利亚

鄂霍次克海

劳伦古大陆

波罗的大陆　哈萨克斯坦

松辽锡林浩特

塔里木

伊朗

华南

非洲

中印

撒哈拉　阿拉伯半岛　新特提斯海洋

亚马孙

马达加斯加

印度

帕沃太平洋

刚果（金）

澳大利亚

东南极洲

(据赵国春等，2018)

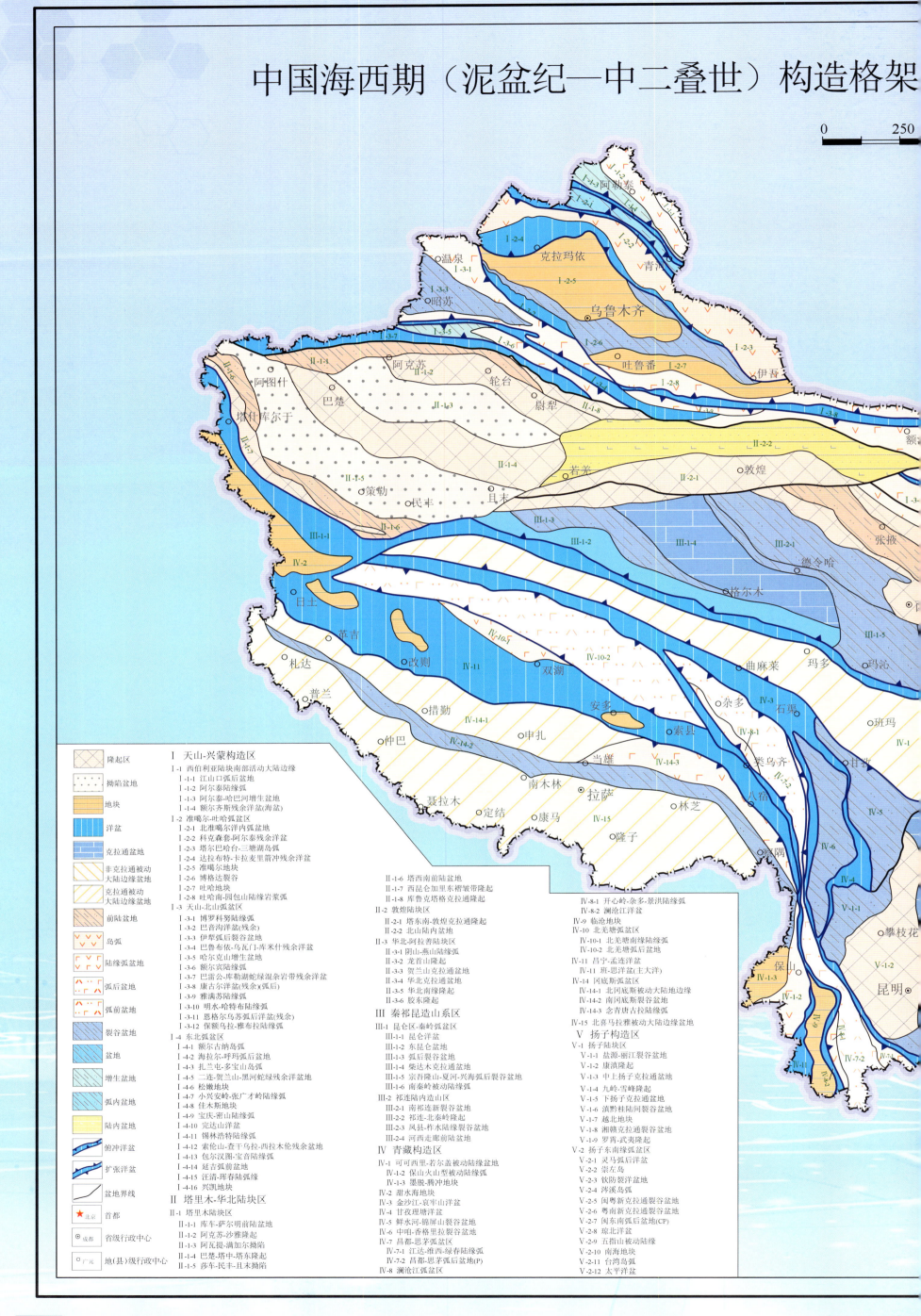

中国海西期（泥盆纪—中二叠世）构造格架

0   250

图例说明（图例）

| 隆起区 |
| 拗陷盆地 |
| 地块 |
| 洋盆 |
| 克拉通盆地 |
| 非克拉通被动大陆边缘盆地 |
| 克拉通被动大陆边缘盆地 |
| 前陆盆地 |
| 岛弧 |
| 陆缘弧盆地 |
| 弧后盆地 |
| 弧前盆地 |
| 裂谷盆地 |
| 盆地 |
| 增生盆地 |
| 弧内盆地 |
| 陆内盆地 |
| 俯冲洋盆 |
| 扩张洋盆 |
| 盆地界线 |
| ★ 首都 北京 |
| ◎ 省级行政中心 成都 |
| ○ 地（县）级行政中心 广元 |

I 天山-兴蒙构造区
I-1 西伯利亚陆块南部活动大陆边缘
 I-1-1 江山口弧后盆地
 I-1-2 阿尔泰陆缘弧
 I-1-3 阿尔泰-哈巴河增生盆地
 I-1-4 额尔齐斯残余洋盆（海盆）
I-2 准噶尔-吐哈弧盆区
 I-2-1 北准噶尔洋内弧盆地
 I-2-2 科克森套阿尔泰残余洋盆
 I-2-3 塔尔巴哈台-三塘湖岛弧
 I-2-4 达拉布特-卡拉麦里箭冲残余洋盆
 I-2-5 准噶尔地块
 I-2-6 博格达裂谷
 I-2-7 吐哈地块
 I-2-8 吐哈南-闯包山陆缘岩浆弧
I-3 天山-北山弧盆区
 I-3-1 博罗科努洋盆
 I-3-2 巴音沟洋盆（残余）
 I-3-3 伊犁弧后裂谷盆地
 I-3-4 巴鲁布依-乌瓦门-库米什残余洋盆
 I-3-5 哈尔克山增生盆地
 I-3-6 额尔宾陆缘弧
 I-3-7 巴雷公-库勒湖蛇绿混杂岩带残余洋盆
 I-3-8 康古尔洋盆（残余x弧后）
 I-3-9 雅满苏陆缘弧
 I-3-10 明水-哈特布陆缘弧
 I-3-11 恩格尔乌苏弧后洋盆（残余）
 I-3-12 保额乌拉-雅布拉陆缘弧
I-4 东北弧盆区
 I-4-1 额尔古纳岛弧
 I-4-2 海拉尔-呼玛弧后盆地
 I-4-3 扎兰屯-多宝山岛弧
 I-4-4 二连-贺兰山-黑河蛇绿残余洋盆盆地
 I-4-5 松嫩地块
 I-4-6 小兴安岭-张广才岭陆缘弧
 I-4-7 佳木斯地块
 I-4-8 宝庆-密山陆缘弧
 I-4-9 完达山洋盆
 I-4-10 锡林浩特陆缘弧
 I-4-11 索伦山-查干乌拉-西拉木伦残余盆地
 I-4-12 包尔汉图-宝音陆缘弧
 I-4-13 延吉弧前盆地
 I-4-14 汪清-珲春陆缘弧
 I-4-15 兴凯地块

II 塔里木-华北陆块区
II-1 塔里木陆块区
 II-1-1 库车-萨尔河前陆盆地
 II-1-2 阿克苏-沙雅隆起
 II-1-3 阿瓦提-满加尔拗陷
 II-1-4 巴楚-塔中塔东隆起
 II-1-5 莎车-民丰-且末拗陷
 II-1-6 塔东南前陆盆地
 II-1-7 西昆仑加里东榕筱带隆起
 II-1-8 库鲁克塔格克拉通隆起
II-2 敦煌陆块区
 II-2-1 塔东南-敦煌克拉通隆起
 II-2-2 北山陆内盆地
II-3 华北-阿拉善陆块区
 II-3-1 阴山-燕山陆缘弧
 II-3-2 龙首山盆地
 II-3-3 贺兰山克拉通盆地
 II-3-4 华北克拉通盆地
 II-3-5 华北南缘隆起
 II-3-6 胶东隆起

III 秦祁昆造山系区
III-1 昆仑区-秦岭弧盆区
 III-1-1 昆仑洋盆
 III-1-2 东昆仑盆地
 III-1-3 弧后裂谷盆地
 III-1-4 柴达木克拉通盆地
 III-1-5 宗务隆起山-夏河-兴海弧后裂谷盆地
 III-1-6 南秦岭被动陆缘弧
III-2 祁连造山内造山区
 III-2-1 南祁连新裂谷盆地
 III-2-2 祁连-北秦岭弧盆地
 III-2-3 凤县-柞水陆缘裂谷盆地
 III-2-4 河西走廊前陆盆地

IV 青藏构造区
IV-1 可可西里-若尔盖被动陆缘盆地
 IV-1-1 保山火山型被动陆缘弧
 IV-1-2 墨脱-察隅地块
 IV-1-3 墨脱-察隅地块
IV-2 甜水海地块
IV-3 金沙江-哀牢山洋盆
IV-4 甘肃理塘洋盆
IV-5 鲜水河-锦屏山裂谷盆地
IV-6 中咀-香格里拉裂谷盆地
IV-7 昌都-思茅地块
 IV-7-1 江达-维西-绿春陆缘弧
 IV-7-2 昌都-思茅弧后盆地（P）
IV-8 澜沧江弧盆区
 IV-8-1 开心岭-杂多-景洪陆缘弧
 IV-8-2 澜沧江洋盆
IV-9 临沧地块
IV-10 北羌塘盆地区
 IV-10-1 北羌塘南缘陆缘盆地
 IV-10-2 北羌塘弧后盆地
IV-11 昌宁-孟连洋盆
 IV-11 班-思洋盆（主大洋）
IV-14 冈底斯盆地区
 IV-14-1 北冈底斯被动大陆陆缘弧前盆地边缘
 IV-14-2 南冈底斯裂谷盆地
 IV-14-3 念青唐古拉隆盆地
IV-15 北喜马拉雅被动大陆边缘盆地

V 扬子构造区
V-1 扬子陆块区
 V-1-1 盐源-丽江裂谷盆地
 V-1-2 滇演隆起
 V-1-3 中上扬子克拉通盆地
 V-1-4 九岭-雪峰隆起
 V-1-5 下扬子克拉通盆地
 V-1-6 滇黔桂陆间裂谷盆地
 V-1-7 越北地块
 V-1-8 湘赣克拉通裂谷盆地
 V-1-9 罗霄-武夷隆起
V-2 扬子东南弧盆区
 V-2-1 灵马弧后洋盆
 V-2-2 崇左区
 V-2-3 钦防裂谷盆地
 V-2-4 浔溪岛弧
 V-2-5 闽粤新克拉通裂谷盆地
 V-2-6 粤南新克拉通裂谷盆地
 V-2-7 闽东南弧后盆地（CP）
 V-2-8 琼北洋盆
 V-2-9 五指山被动陆缘
 V-2-10 南海地块
 V-2-11 台湾岛弧
 V-2-12 太平洋盆

积盆地类型分布图

km

黑河
呼伦贝尔
I-4-1
I-4-2
I-4-3
I-4-10
伊春
I-4-8
齐齐哈尔
I-4-7
哈尔滨
I-4-6
牡丹江
I-4-16
I-4-9
I-4-11
长春
I-4-5
通辽
I-4-15
I-4-14
二连浩特
I-4-13
克什克腾旗
I-4-12
正镶白旗
II-3-1
沈阳
乌拉特后旗
营口
呼和浩特
张家口
秦皇岛
鄂尔多斯
北京
天津
大连
银川
II-3-3
保定
II-3-4
榆林
太原
石家庄
威海
延安
济南
II-4-6
青岛
三门峡
郑州
枣庄
西安
II-3-5
广元
III-1-6
驻马店
蚌埠
南通
安康
十堰
合肥
南京
III-2-3
达州
V-1-3
武汉
安庆
上海
重庆
九江
南昌
杭州
常德
遵义
怀化
长沙
V-1-9
吉安
贵阳
V-1-4
V-1-8
郴州
福州
桂林
赣州
V-1-6
V-2-5
河源
V-2-7
梧州
汕头
V-2-4
南宁
V-2-1
V-2-3
广州
防城港
香港
澳门
湛江
东沙群岛
东沙岛
海口
V-2-8
V-2-9
海南岛
三亚
V-2-10

南宁
V-1-7
V-2-2
广州
澳门
V-2-4
海口
V-2-6
海南岛
三亚
赤尾屿
钓鱼岛
西沙群岛
水永
台北
V-2-11
台湾岛
V-2-12
绿岛(火烧岛)
高雄
兰屿
七星岩
澎湖列岛
汕头
油头
台湾岛
高雄
东沙群岛
东沙岛
南
中沙群岛
黄岩岛
南
海
西礁
万安滩
水神礁
南沙
群
岛
曾母暗沙
中业岛
渚碧礁
太平岛
美济礁
南通礁

南海诸岛

中国印支期（晚二叠世—中三叠世）构造格架

积盆地类型分布图

km

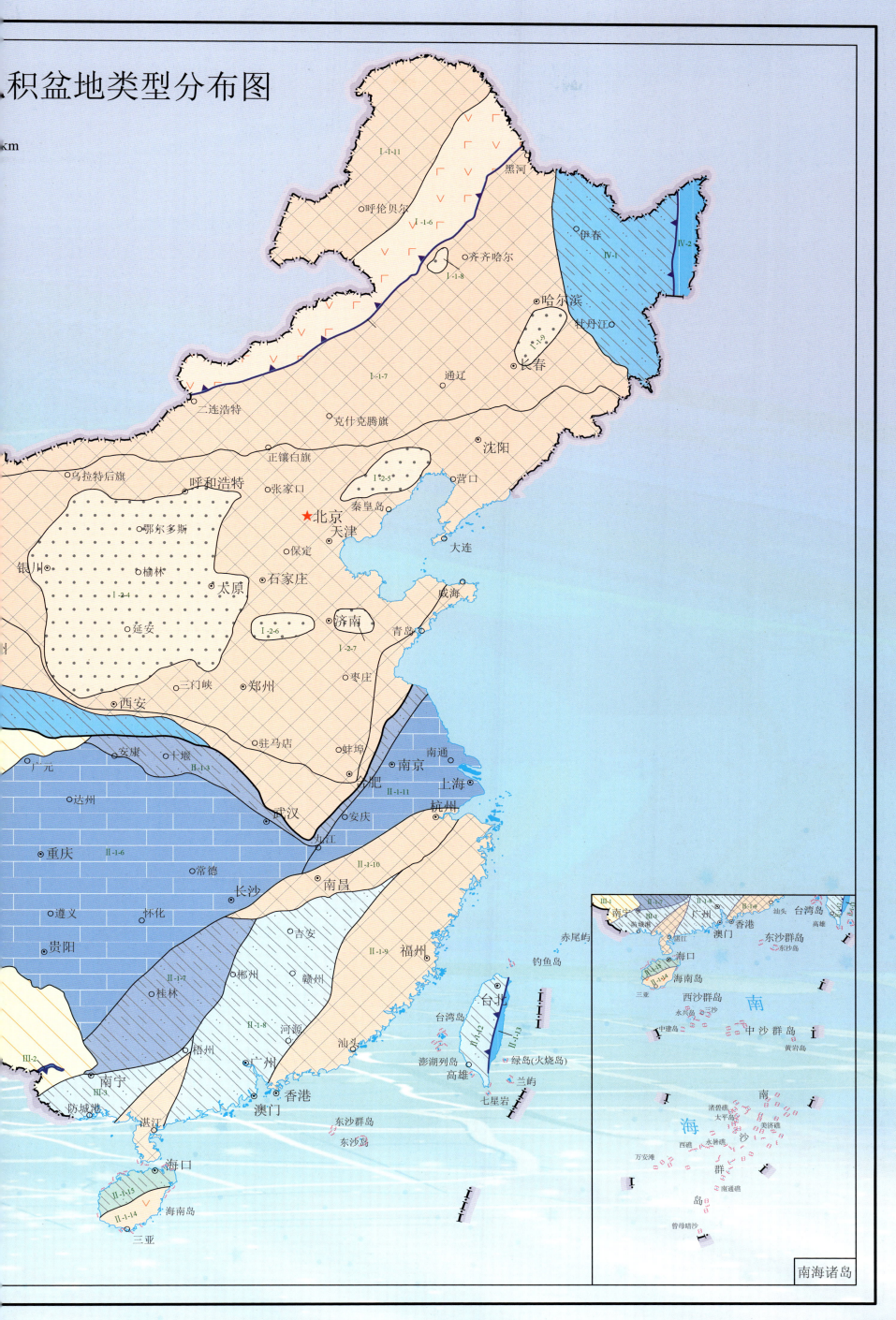

中国印支期（晚三叠世—早侏罗世）构造格

沉积盆地类型分布图

00km

黑河

呼伦贝尔

伊春

齐齐哈尔

I-2-1

I-2-2

哈尔滨

牡丹江

长春

通辽

I-1-10

二连浩特

克什克腾旗

沈阳

I-3-9

乌拉特后旗

正镶白旗

营口

呼和浩特

张家口

秦皇岛

I-3-8

北京

大连

鄂尔多斯

天津

银川

保定

榆林

石家庄

威海

I-3-5

太原

济南

青岛

兰州

延安

I-3-7

枣庄

三门峡

郑州

西安

I-3-6

驻马店

蚌埠

广元

安康

十堰

南通

III-2

南京

合肥

上海

达州

IV-2

武汉

安庆

杭州

成都

IV-1

重庆

常德

南昌

长沙

怀化

IV-3

吉安

遵义

IV-4

V-1

V-3

福州

贵阳

IV-3

郴州

赣州

V-5

桂林

河源

台北

IV-5

梧州

广州

汕头

台湾岛

V-8

南宁

V-2

澎湖列岛

高雄

绿岛(火烧岛)

V-防城港

香港

湛江

澳门

兰屿

东沙群岛

七星岩

东沙岛

海口

V-6

V-7

海南岛

三亚

IV-3

IV-3

V-5

南宁

广州

油头

台湾岛

海口

澳门

香港

东沙群岛

高雄

V-4

海南岛

东沙

赤尾屿

钓鱼岛

三亚

西沙群岛

南

永兴岛

中建岛

中沙群岛

黄岩岛

海

西礁

渚碧礁

太平岛

美济礁

南

万安滩

永暑礁

沙

群

岛

南通礁

曾母暗沙

南海诸岛

420～380Ma中国古大陆古地理位置复原图

图　例

砂岩、粉砂岩、泥岩	灰岩	UA 隆起区	OR 台内生物礁	岩相边界
粉砂岩、泥岩	砂岩、灰岩	AL 冲积扇	Pis 台内滩	沉积相边界
砂岩、砂质泥岩	碳质泥岩、砂岩、灰岩	D 三角洲	RP 局限台地	首都
砂岩、粉砂岩	砂质泥岩、灰岩	FS-NS 近滨-前滨	OP 开阔台地	省级行政中心
砂岩	砂岩、灰岩、火山岩	Fl-La 河流-湖泊	PMS 台地边缘浅滩	地(县)级行政中心
粉砂质泥岩、粉砂岩、砂砾岩	泥岩、砂岩、灰岩	Li 滨岸	Sh 陆棚	
砂砾、粉砂岩、砂岩	砂质灰岩	TF 潮坪	Ba 次深海	
泥岩、硅质页岩、砂岩	礁灰岩	Es-TF 河口湾-潮坪	Ba-Ab 深海-次深海	
硅质页岩、泥岩	白云岩	Li-Sh 滨岸-陆棚	Ab 深海	
硅质泥岩	OL 古陆	Lag 潟湖	推测相界	

布拉格期岩相古地理图

中国早泥盆世埃姆期

420～380Ma中国古大陆古地理位置复原图

0   250

图　例

泥岩、砂岩	灰岩	粉砂、细砂岩、火山岩、灰岩	Li 滨岸	Ba-Ab 深海-次深海
砂岩、砂质泥岩	泥岩、灰岩	灰岩、凝灰质砂岩、砂岩	TF 潮坪	Ab 深海
砂岩、粉砂质泥岩	碳质泥岩、砂岩、灰岩	白云岩	Li-Sh 滨岸-陆棚	推测相边界
砂岩、粉砂岩、泥岩	灰岩、砂质泥岩	颗粒灰岩、白云岩	OR 台内生物礁	岩相边界
砂岩、粉砂岩	泥岩、砂岩、灰岩	砂质泥岩、流纹岩、砂岩	Pis 台内滩	沉积相界
砂岩	砂岩、粉砂岩、灰岩	砂岩、火山岩	RP 局限台地	首都
泥岩、硅质页岩、砂岩	砂质灰岩	OL 古陆	OP 开阔台地	省级行政中心
硅质页岩、泥岩	泥灰岩、泥岩、粉砂岩	UA 隆起区	PMS 台地边缘浅滩	地(县)级行政中心
硅质泥岩	礁灰岩	D 三角洲	PB 台盆	
粉砂质砾岩、粉砂岩、砂岩	硅质泥岩、泥灰岩、灰岩	FS-NS 近滨-前滨	Sh 陆棚	
砂砾岩、粉砂岩、砂岩	砂岩、灰岩、火山岩	FL-La 河流-湖泊	Ba 次深海	

岩相古地理图

km
OL
呼伦贝尔
黑河
齐齐哈尔
OL
伊春
Li
Sh
哈尔滨
牡丹江
Sh
Ab
长春
通辽
连浩特
Sh
克什克腾旗
Ab
Sh
正镶白旗
沈阳
乌拉特后旗
呼和浩特
张家口
营口
秦皇岛
北京
天津
鄂尔多斯
保定
大连
银川
榆林
太原
石家庄
威海
OL
延安
济南
青岛
三门峡
郑州
枣庄
西安
驻马店
蚌埠
OP+PMS
广元
安康
十堰
南通
南京
合肥
上海
OL
武汉
杭州
达州
安庆
九江
UA
重庆
常德
南昌
长沙
UA
OL
遵义
怀化
吉安
贵阳
Li
福州
赤尾屿
钓鱼岛
郴州
赣州
OP
桂林
台北
Sh
OP
OP
河源
台湾岛
UA
Ba-Ab
梧州
汕头
PB
广州
澎湖列岛
绿岛(火烧岛)
南宁
高雄
兰屿
Ba
防城港
香港
七星岩
澳门
湛江
东沙群岛
东沙岛
海口
UA
海南岛
三亚
南
PB
OP
广州
香港
澳门
汕头
台湾岛
高雄
湛江
东沙群岛
东沙岛
海口
UA
海南岛
三亚
西沙群岛
永兴岛
南
中建岛
中沙群岛
黄岩岛
南
海
沙
群
岛
南海诸岛

420～380Ma中国古大陆古地理位置复原图

中国中泥盆世艾菲

0   250

图　例

砂岩、粉砂岩、粉砂质泥岩	硅质泥岩	砂质泥岩、灰岩	D 三角洲
泥岩、粉砂质泥岩、粉砂岩	泥岩、硅质页岩、砂岩	灰岩、泥岩、砂岩	FL 河流
砂岩、砂质泥岩、泥岩	硅质页岩、泥岩	白云岩	ES 河口湾
砂岩、粉砂岩、泥岩	灰岩	颗粒灰岩、白云岩	FS-NS 近滨-前滨
砂岩、粉砂岩	泥灰岩、泥岩、粉砂岩	砂岩、白云岩	FL-La 河流-湖泊
砂岩	灰岩、页岩	粉砂岩、火山碎屑岩、砂岩	Li 滨岸
砾岩、砂岩	泥灰岩、灰岩、颗粒灰岩	砂岩、火山岩	TF 潮坪
砂砾岩、砂岩	礁灰岩	粉-细砂岩、泥岩及流纹岩组合	Li-Sh 滨岸-陆棚
砾岩、砂岩、砂岩	砂岩、灰岩	OL 古陆	TF-Lag 潮坪-潟湖
粉砂岩、砂砾岩、砂岩	砂岩、灰岩、火山岩	UA 隆起区	PD 前三角洲
火山岩、砂岩、粉砂质砾岩	砂质灰岩	AL 冲积扇	OR 台内生物礁

Pis 台内滩		推测相界
RP 局限台地		岩相边界
OP 开阔台地		沉积相边界
OP-PLS 开阔台地-台缘下斜坡		★ 首都
PMS 台地边缘浅滩		◎成都 省级行政中心
PB 台盆		▫广元 地(县)级行政中心
Sh 陆棚		
Sl 大陆斜坡		
Ba 次深海		
Ba-Ab 深海-次深海		
Ab 深海		

岩相古地理图

km

0   250

420～380Ma中国大陆古地理位置复原图

图　例

符号	岩性	符号	岩性	符号	岩性
	泥岩		硅质页岩、泥岩		粉砂岩、灰岩、钙质泥岩
	粉砂质泥岩、泥质粉砂岩		灰岩		角砾灰岩
	粉砂岩、泥岩		灰岩、砂质泥岩		灰岩、泥灰岩
	泥岩、粉砂质泥岩、粉砂岩		灰岩、泥岩、砂岩		白云岩
	砂岩、砂质泥岩		砂岩、灰岩		颗粒灰岩、白云岩
	粉砂岩、砂岩、泥岩				砂岩、火山岩
	砂岩		砂质灰岩		砂岩、灰岩、火山岩组合
	砂岩、粉砂岩		礁灰岩		砂岩、灰岩、玄武岩、粉砂岩
	粉砂岩、含砾粉砂岩、砂岩		生物灰岩		凝灰质粉砂岩、钙质泥岩、粉砂岩
	粉砂岩、砂砾岩、砂		泥质灰岩、生物碎屑灰岩		凝灰质灰岩、凝灰质砂砾岩、砂岩
	泥岩、硅质页岩、砂岩		粉砂岩、灰岩、泥岩		陆相火山岩、火山碎屑岩相组合

符号	相	符号	相	符号	相
OL	古陆	Pis	台内滩	Ba	次深海
UA	隆起区	RP	局限台地	Ba-Ab	深海-次深海
D	三角洲	OP	开阔台地	Ab	深海
FL	河流	OP-PFS	开阔台地-台缘斜坡		推测相边界
FS-NS	近滨-前滨	OP-PLS	开阔台地-台缘下斜坡		岩相边界
FL-La	河流-湖泊	IP	孤立台地		沉积相边界
Lvb	陆相火山岩堆积相	PMS	台地边缘浅滩	★	首都
Li	滨岸	PFS	台缘斜坡	◎	省级行政中心
Li-Sh	滨岸-陆棚	PB	台盆	○	地(县)级行政中心
FS-Sh	前滨-陆棚	Sh	陆棚		
OR	台内生物礁	Sl	斜坡		

岩相古地理图

km

中国晚泥盆世弗拉斯期——

420～380Ma中国古大陆古地理位置复原图

期岩相古地理图

km

OL

Sh

黑河

呼伦贝尔

伊春

齐齐哈尔

OL

哈尔滨

牡丹江

Sh

长春

Ab

通辽

二连浩特

Ab

克什克腾旗

Sh

沈阳

正镶白旗

乌拉特后旗

呼和浩特

张家口

营口

秦皇岛

★北京

天津

大连

保定

银川

榆林

石家庄

威海

太原

OL

济南

青岛

延安

枣庄

三门峡

郑州

西安

Sh

驻马店

UA

Li

安康

十堰

蚌埠

南通

达州

OL

合肥

南京

FL

上海

Li

武汉

杭州

重庆

安庆

九江

常德

D

南昌

UA

OL

遵义

怀化

OP

长沙

吉安

福州

贵阳

Sh

郴州

赣州

FL

钓鱼岛

PE

PB

佳林

AL

Li-TF

柳州

UA

河源

台北

UA

Ba-Ab

OP

OP

南宁

PE

OP

TF

广州

汕头

台湾岛

PE

Ba

防城港

澳门

东沙群岛

澎湖列岛

绿岛(火烧岛)

高雄

兰屿

UA

湛江

七星岩

东沙群岛

UA

海口

海南岛

三亚

南海诸岛

PE

Li-TF

DA

汕头

PB

Ba

防城港

澳门

香港

东沙群岛

东沙岛

UA

海口

海南岛

三亚

西沙群岛

水弦

南

中建岛

中沙群岛

黄岩岛

南

海

沙

群

岛

诸碧礁

太平岛

美济礁

西礁

水弦礁

万安滩

南通礁

曾母暗沙

中国泥盆纪岩石地层单元对比表

国际 系/统	阶	Ma 年龄	统	阶	中国 统	阶	代号	牙形类	腕足类 和珊瑚
上泥盆统	杜内阶	359.2	上统	法门阶		汤耙沟阶	C_1	S. sulcata	
	法门阶	374.5 (15.3)				法门阶	D_3^3	Pa. expansa / Pa. postera / Pa. trachytera / Pa. marginifera / Pa. rhomboidea / Pa. crepida / Pa. triangularis	
泥盆系	弗拉斯阶	385.3 (10.8)		弗拉斯阶			D_3^1	Pa. linguiformis / Pa. rhenana / Pa. jamieae / Pa. hassi / Pa. punctata / Pa. transitans / Pa. falsiovalis	
中泥盆统	吉维特阶	391.8 (6.5)	中统	吉维特阶			D_2^2	Polygnathus / Po. hermanni-cristatus / Po. varcus	
	艾菲尔阶	397.5 (5.7)		艾菲尔阶			D_2^1	Po. ensensis / Po. australis / Po. costatus / Po. partitus	
下泥盆统	埃姆斯阶	407 (9.5)	下统	埃姆斯阶			D_1^3	Po. patulus / Po. serotinus / Po. inversus / Po. nothoperbonus / Po. dehiscens / Po. gronbergi-	
	布拉格阶	411.2 (4.8)		布拉格阶			D_1^2	pireneae / kindlei / sulcatus	
	洛赫考夫阶	416 (4.8)		洛赫考夫阶		普里多利统	S_4	eosteinhornensis	

（その他、各地区の岩石地层单元：甘肃迭部当多沟、四川龙门山甘溪、云南文山、云南广南、贵州独山、广西六景、广西钦州、湖南湘乡、湖北长阳、江西于都、安徽铜陵、南京龙潭、东准噶尔、准噶尔-兴安区、塔里木及周缘区、青藏区 等の岩組名が横軸に並ぶ大型対比表）

新疆若羌县线狭沟中泥盆统巴什布拉克组沉积相综合柱状图

年代地层			岩石地层		层号	岩性柱	岩性描述	沉积相	
系	统	阶	组	段				亚相	相
泥盆系	中统	吉维特阶	巴什布拉克组	第二岩段	22		浅灰色中-厚层状含砾灰岩(未见顶)	开阔台地	碳酸盐台地
					21		灰绿色中-薄层状晶屑凝灰岩	浅海陆棚	陆棚
					20		褐灰色中-薄层状凝灰质砂岩；灰黑色中-薄层状灰岩、含少量海百合茎、珊瑚		
					19		灰绿色绿泥石化安山岩		
					18		灰绿色绿泥石化糜棱岩化安山岩		
					17		灰绿色安山质角砾熔岩、晶屑凝灰岩		
					16		灰绿色中-厚层状灰岩，产层孔虫、珊瑚化石	开阔台地	碳酸盐台地
					15		灰绿色中-厚层状安山质碎屑岩	浅海陆棚	陆棚
					14		灰绿色团块状不等粒岩屑石英砂岩		
					13		绿灰色厚层-块状晶屑凝灰岩		
					12		灰绿色中-薄层状强蚀变糜棱岩化凝灰岩		
		艾菲尔阶		第一岩段	11		灰白色灰岩夹深灰色含灰岩，中-薄层状	开阔台地	碳酸盐台地
					10		灰白色块状灰岩		
					9		灰黑色细晶白云岩，夹灰黑色薄层状砂岩，白云岩中含珊瑚、海百合化石	局限台地	
					8		灰白色细晶白云岩		
					7		灰白色块状灰岩夹灰黑色厚层状灰岩	开阔台地	
					6		浅灰色块状灰岩		
					5		灰黑色中-薄层状灰岩，含大量珊瑚、层孔虫化石		
					4		深灰色厚层状灰岩，含珊瑚化石		
					3		浅灰色灰岩		
					2		灰色厚层-块状泥晶灰岩，夹泥质灰岩	局限台地	
					1		灰白色粗晶灰岩(未见底)		

青海省乌兰县牦牛山上泥盆统牦牛山组沉积相综合柱状图

年代地层			岩石地层		层号	岩性柱	沉积构造	岩性描述	沉积相	
系	统	阶	组	段					亚相	相
石炭系	下统		城墙沟组							
泥盆系	上统	弗拉斯阶	牦牛山组	上段	12			紫红色(杏仁状)安山岩与安山质集块岩呈韵律互层,夹(杏仁状)辉石安山岩		
					11			灰紫、紫红色(杏仁状)安山岩、辉石安山岩夹安山(熔岩)集块岩		
					10			灰紫色杏仁状辉石安山岩、含角砾安山质凝灰岩		
					9			紫红色安山岩夹安山角砾岩		
					8			灰紫、灰绿色杏仁状安山岩,上部夹安山岩		
				下段	7		板状交错层理	上部为暗灰紫色中-厚层状长石砂岩夹含砾砂岩;下部为灰绿色砾岩夹含砾砂岩	河床·心滩	辫状河
					6		槽状交错层理	上部与下部为灰绿、紫色中-厚层状含砾砂岩;中部为紫、灰绿色砾岩夹含砾砂岩		
					5		板状交错层理 槽状交错层理	底部为灰绿色,向上变为灰紫色中-厚层状砂岩	心滩	
					4			灰紫色中-厚层状砂岩夹含砾砂岩,底部为紫灰色厚层状巨粒砂岩		
					3			紫灰色中厚层状中-粗粒砾岩	河床·心滩	
					2			紫灰色中厚层状含砾中-粗粒砂岩		
					1			底为厚约10m的紫灰色含砾砂岩、砾岩,向上渐变为紫灰色中-厚层状钙质长石石英砂岩		
寒武·奥陶系										

川西北若尔盖地区泥盆系沉积相综合柱状图

年代地层			岩石地层		层号	岩性柱	沉积构造	岩性描述	沉积相	
系	统	阶	组	段					亚相	相
石炭系	下统		益哇沟组							
泥盆系	上统	法门阶·弗拉斯阶	下吾那组	上段	23			深灰色中-薄层微晶灰岩，偶夹燧石结核，含腕足类化石	潮间·潮上带	潮坪
					22			深灰色中-厚层状含燧石结核微晶灰岩		
					21			深灰色厚层块状微晶灰岩		
					20			深灰色中-薄层微晶灰岩，含腕足类及珊瑚化石		
					19			深灰色厚层块状微晶灰岩		
					18			深灰色厚层块状微晶灰岩		
					17			上部为深灰色微晶灰岩，下部为深灰色砂质灰岩		
					16			深灰色薄-中层状泥质页岩，夹薄层页岩		
					15			深灰色薄板状灰岩夹角砾灰岩		
					14			深灰色薄板状灰岩夹浅灰黄色粉砂质泥岩		
					13			深灰色灰岩、黑色页岩及角砾状灰岩，底部为深灰色薄层状砾岩，向上为深灰色薄-中层状角砾灰岩、微晶灰岩与黑色薄层状页岩韵律组合		
	中统	吉维特阶	蒲莱段		12			黑色、灰黑色薄层状页岩，夹泥质粉砂岩及薄层泥质灰岩组合，偶含黄铁矿结核。泥质灰岩中含珊瑚、腕足类，下部尚含竹节石	潮上·潮间带	混积潮坪
				下段	11			深灰色薄-中层状泥质灰岩，灰岩与页岩组合，局部见灰色薄层状粉砂岩夹层		
		艾菲尔阶	当多组	上段				灰色中-厚层钙质石英砂岩		
					10			深灰色薄-中层状泥质灰岩、微晶灰岩组合。局部夹薄层灰岩以及钙质砂岩，部分夹层中可见砾石发育		
				下段	9			底部为灰色砾岩层，向上为砂岩与灰岩组合，间夹深灰色泥岩层		
	下统	埃姆斯阶	普通沟组		8		水平层理	深灰色薄层状细晶白云岩、泥质白云岩与黑灰色碳质泥质粉砂岩、泥质粉砂岩不等厚互层	潟湖	潮坪
					7			灰、浅灰色薄-中层状泥质白云岩		
					6		水平层理	灰色厚层细晶白云岩，偶夹含碳泥质粉砂岩、碳质页岩及灰白色中粒石英砂岩		
					5			深灰色薄-中层状细晶白云岩，偶夹碳质粉砂岩		
					4			深灰色薄-中层状细晶白云岩		
					3			深灰色薄-中层状细晶白云岩		
					2			灰色中-厚层白云岩夹黄灰色白云质灰岩		
		布拉格阶·洛赫考夫阶			1			灰绿色板岩与灰色中-厚层状含泥砂质灰岩组合	潮上带	混积潮坪
志留系	上统		卓乌阔组							

四川盆地西北部泥盆系金宝石组沉积相综合柱状图

地层系统				层号	厚度/m	岩性柱	沉积构造	岩性描述	沉积相	
系	统	组	段						亚相	相
泥盆系	中统	金宝石组	上段	17	140			深灰色厚层-块状层孔虫礁灰岩,含大量块状珊瑚、苔藓虫、海百合茎	浅水缓坡	碳酸盐缓坡
				16			槽状交错层理 冲刷构造	灰色白色中-厚层夹薄层石英砂岩,可见板状、槽状交错层理、底冲刷构造,在古风化壳上砂岩层上超界面清晰,下部为大套中细粒砂岩,往上为砂泥岩互层	边滩	河流
				15				灰色礁灰岩,下部为深灰色厚层-块状层孔虫礁灰岩,含大量块状珊瑚、苔藓虫、海百合茎;上部为岩溶角砾岩和渣状岩,所见珊瑚为残积礁,主要为群体珊瑚的块体堆积而成,其间由黄色黏土充填,顶为巨岩溶面		
				14				灰色中-厚层含砂质微晶生物碎屑灰岩,夹薄层灰黑色、灰褐色泥岩		
				13				黑色碳质钙质粉砂质泥岩	浅水缓坡	碳酸盐缓坡
				12				深灰色厚层-块状、枝状层孔虫礁灰岩,夹生物微晶灰岩,有的地方还可见群体珊瑚礁灰岩,差异风化现象明显		
				11	90			灰色中-薄层砂质生物碎屑微晶灰岩,见有少量完整的腕足和层孔虫化石		
			下段	10	80		缝合线构造	灰色厚层-块状微晶灰岩,见缝合线发育,生物化石很少		
				9				灰色条带状砂质生物碎屑亮晶类球粒灰岩		
				8	70			灰色厚层-块状层孔虫灰岩,层孔虫在灰岩中分布不均		
				7				深灰色中-薄层砂质球粒微晶灰岩与灰白色中层层孔虫灰岩互层		
				6	60			深灰色块状层孔虫礁灰岩夹深灰色薄层泥岩,上部主要为板状孔虫灰岩,夹少量珊瑚灰岩、腕足(无洞贝)化石		
				5				下部灰色、灰黑色致密薄层含砂泥质微晶生物碎屑灰岩,偶见海百合茎、小腕足、块状层孔虫。中上部为中层夹厚层生物灰岩,主要为腕足(无洞贝),块状、枝状层孔虫、单体四射珊瑚次之,还可见横板珊瑚、海百合茎		
				4				黄灰色中-厚层砂质微晶介屑灰岩,介屑以腕足化石为主,大多保存完整,见少量珊瑚,泥砂含量较多,向上过渡为块状层孔虫礁灰岩	深水缓坡	
				3	40			灰色薄-中层瘤状灰岩,中部瘤较小,中部有含少量砂质、泥质的生物碎屑灰岩,厚约0.4m,但瘤状明显,上、下部较大,层面发育硬底构造		
				2				灰色中-厚层夹薄层生物介壳微晶灰岩,化石丰富,发育珊瑚、层孔虫、腕足、海百合茎、介壳等,顶部为薄层钙质粉-细粒石英砂岩	浅水缓坡	
				1			底冲刷 槽状交错层理 板状交错层理	灰色、黄灰色中-厚层砂岩,下部砂岩具底冲刷面、槽状、板状斜层理,上部砂岩具冲洗层理,砂岩中含少量生物碎屑,也可见遗迹化石及层孔虫,中部夹薄层紫红色粉砂岩,层理发育	后滨-前滨	滨岸
		养马坝组	养马坝段	0				深灰色中-薄层层孔虫礁灰岩与黄灰色中层砂质微晶灰岩不等厚互层,礁灰岩中可见少量单体四射珊瑚、腕足类化石	浅水陆棚	陆棚

甘肃省景泰县双龙地区泥盆系雪山群沉积相综合柱状图

地层系统			厚度 /m	岩性柱	岩性描述	沉积相	
系	统	组				亚相	相
泥盆系	中下统	雪山群	700		灰绿色-浅灰色中细粒长石石英砂岩夹紫红色粉砂岩	滨湖	湖泊
			200		灰绿色细砂岩，分选好，杂基支撑，磨圆次圆，发育平行层理，还可见双向交错层理		
			300		暗紫色细砂岩夹紫红色粉砂岩薄层		
			200		灰黑色微带浅紫色中细粒砂岩，上部含灰绿色黏土质细砾岩		
			700		发育一套砾岩，填隙物是绿色或杂色的，砾石砾径为0.2~10cm，成分复杂，有灰绿色火山岩(多一点)、石英岩，砾石多为棱角状	扇中·扇根	冲积扇
			200		此层发育一套砾岩，砾石磨圆次棱角状，分选性差，杂基支撑，砾石成分较复杂，相对来说，石英砾要多一点，还有凝灰岩砾、花岗岩砾，无定向性，砾径为0.2~50cm，砾径大的都是花岗岩砾		

甘肃省玉门市鱼儿红地区泥盆系老君山群沉积相综合柱状图

地层系统			厚度 /m	岩性柱	岩性描述	沉积相	
系	统	组				亚相	相
泥盆系	中下统	老君山群	260		此层发育若干个韵律组合，底部发育一套厚层砾岩，砾径为2～10cm，向上过渡呈砂砾岩。顶部为紫红色砂岩	扇根	冲积扇
			300		此层发育若干个韵律组合。底部发育一套紫红色砾岩，分选差，含长石，排列杂乱，砾径为0.2～5cm。此层构成向上依次为含砾粗砂岩、粗砂岩、粉细砂岩和粉砂质泥岩的一套韵律。其中砾石中可见粒序层理	扇中	

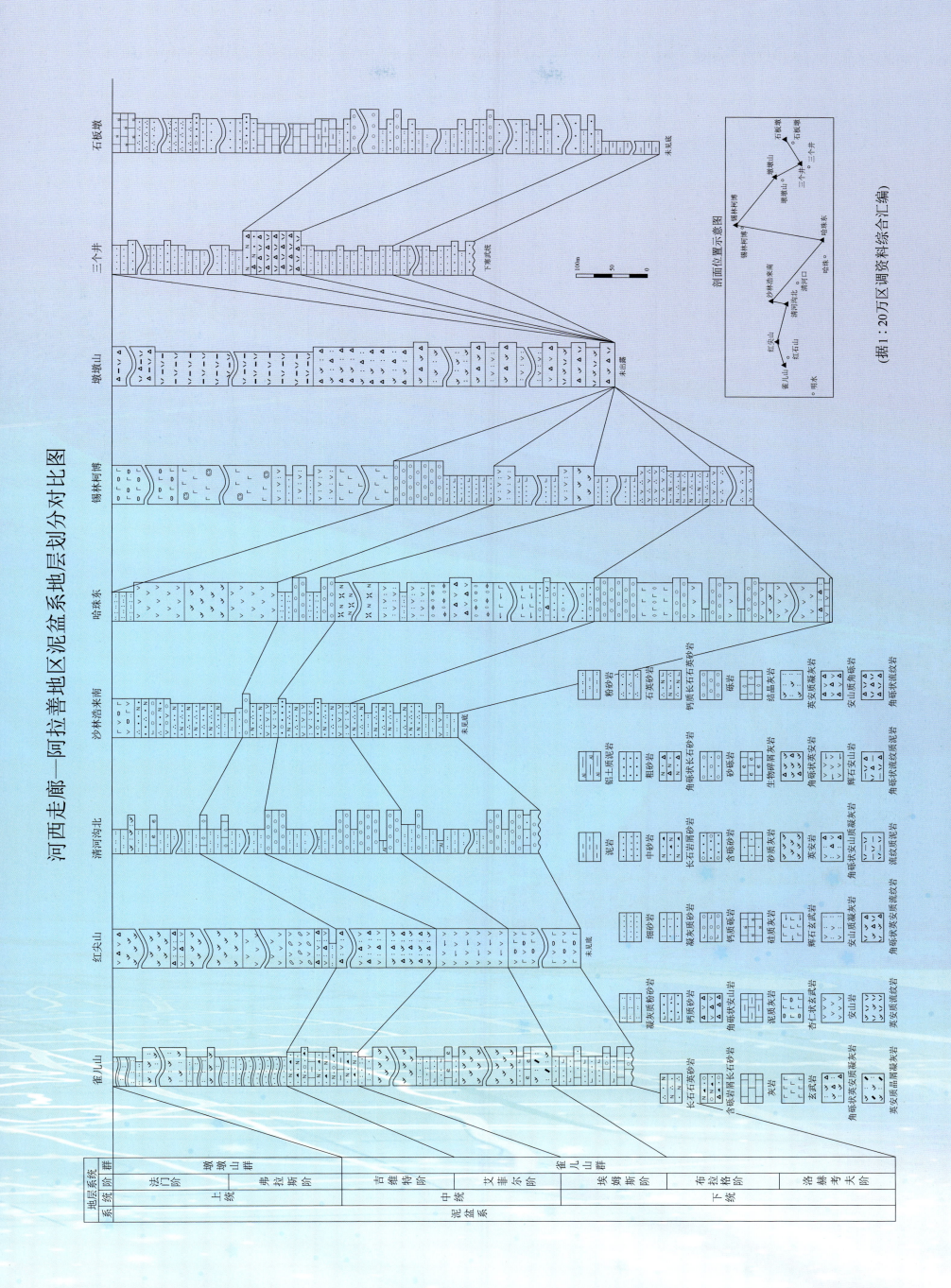

河西走廊—阿拉善地区泥盆系地层系统划分对比图

祁漫塔格山—东昆仑东部地区泥盆系地层划分对比图

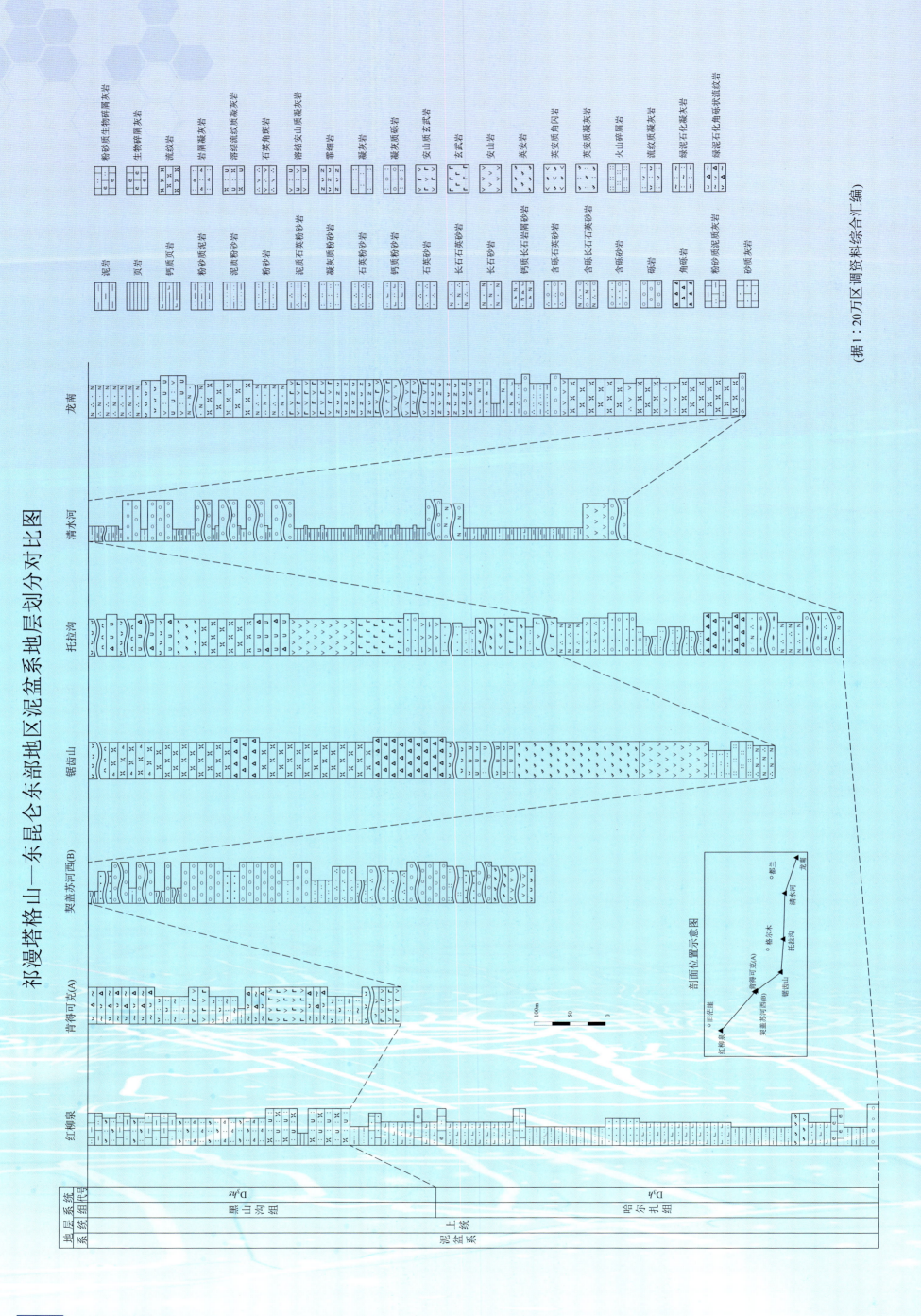

（据1:20万区调资料综合汇编）

新疆三塘湖地区泥盆系地层划分对比图

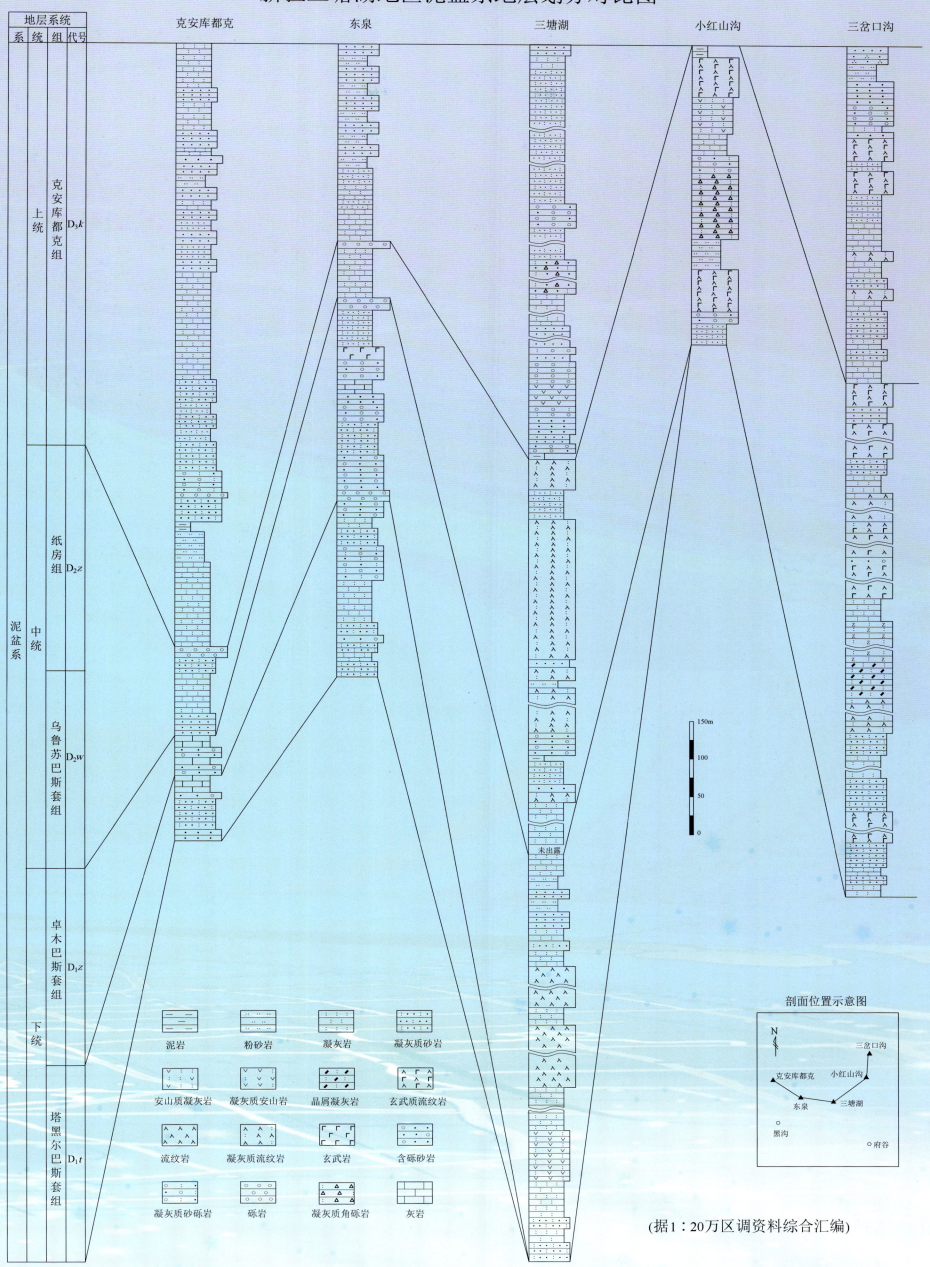

(据1：20万区调资料综合汇编)

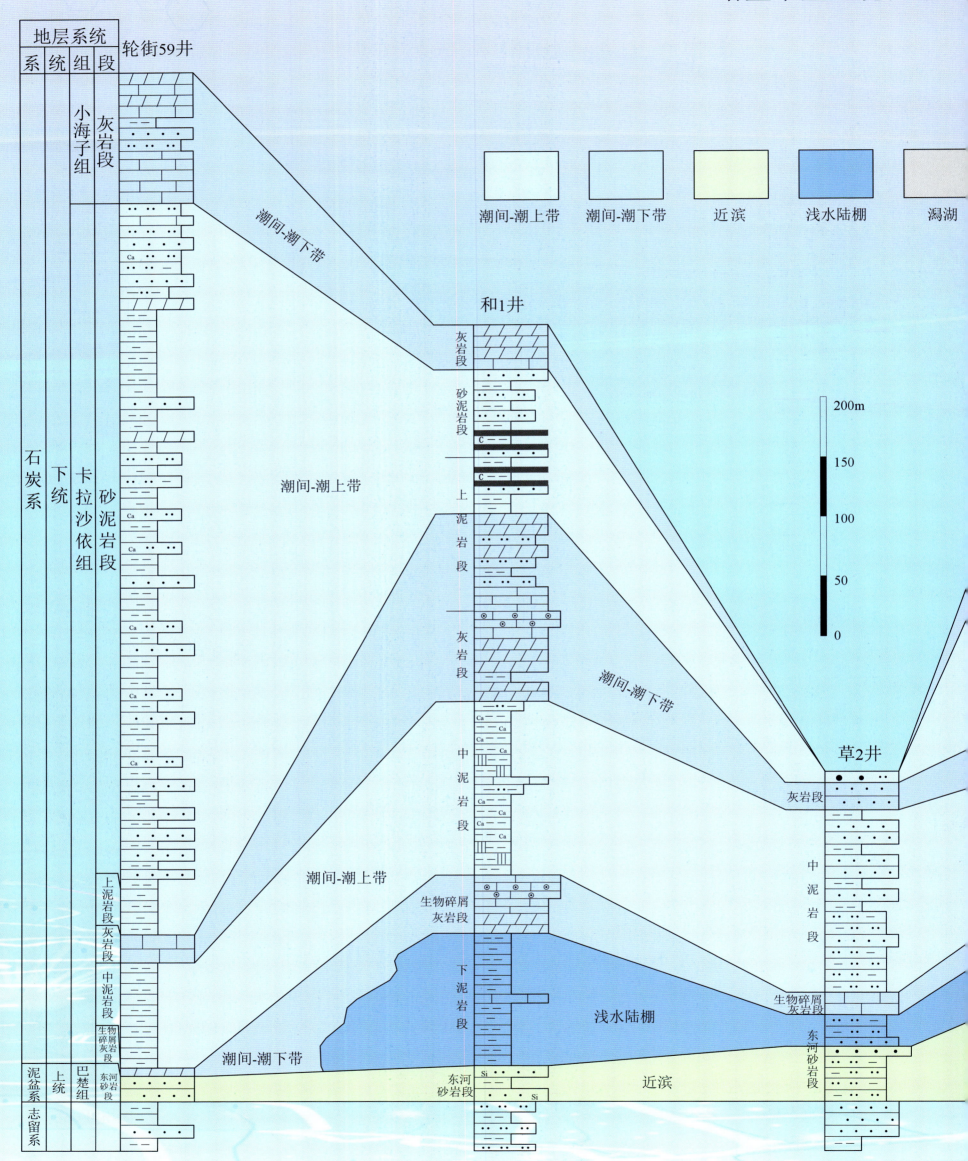

炭纪沉积相对比图

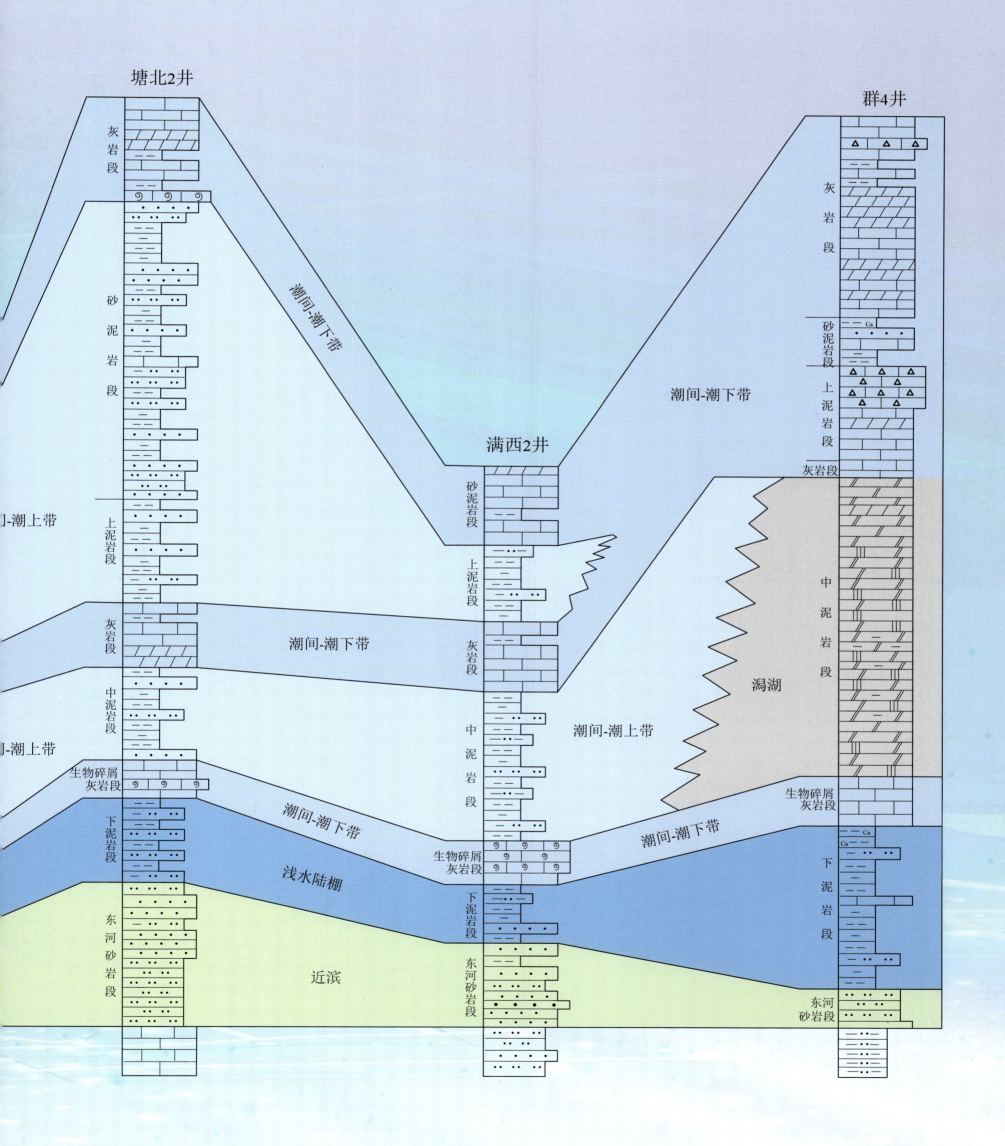

北祁连地区早中泥盆世沉积序列对比图

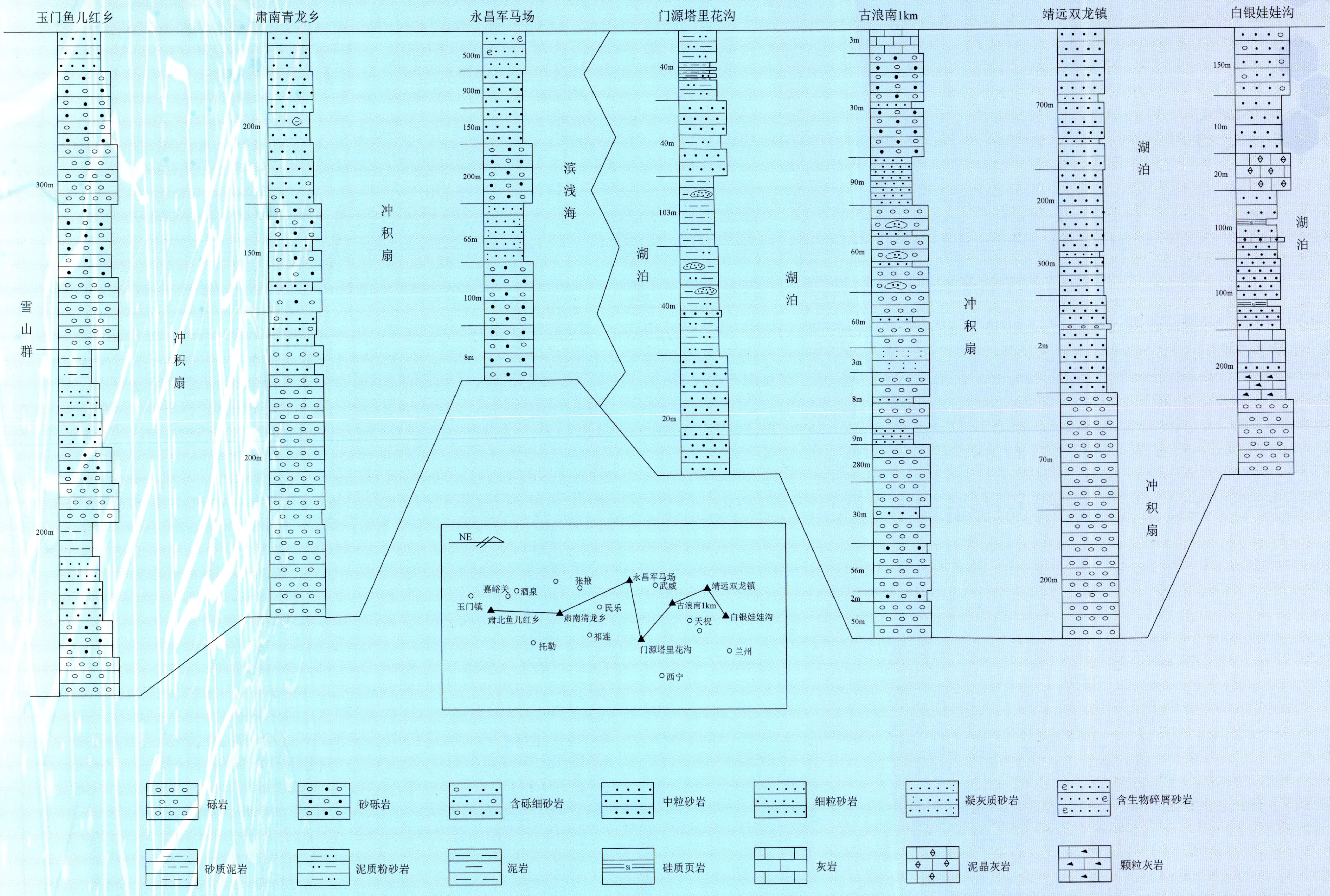

白银娃娃沟

湖泊

150m 10m 20m 100m 100m 200m

靖远双龙镇

湖泊

冲积扇

700m 200m 300m 2m 70m 200m

古浪南1km

冲积扇

3m 30m 90m 60m 60m 3m 8m 9m 280m 30m 56m 2m 50m

门源塔里花沟

湖泊

40m 40m 103m 40m 20m

永昌军马场

滨浅海

湖泊

500m 900m 150m 200m 66m 100m 8m

肃南青龙乡

冲积扇

200m 150m 200m

玉门鱼儿红乡

冲积扇

雪山群

300m 200m

含生物碎屑砂岩 e...e

颗粒灰岩 ▼

凝灰质砂岩

泥晶灰岩 Φ Φ

细粒砂岩

灰岩

中粒砂岩

硅质页岩 si

含砾细砂岩

泥岩

砂砾岩

泥质粉砂岩

砾岩

砂质泥岩

NE

永昌军马场 武威
古浪南1km 靖远双龙镇
天祝 白银娃娃沟
兰州
门源塔里花沟
西宁

嘉峪关 酒泉 张掖
玉门镇 民乐
肃南青龙乡 祁连
肃南鱼儿红乡 托勒

造山带古地理研究与再实践

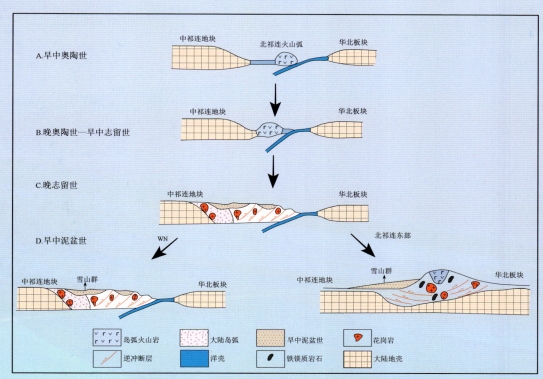

图(a)　北祁连造山带造山模式与盆地转换模式图

按牟传龙等（2016c）提出的造山带岩相古地理研究与编图方法，本图集对北祁连造山带地区泥盆纪岩相古地理进行了重建，是对造山带岩相古地理研究与编图的进一步实践。

北祁连地区泥盆纪沉积前构造背景：晚奥陶世—志留纪，由于华北板块向南挤压以及北祁连洋的俯冲，形成了北祁连岛弧带。在岛弧带的北侧发育弧前盆地至早中泥盆世，持续的俯冲和挤压形成了陆-陆碰撞造山，且由于不规则碰撞造山带，北祁连西部地区尚未进入陆-陆碰撞造山阶段，依然发育弧前盆地。而北祁连东部地区则处于陆-陆碰撞造山背景，发育前陆盆地及配套沉积［图(a)、图(b)］。

图(b)　北祁连造山带早中泥盆世构造格架、盆地类型及空间配置关系图

早中泥盆世，北祁连地区西部依然以俯冲作用以主，东部为碰撞造山作用为主，这一显著不同构造背景控制东西部地区同一时期沉积盆地类型不一致。空间配置上为不连续，同时控制其沉积相带展布具差异性，可用不符合瓦尔特相律方法恢复其岩相古地理特征。

具体特征如下：

北祁连地区继承了晚志留世以来俯冲-碰撞-造山的演化历史，因不规则俯冲-碰撞在北祁连东部地区已演化为前陆盆地的磨拉石发育阶段，配套的沉积环境为冲积扇-三角洲-湖泊组合。在武威—古浪—中卫一带发育冲积扇-三角洲相，其沉积物主要为杂色砾岩、细砂岩、含砾细砂岩、含砾中粗粒砂岩，夹少量泥岩。向南部三角洲入湖逐渐过渡到湖泊相，其岩相主要分为两种类型：一种是门源、景泰一带的以粉细砂岩、泥质粉砂岩、粉砂质泥岩和泥岩组成的比较典型的碎屑岩湖泊相；另一种是景泰、白银一带的硅质泥岩粉砂岩、砂岩夹灰岩组合的湖泊相。在北祁连的西部地区，俯冲还在进行且尚未开始碰撞造山过程，为弧前盆地特征，发育古岛链式岩相古地理特征，环境多变有海相沉积，有陡相冲积扇-扇三角洲沉积。在玉门一带发育一套岩性以砾岩和砂砾岩为主的冲积扇沉积；肃南一祁连一带逐渐以砾岩、细砂岩、含砾细砂岩、含砾中粗砂岩的冲积扇-三角洲相为主；永昌—大黄山一带演化成一套岩性以砂砾岩、凝灰质砂岩、粉细砂岩、细砂岩为主的滨-浅海相；而北东部永昌一线为硅质板岩沉积，指示相对深水沉积（图c）。

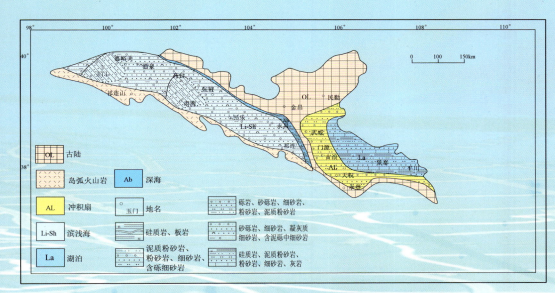

图(c)　北祁连造山带早泥盆世岩相古地理图

310～285Ma中国古大陆古地理位置复原图

中国早石炭世杜

0   250

图　例

泥岩	泥岩、砂岩、硅质泥岩	颗粒灰岩、泥灰岩、砂质泥岩	砂岩、长石石英砂岩、砂质泥岩	Li 滨岸	PB 台盆
泥岩、粉砂岩	泥砾岩、砂岩、泥岩	颗粒灰岩、硅质岩	凝灰岩、火山碎屑岩、玄武岩	TF 潮坪	Sh-Sl 陆棚-斜坡
砂岩、泥岩	凝灰岩含砾粉砂岩、凝灰质粉砂泥岩	灰岩、硅质页岩	砂岩夹凝灰岩	BS-NS 近滨-临滨	Sh 陆棚
碳质泥岩、粉砂质碳质泥岩	碳质泥岩、砂砾岩、凝灰质细-粉砂岩	灰岩、砂岩	泥岩、粉砂岩板岩、见滑塌岩体碎屑砂岩	Li-Sh 滨岸-陆棚	Ba 次深海
凝灰质粉砂岩、粉砂质碳质泥岩	细-粉砂岩、凝灰质砂岩、钙质砂砾岩	泥岩、砂岩、灰岩	OL 古陆	Ba-DS 次深海-海相三角洲	Ba-Ab 深海-次深海
粉砂质泥岩、砂岩、泥岩	砂岩、砂砾岩	砂岩、泥岩、砂岩、灰岩	UA 隆起区	Lag 潟湖	Ab 深海
粉砂质泥岩、砂岩、泥岩	灰岩	粉砂岩、火山碎屑岩、砂岩	AF-AP 冲积扇-冲积平原	Pis 台内滩	推测相界线
泥岩、粉砂岩、粗砂岩	颗粒灰岩、砂岩、泥岩	泥灰岩、砂岩、泥岩	AF-FL 冲积扇-河流	PMS 台地边缘浅滩	岩相边界
砂岩、粉砂岩	颗粒灰岩、泥岩	凝灰质细-粉砂岩、灰岩、砂岩	AP-ES 冲积平原-河口湾	PE 浅滩	沉积相边界
粉砂岩、砂岩、凝灰质粉砂岩	颗粒灰岩、白云岩	生物灰岩、砂屑灰岩	FD 扇三角洲	RP 局限台地	北京 首都
砂岩	灰岩、颗粒砂粒灰岩、白云岩	生物碎屑灰岩	D 三角洲	OP 开阔台地	成都 省级行政中心
砂岩、页岩、粉砂岩	颗粒灰岩、泥岩、灰岩	灰岩、砂岩	FL 河流	PMS 台地边缘浅滩	广元 地(县)级行政中心
粉砂岩、砂岩、泥岩及煤线	颗粒白云岩、颗粒灰岩	粉砂岩泥岩、灰岩、凝灰岩、砂岩	FS-NS 近滨-前滨	PLS-Sl 台缘下斜坡-大陆斜坡	

岩相古地理图

km

OL
TF
Sh
黑河
呼伦贝尔
伊春
FL
齐齐哈尔
Ab
OL
哈尔滨
牡丹江
Sh
长春
通辽
Sh
Ab
二连浩特
Ab
Sh
克什克腾旗
沈阳
正镶白旗
乌拉特后旗
呼和浩特
张家口
营口
秦皇岛
★北京
天津
大连
鄂尔多斯
保定
威海
银川
榆林
太原
石家庄
济南
青岛
延安
OL
枣庄
三门峡
郑州
UA
西安
TF
PLS-Sl
安康
十堰
驻马店
蚌埠
南通
广元
南京
Li-Sh
达州
合肥
AF-FL
上海
OL
安庆
杭州
武汉
重庆
AP-ES
UA
常德
九江
南昌
OL
遵义
怀化
长沙
Lag
AF-AP
贵阳
吉安
福州
TF
赣州
MS
桂林
PE
郴州
Sh
OP
河源
PB
OP
梧州
汕头
台北
Ba
PE
PMS
广州
Ba
台湾岛
澳门
SOP
UA
香港
澎湖列岛
高雄
绿岛(火烧岛)
南宁
UA
TF
澳门
七星岩
兰屿
防城港
东沙群岛
海口
东沙岛
UA
海南岛
三亚

赤尾屿
钓鱼岛

UA
PB
PB
PE
PMS
OP
TF
AF-AP
汕头
台湾岛
Ba
高雄
防城港
Ba
UA
OL
澳门
香港
东沙群岛
东沙岛
海口
DA
海南岛
三亚
西沙群岛
水
中建岛
黄岩岛
中沙群岛
南
西礁
水永兴岛
太平岛
渚碧礁
美济礁
万安滩
南
海
沙
群
南通礁
岛
曾母暗沙

南海诸岛

中国岩相古地理图集　35

中国早石炭世维宪期—

310～285Ma中国古大陆古地理位置复原图

普霍夫期岩相古地理图

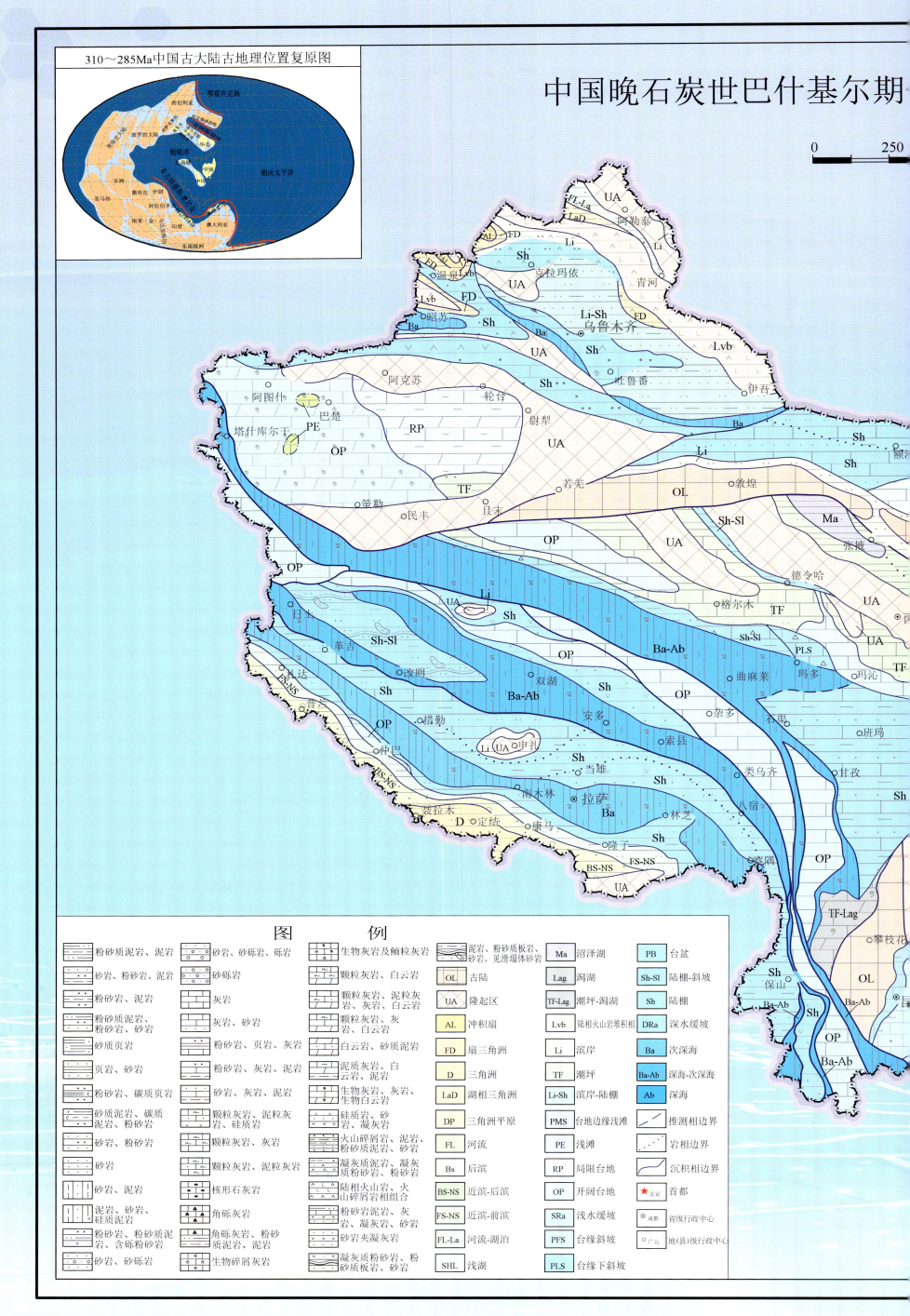

舍尔期岩相古地理图

中国石炭纪岩石地层单元对比表

国际 系/统	国际 阶	年龄/Ma	中国 系	中国 统	中国 阶	代号	有孔虫	牙形类	华南区 (1) 浙江江山	(2) 安徽宣城	(3) 重庆华蓥	(4) 四川江油	(5) 云南文山	(6) 陕西镇安	(7) 湖北兴山	(8) 广西马山	(9) 贵州紫云	(10) 湖北恩施	(11) 湖南邵东	华北及周边地区 (12) 宁夏石嘴山	(13) 甘肃靖远	(14) 准噶尔-兴安区 新疆哈布克赛尔	(15) 甘肃安西	(16) 新疆拜城	塔里木地区 (17) 新疆巴楚	(18) 新疆阿科柯坪	青藏及滇西 (19) 西藏申扎	(20) 云南施甸(鱼洞)
二叠系	阿瑟尔阶	296	壶天亚系	马平统	小独山阶	C₂³	*Pseudoschwagerina, Triticites, Montiparus, Protriticites*	*Streptognathodus nodulus, S.nuxhuanensis, S.wabaunsensis, S.elegantulus*	栖霞组	栖霞组	梁山组	梁山组	梁山组	垭子组	下二叠统	栖霞组	梁山组	梁山组	栖霞组	太原组	太原组	二叠系		上二叠统	干泉组	康克林组	南闸组	康克林组	昂杰组	丁家寨组
石炭系 宾夕法尼亚亚系	格泽尔阶	302																										
	卡西莫夫阶	305			达拉阶	C₂²	*Fusulina cylindrica, F.quasicylindrica, Fusulinella pseudobocki, Beedeina schellwieni, Profusulinella*	*S.cancellosus, Neognathodus clarki*		船山组	梁山组	马平组	马平组	羊山组	黄龙组	精洒组	马平组	殷山组	殷山组						小海子组				
	莫斯科阶	312		威宁统	滑石板阶	C₂¹	*Profusulinella, Eostaffella, Pseudostaffella*	*Neognathodus atokaensis, Idiognathoides sulcatus parvus*			威宁组	黄龙组	黄龙组	滑遥子组	黄龙组	黄龙组	威宁组	威宁组	黄龙组							卡拉沙依组			
密西西比亚系	巴什基尔阶	320	壶天亚系 威宁统		罗苏阶	C₁⁴	*Pseudostaffella antiqua, Millerella marblensis, Eostaffella, Plectostaffella*	*Idiognathoides sinuatus, Idiognathoides corrugatus, Idiognathoides sulcatus, Declinognathodus noduliferus*	藕塘底组	藕塘底组		总长冲组	摆佐组	四峡口组	大埔组	大埔组	德坞组	大埔组	梓门桥组		靖远组	克赛尔组	发发台组		卡拉沙依组			巴日阿朗寨组	云南驿组
	谢尔普霍夫阶	326		大塘统	德坞阶	C₁³	*Eostaffella ikensis, Eostaffella of E.khoana*	*Gnathodus bilineatus*					上司组			罗城组		资丘组		本溪组	羊虎沟组		石板山组						
	维宪阶	345			上司阶	C₁²	*Plectogyra kunur, Grantsichella complanata*	*Paragnathodus nodosus, G.bilineatus, Paragnathodus commutatus*	叶家塘组	高骊山组		马角坝组	旧司组	袁家冲组		寺门组	黄金组	石磴子组	测水组			根那仁组	红柳园组					多尼桑果 罗平组	
					旧司阶			*Mestognathus beckmanni, Scaliognathus anchoralis*		王村组			董香组			大塘组 罗城组	德坞组								巴楚组				
	杜内阶	355	岩关亚系	岩关统	汤耙沟阶	C₁¹	*Plectogyra, Granuliferella*	*S.anchoralis, S.scaliger, L.S.cheirtulata, L.serrulata, S.sandbergi, Siphonodella, L.S.duplicata, S.isosticha, S.sulcata*	珠藏坞组 西湖组	五通组	韩家店组	马鞍坝组	旧司组		云台观组	融县组	融县组	写经寺组	孟公坳组	上靖远统 老山组		塔尔哈台组	加东 花岗岩	前震旦系	东河塘组	克兹尔塔格组	查果罗玛组	大寨门组
泥盆系	法门阶		下伏地层																									

甘肃省肃北县石炭系沉积相综合柱状图

年代地层			岩石地层		厚度/m	岩性柱	沉积构造	岩性描述	沉积相	
系	统	阶	群	组					亚相	相
二叠系	下统		巴河音群							
石炭系	下统	维宪阶	党河南山组		>100			整体上为一套深灰色、略带灰黑色的薄-中层状-厚层状泥质灰岩夹灰黑色粉砂质泥页岩组合。顶部可见黑色薄层状碳质页岩	潮上带	潮坪
					106		水平层理	中上部为深灰色至灰黑色粉砂质泥页岩，见煤线夹层及砂岩夹层，底部为一层厚8m的灰色石英砂岩，向上过渡为灰黑色、深灰色粉砂质泥页岩	后滨·前滨	滨岸
					±160			上部为深灰色薄-中厚层灰岩，灰岩相对致密；下部为灰色至深灰色中-厚层状泥质灰岩	潮上·潮间带	
					39			灰白色块状石膏	潟湖	潮坪
					9			深灰色厚层状灰岩，向上渐变为薄层灰岩		
					11		板状层理	紫色、灰绿色薄层状泥岩		
		杜内阶		阿木尼克组	50			紫红色薄-中层状细砂岩、粉砂岩，底部见薄层泥灰岩	潮间	
泥盆系	上统				65			紫红色薄-中层状细砂岩、灰白色石英砂岩夹粉砂岩，底部可见厚约3m的石英砾岩	潮上	

青海省乌兰县地区石灰沟石炭系沉积相综合柱状图

年代地层			岩石地层		厚度/m	岩性柱	沉积构造	岩性描述	沉积相	
系	统	阶	组	段					亚相	相
二叠系	下统		扎布萨尔秀组		117.2		水平层理	灰、灰黑色粉砂质页岩,碳质页岩夹泥灰岩,含生物灰岩、泥质灰岩、生物碎屑灰岩等	潮间带	潮坪
石炭系	上统	格舍尔阶—巴什基尔阶	小独山组	五段	11.2		水平层理	浅黄褐色中厚层灰岩夹含砾泥质灰岩		
				四段	77.1			灰、灰黑色粉砂质、碳质页岩夹含生物灰岩、泥灰岩,顶为泥质灰岩,底为长石石英砂岩		
			克鲁克组	三段	60.2			灰黑色页岩夹含生物碎屑泥质灰岩,底部为含砾砂岩		
					98.6		正粒序层理	灰、灰白色砂岩、页岩夹含生物或生物碎屑灰岩组成多个韵律,砂岩中见少量砾石		
					168.9			灰白色中厚层砂岩、灰黑色页岩夹厚层含生物灰岩,含泥质生物灰岩组成韵律层,底部见复成分砂砾岩		
					69			灰白色中厚层砂岩、页岩,灰岩韵律组合		
				二段	53.9			灰黑色粉砂质泥岩,页岩夹生物碎屑、生物灰岩、煤线	潮上带	
					67.7			灰黑色粉砂质泥岩,页岩夹生物碎屑灰岩夹煤线,底为一层含砾粗-中粒碎屑砂岩		
				一段	79.1			灰黑色粉砂质页岩、粉砂岩夹生物灰岩,底见含钙质中粒砂岩透镜体		
	下统	维宪阶	怀头他拉组	生物灰岩段	18.1			灰绿色黄色粉砂质页岩夹生物泥灰岩	潮间-潮上带	
					39.9			灰黑色中厚层生物灰岩夹生物碎屑灰岩		
					66.1			上部为灰黑色生物灰岩,中下部为灰色含燧石结核灰岩		
					62.4			灰色中厚层状灰岩夹生物碎屑灰岩		
				燧石灰岩段	78.4			深灰色厚层状含燧石灰岩	潮间-潮下带	
					53.6		波状层理	灰、深灰色中厚层泥晶灰岩夹生物灰岩、砂质灰岩		
					23			灰黑色中厚层状生物灰岩,底部见灰黑色厚层粗粒砂岩		
					22.3		透镜状层理	灰色薄-中层状生物碎屑灰岩,中部层段见薄层状砂岩夹层		
				砂岩页岩灰岩段	65.5			深灰色薄-中层状砂岩页岩夹灰岩、灰色薄层状生物碎屑灰岩,局部夹砂岩与煤线		
					81.6			灰色厚层生物碎屑灰岩,鲕粒灰岩夹杂色砂质泥页岩,碳质页岩,顶部夹煤线		
					35.5			灰白色厚层状含砾石石英砂岩夹紫色砂质泥页岩,顶部夹碳质页岩		
					163.7		波痕	杂色厚层状长石石英粗砂岩夹灰绿杂色泥岩、粉砂质泥岩,局部夹鲕粒灰岩层	前滨	滨岸
			城墙沟组		30.8			上部为深灰色中厚层灰岩,中下部为灰色生物碎屑灰岩夹鲕粒灰岩	潮坪	
					105.8			灰色薄-中层状砂质灰岩夹鲕粒灰岩,底部为灰色厚层状含砂质鲕粒灰岩		
					55.8		水平层理	上部为深灰色生物碎屑泥灰岩夹碳质页岩,下部为灰、深灰色生物灰岩,珊瑚、腕足类化石异常丰富	潮间-潮上带	
					90.4		生物化石	灰、深灰色厚层状灰岩夹生物灰岩,顶部为灰、灰黄色薄层灰岩		
					31.8		水平层理	灰色中层状生物碎屑灰岩夹钙质页岩,珊瑚化石异常丰富		
					72.7			灰色中厚层状灰岩,顶部见生物灰岩层		
					32.8			灰色中厚层生物碎屑灰岩夹紫色中厚层灰岩,珊瑚化石异常丰富		
					49.4			灰紫色中厚层状鲕粒灰岩		
					18.5			灰黄色中厚层状灰岩		
					101.1		水平层理	灰色厚层状灰岩夹紫色薄层状钙质页岩组合		
					55.4			上部为灰色中厚层状鲕粒灰岩,下部为深灰色砂岩夹白云岩夹砂质页岩组合		
								灰黑色中厚层状生物碎屑灰岩,底部为灰色粉砂质页岩夹灰白色石英砾岩组合		
泥盆系	上统		阿木尼克组		25			肉红色中厚层石英质长石砂岩	潮上带	
					62		砂纹层理	灰紫色薄层状长石石砾岩夹砂岩、粉砂岩		
								灰紫色薄-中层状长石石英砂岩		
					28.4		植物化石	暗紫色薄-中层状长石砂岩夹砂砾岩		

四川省江油市通口地区石炭系沉积相综合柱状图

地层系统 系	统	组	段	GR/API 0—50	厚度/m	单层厚度/m	岩性柱	岩性描述	沉积相 亚相	相
		梁山组				2.08		深灰色至灰黑色煤层(含煤泥岩)	浅滩	
						1.00		灰褐色块状粉-细晶灰岩		
					10	1.93				
						3.60		灰白色至灰色厚层砾屑灰岩，砾屑里呈两套韵律层，从下到上逐渐减少		
						4.98				
						2.38		灰白色块状粉-细晶灰岩		
						4.26		灰白色厚层状粉-细晶灰岩，底部夹薄层状灰绿色泥岩	滩间	
						15.50		灰白色块状粉-细晶灰岩		
								灰绿色泥岩		
						1.55		灰白色块状粉-细晶灰岩		
						1.61		浅灰色中层状粉-细晶灰岩，中间夹25cm厚绿色泥岩		
					50	1.38				
						6.35		浅灰色中-厚层状粉-细晶灰岩		
						3.86				
						0.58		灰绿色泥岩		
						1.98		灰至深灰色厚层-块状细晶白云岩，下部夹薄层绿色泥岩	浅滩	
						1.45				
		黄龙组				17.77		浅灰色厚层状细晶白云岩，局部见少量孔隙，见极薄层绿色泥岩		
						3.38		灰色风化紫红色，薄层泥-粉晶灰岩夹灰绿色页岩，页岩中局部风化为紫红色	滩间	
						1.55		浅灰色中层夹厚层状泥-粉晶灰岩，中层厚层约为2：1		
						24.14		灰色风化紫红色，薄层泥-粉晶灰岩夹灰绿色页岩，页岩中局部风化为紫红色，岩层顶和底厚25cm的泥岩，由于压实，底界呈凹凸状		
					100			浅灰色厚层状粉晶灰岩		
						14.14		灰褐色厚层状粉晶灰岩，风化后局部呈紫红色	浅滩	
								灰绿色风化后紫红色和浅灰绿色泥岩		
						3.82		浅灰褐色厚层状粉晶颗粒灰岩，重结晶作用明显		
石炭系	上统					7.24		灰色厚层状薄层泥-粉晶灰岩，见高角度裂缝，少水平缝，被方解石充填，最大宽度小于0.2cm	滩间	开阔台地
						7.31		灰色薄层状微-泥晶灰岩夹薄层状灰色泥岩，两者比值大于3：1		
					150			灰色中-厚层状粉-细晶灰岩		
						14.84		灰色薄-中层状粉晶灰岩，见水平层理		
								深灰色中-厚层状颗粒灰岩		
						6.89		灰色中-厚层状含铜/黄铁矿泥晶灰岩，见少量裂缝，被方解石充填		
						14.60		浅灰色块状泥-粉晶灰岩	浅滩	
						4.44		灰褐色厚层状细-中晶白云岩		
						9.04		灰绿色块状细晶白云岩		
						4.05		灰色厚层状泥晶生物碎屑灰岩，生物碎屑以有孔虫为主，见少量介形虫、棘皮类、双壳类、腕足类及藻类		
		总长沟组			200	45.92		浅灰褐色厚-块状微-粉晶灰岩	滩间	
						2.27		浅灰褐色中-厚层状亮晶含生物碎屑核形石灰岩，生物碎屑见有孔虫、腕足类、棘皮类等		
					250	24.32		浅灰褐色厚层-块状灰质岩溶角砾岩，局部风化为红色，角砾大小不一，小者仅1mm，大者1cm，角砾成分主要为生物碎屑灰岩，生物碎屑岩石表面呈疙瘩状，构造发育，岩层产状变化较大，由陡逐渐平缓	浅滩	
						13.24		浅灰褐色中-厚层泥晶生物碎屑球粒灰岩，生物碎屑主要包括有孔虫、棘皮类、双壳类等		
						29.45		浅灰褐色块状粉晶灰岩，层内构造发育，局部呈直立，上部覆盖，局部出露	滩间	
					300			浅灰褐色厚层-块状粉晶灰岩		
						5.56		浅灰褐色厚层-块状粉晶灰岩		
						2.47		灰白色块状泥晶生物碎屑灰岩，生物碎屑以有孔虫为主，少量棘皮类、双壳类、腕足类化石	浅滩	
						2.42		浅灰色薄层状粉晶灰岩，局部夹灰绿色泥岩，泥岩由下向上含量增多		
						4.53				
						1.50		灰白色块状粉晶灰岩		
						3.00		灰绿色泥岩，表面风化成紫红色，泥岩裂缝中充填方解石	滩间	
						2.57				
						5.35		灰白色块状粉晶灰岩		
						4.50		灰白色厚层-块状粉晶灰岩		
						5.72		灰白色块状粉晶灰岩		
						4.80		浅灰褐色薄层与中层状含砂屑泥晶灰岩		
					350	13.71		浅灰褐色中层含砂屑泥晶灰岩，砂屑重结晶至亮晶		
								浅灰色厚层状亮晶-粉晶灰岩，粉晶重结晶到亮晶	浅滩	
						16.45		浅灰色薄-中层粉晶灰岩，铁质含量高，呈红色		
								浅灰白色中层夹薄层亮晶生物碎屑灰岩，局部铁质含量高，风化后呈紫红色，生物碎屑以有孔虫为主，见少量棘皮类、腕足类化石，胶结物主要为亮晶方解石，重结晶至粉晶		
						2.96		浅灰色厚层状粉晶灰岩，铁质含量高处呈紫红色		
						3.78				
						2.21				
						1.02		深灰绿色厚层-块状泥晶灰岩，岩石中含铁，风化后呈赤红色		

(据成都理工大学文华国团队修编)

注：GR为自然伽马。

四川省广安市华蓥山仙鹤洞石炭系沉积相综合柱状图

地层系统				GR/API 0—50	厚度/m	层号	单层厚度/m	累计厚度/m	岩性柱	岩性描述	沉积相	
系	统	组	段								亚相	相
		梁山组				21	0.99	0.99		灰褐色泥页岩,风化严重		
石炭系	上统	黄龙组			2	20	0.85	1.84		灰色厚层状白云质溶角砾岩,含多种角砾成分,包括粉晶白云岩、细粉晶白云岩、粗粉晶白云岩、生物碎屑白云岩等,见针状溶孔及少量裂缝	浅滩	开阔台地
						19	0.85	2.69		灰色厚层状残余粉屑生物碎屑白云岩,具粉晶结构,含少量生物化石,以腕足、介壳为主,偶见有孔虫残片及溶洞发育		
					4	18	0.43	3.12		灰色厚层状粉晶白云岩,方解石晶体发育,晶粒大小可达3～5cm		
						17	1.49	4.61		灰色厚层白云岩质溶角砾岩,角砾为亮晶岩屑白云岩,角砾间充填粉晶及泥晶白云岩,溶孔和裂缝发育,见少量石膏、白云石,方解石和石英充填		
					6	16	1.13	5.74		灰色厚层云质岩溶角砾岩,角砾有两种成分,其一为泥晶白云岩,其二为粗粉晶白云岩,偶见腕足化石。发育少量针孔、溶孔及裂缝	滩间	
						15	0.78	6.52		灰色厚层状白云质岩溶角砾岩,角砾为粉晶白云岩,填隙物为粉晶和少量泥晶白云岩,局部少见腕足和双壳类生物碎屑,溶孔发育		
					8	14	1.14	7.66		灰色-深灰色厚层状白云质岩溶角砾岩,角砾为粉晶白云岩,填隙物为粉晶白云岩。发育少量溶蚀孔		
						13	1.42	9.08		灰色块状白云质岩溶角砾岩,基底支撑,角砾呈棱角状,分选中等		
					10	12	1.63	10.71		灰色薄层状残余颗粒白云岩,发育大量针状溶孔,被白云石不完全充填,局部见构造裂缝,被方解石不完全充填	浅滩	
					12	11	1.68	12.39		灰至深灰色厚层状粉晶白云岩,水平裂隙发育		
						10	1.51	13.90		灰色厚层状白云质溶角砾岩夹薄层含残余生物碎屑粉晶白云岩		
					14	9	1.35	15.25		灰色块状粉晶白云岩,发育针状溶孔,被方解石、白云石和黄铁矿充填		
					16	8	1.26	16.51		灰色厚层状白云质溶角砾岩,具角砾支撑结构,角砾呈棱角状,分选差,晶粒大小为0.5～6cm,角砾间充填中-粗晶白云岩	滩间	
						7	0.67	17.18		灰色厚层状粉晶白云岩,含少量白云质角砾,为溶蚀成因。角砾中见少量溶孔,被方解石、白云石、黄铁矿及沥青充填		
					18	6	1.36	18.54		灰色厚层状白云质溶角砾岩,角砾成分为粉晶云岩,晶粒大小为0.5～4cm,角砾呈棱角状,分选性差,角砾间充填泥晶白云岩和少量泥质粉砂、细粒石英		
						5	1.26	19.80		灰色厚层状云质岩溶角砾岩,碎裂化严重,发育多条高角度裂缝		
					20	4	0.34	20.14		灰色厚层状含残余砂屑泥-粉晶白云岩,水平层理发育,20cm厚岩石中发育7条高角度裂缝,缝宽0.3～0.6cm,被方解石充填,局部见少量溶孔		
						3	0.22	20.36		灰色厚层泥晶白云岩,局部见少量白云质角砾,下部发育少量溶孔		
						2	0.32	20.68		灰色厚层状白云质溶角砾岩,基质支撑结构,角砾成分为泥晶白云岩		
					22	1	1.61	22.29		灰色,风化后呈灰白色中层状含残余泥晶白云岩夹深灰色薄层状泥页岩,白云岩中见变形纹层		
		韩家店组				0	0.51	22.80		灰绿色粉砂质泥岩,顶部发育厚约0.2m古风化壳,风化带为含钙铝土质黏土岩		

(据成都理工大学文华国团队修编)

重庆市丰都县狗子水村石炭系沉积相综合柱状图

地层系统				GR/API 0~50	厚度/m	层号	单层厚度/m	累计厚度/m	岩性柱	岩性描述	沉积相	
系	统	组	段								亚相	相
		梁山组				15	0.30	0.30		黑色含煤泥岩，局部风化后呈红橙色		
石炭系	上统	黄龙组	二段			14	3.10	3.40		灰色极厚层状泥晶砂屑生物碎屑灰岩，生物碎屑以有孔虫为主，少量腕足类、棘皮类等，胶结物以泥晶为主，局部重结晶形成假亮晶结构	浅滩	开阔台地
						13	2.72	6.12		灰色中层状泥晶生物碎屑灰岩，表面大气水淋滤风化严重，见棕色铁质富集层，生物碎屑主要见腕足类、棘皮类和钙球等生物		
						12	1.65	7.77		灰色厚层状泥晶鲕粒砂屑灰岩，局部见生物扰动构造，部分鲕粒因压实作用被拉长变形，胶结物中部分泥晶方解石发生重结晶形成假亮晶胶结		
						11	0.81	8.58		灰色中层状泥晶生物碎屑灰岩，向上粒级变细，生物碎屑主要见钙球、有孔虫、棘皮类和珊瑚类，顶部发育0.6m厚泥晶灰岩，网状缝发育，被方解石充填		
						10	2.89	11.47		灰色厚层状亮晶生物碎屑砂屑灰岩，粒级向上变细，见少量双壳、腕足类和腹足类化石，胶结物具世代结构。顶部发育厚0.6m含陆源碎屑泥晶灰岩，具条纹状构造，陆源砂屑主要由石英组成		
						9	1.51	12.98		灰色块状含生物碎屑砂屑灰岩，生物碎屑主要是有孔虫，粒级向中变细，距顶0.3m发育含生物碎屑泥晶灰岩，含少量有孔虫碎片。微裂缝发育，被方解石充填		
						8	3.70	16.68		灰色中层状亮晶砂屑生物碎屑灰岩，距顶0.7m发育泥晶砂屑生物碎屑灰岩，生物碎屑主要为有孔虫，少量棘皮类、双壳类和腕足类化石，胶结物具世代结构。岩石中见少量溶缝，被方解石充填		
						7	1.03	17.71		浅灰色至灰色厚层状灰质岩溶角砾岩，角砾支撑结构，角砾成分为细晶灰岩和核形石灰岩，最大砾径约为2cm，填隙物由中、粗晶方解石组成，局部重结晶至极晶结构。岩石中见高角度缝隙，少量缝合线		
						6	1.65	19.36		浅灰色至灰色厚层状灰质岩溶角砾岩，角砾成分复杂，主要由残余颗粒灰岩、粉晶灰岩和粗晶灰岩组成，角砾间为粗晶方解石胶结，具世代结构，另见少量有孔虫、棘皮类等化石。岩底0.8m发育水平状溶沟，沟内充填物为绿色泥岩，泥岩中含灰质角砾，砾径为4~9cm，溶沟以下重结晶作用明显，高角度缝发育，岩性破碎严重	滩间	
						5	5.26	24.62		灰色块状晶粒灰岩，重结晶作用强烈，岩石破碎，发育多条高角度缝和缝合线，被泥质和方解石不完全充填		
						4	2.02	26.64		灰色块状不等晶次生灰岩，自下而上由粉晶-粗晶演化，距顶0.6m处见水平状溶沟、溶缝，内充填棕红色泥岩，厚约7cm，溶缝下伏岩层发育10cm厚的岩溶角砾岩。岩石中发育5条被方解石不完全充填直缝，中下部见方解石斑晶		
						3	2.04	28.68		浅灰色厚层状灰质岩溶角砾岩，角砾支撑结构，多数角砾边界因溶蚀作用模糊不清，成分为粉-细晶方解石，大小悬殊，最大长度为2cm，填隙物由粉晶方解石和少量陆源粉砂组成。岩层中发育3条未完全充填高角度裂缝，见椭圆状方解石斑晶，晶粒大小为5cm×3cm		
						2	0.91	29.59		灰色厚层状含角质灰质岩溶角砾岩，角砾支撑结构，角砾成分单一，由泥晶方解石组成，局部重结晶至细晶、中晶，角砾大小悬殊，最者长度为1.5cm，填隙物主要由粉晶至粗晶方解石和少量陆源粉砂组成，具世代结构		
						1	0.29	29.88				
						0	3.19	33.07		灰色中层状含泥铁质灰质岩溶角砾岩，角砾支撑，角砾成分复杂，主要由残余颗粒灰岩、残余生物碎屑灰岩、粉细晶方解石组成，角砾间为细、中晶方解石胶结		
		韩家店组								灰绿色泥页岩，顶部夹灰色薄层晶粒灰岩		

（据成都理工大学文华国团队修编）

塔里木盆地康2井石炭系沉积相综合柱状图

地层系统				GR/API	井深 /m	岩性柱	岩性描述	沉积相	
系	统	组	段	0　　　120				亚相	相
石炭系	上统	小海子组	顶灰岩段		1700　1800		上部为灰色、深灰色云质灰岩、泥灰岩及泥晶灰岩夹泥岩；下部主要为灰色云质灰岩、泥灰岩及泥晶灰岩	局限台地	台地
	下统	卡拉沙依组	上泥岩段				棕褐色、灰色泥晶灰岩、砂质泥岩及泥岩不等厚互层，以泥岩为主，发育水平层理及生物扰动构造	潮间·潮上	潮坪
			标准灰岩段		1900		灰、深灰色泥质灰岩、膏质灰岩、灰岩夹薄层石膏	潟湖	潮坪
			中泥岩段		2000　2100		灰、灰褐色膏质灰岩，膏质泥岩，云质泥岩		
					2200		浅灰、灰色泥岩夹薄层膏质泥岩		
							浅灰、灰色云质泥岩夹薄层膏质泥岩		
		巴楚组	生物碎屑灰岩段		2300		灰色云质灰岩、泥质灰岩，底部夹薄层、膏质灰岩		
			下泥岩段				棕灰色、灰褐色泥岩夹白云岩，粉砂岩及泥岩不等厚互层，发育水平层理	浅水陆棚	陆棚

塔里木盆地轮南594井石炭系沉积相综合柱状图

地层系统				GR/API 0—150	SP/MV 140—240	LLS/(Ω·m) 0.2—2000	LLD/(Ω·m) 0.2—2000	井深/m	岩性柱	岩性描述	沉积相 亚相	沉积相 相
系	统	组	段									

地层系统（左侧）：

- 系：三叠系 / 石炭系 / 志留系
- 统：上统 / 下统
- 组：小海子组 / 卡拉沙依组 / 巴楚组
- 段：灰岩段 / 砂泥岩段 / 上泥岩段（穷孜霞）/ 中泥岩段 / 东河砂岩（巴楚组）

井深/m 标注：4560、4610、4660、4710、4760、4810、4860、4910、4960、5010、5060、5110、5160、5210、5260、5310、5360、5410

岩性描述：

- 浅灰、灰色含砾砂岩与灰色泥岩不等厚互层
- 灰白色泥晶灰岩夹褐色泥质灰岩、浅灰色泥岩
- 灰色、灰白色泥岩
- 灰白色泥晶灰岩夹泥质灰岩，底部为一套含砾砂岩，发育在生物碎屑岩之上
- 底部为紫褐色粉砂质泥岩夹泥质岩，向上过渡为浅灰至灰色细砂岩、泥质粉砂岩，钙质粉砂岩夹灰白色、灰白色泥质泥岩
- 灰白色泥灰岩夹紫褐色泥岩
- 褐色、灰色泥岩夹浅灰色至灰色钙质细砂岩、泥质粉砂岩，上部夹两层泥灰岩，砂岩夹层多具正粒序
- 具正粒序的浅灰色至灰色钙质细砂岩、粉砂岩夹褐色泥岩
- 褐灰色泥岩夹浅灰至灰色细砂岩、粉砂岩及钙质粉砂岩
- 灰色至浅灰色粉砂岩、细砂岩、红色泥岩，砂岩中频繁发育冲刷构造及单向斜层理、砂纹层理，泥岩中可见被风浪打碎的灰岩砾屑
- 褐色至灰色泥岩
- 深灰至灰褐色泥晶灰岩夹浅灰-灰色泥岩，见石膏团块
- 浅灰至灰色、褐色、深灰-褐灰色泥岩互层
- 浅灰-灰色细砂岩、粉砂岩互层，中部见正粒序的含砾粗砂岩-细砂岩。发育平行层理及砂纹层理，见冲刷面
- 浅灰至灰色钙质粉砂岩、粉砂质泥岩、泥岩互层

沉积相：

- 亚相：局限台地、潮间、潮坪（潮间·潮上）、潮间、潮上·潮间、潮间·潮上、近滨
- 相：碳酸盐台地、潮坪、滨岸

注：GR. 自然伽马；SP. 自然电位；LLD. 深侧向电阻率；LLS. 浅侧向电阻率。

西准噶尔造山带早石炭世杜内期地层划分对比图

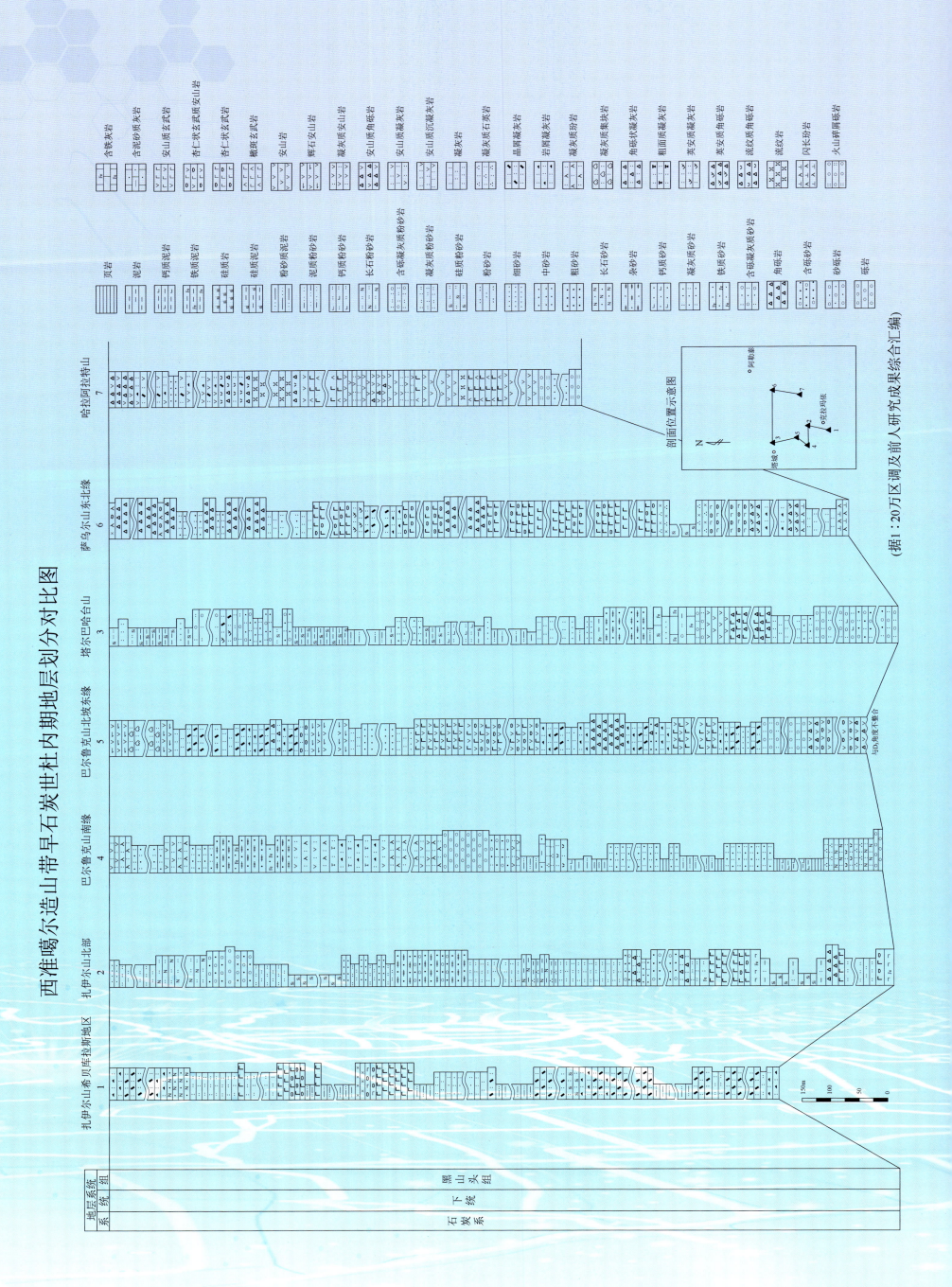

（据1:20万区调及前人研究成果综合汇编）

吐哈地区石炭系地层划分对比图

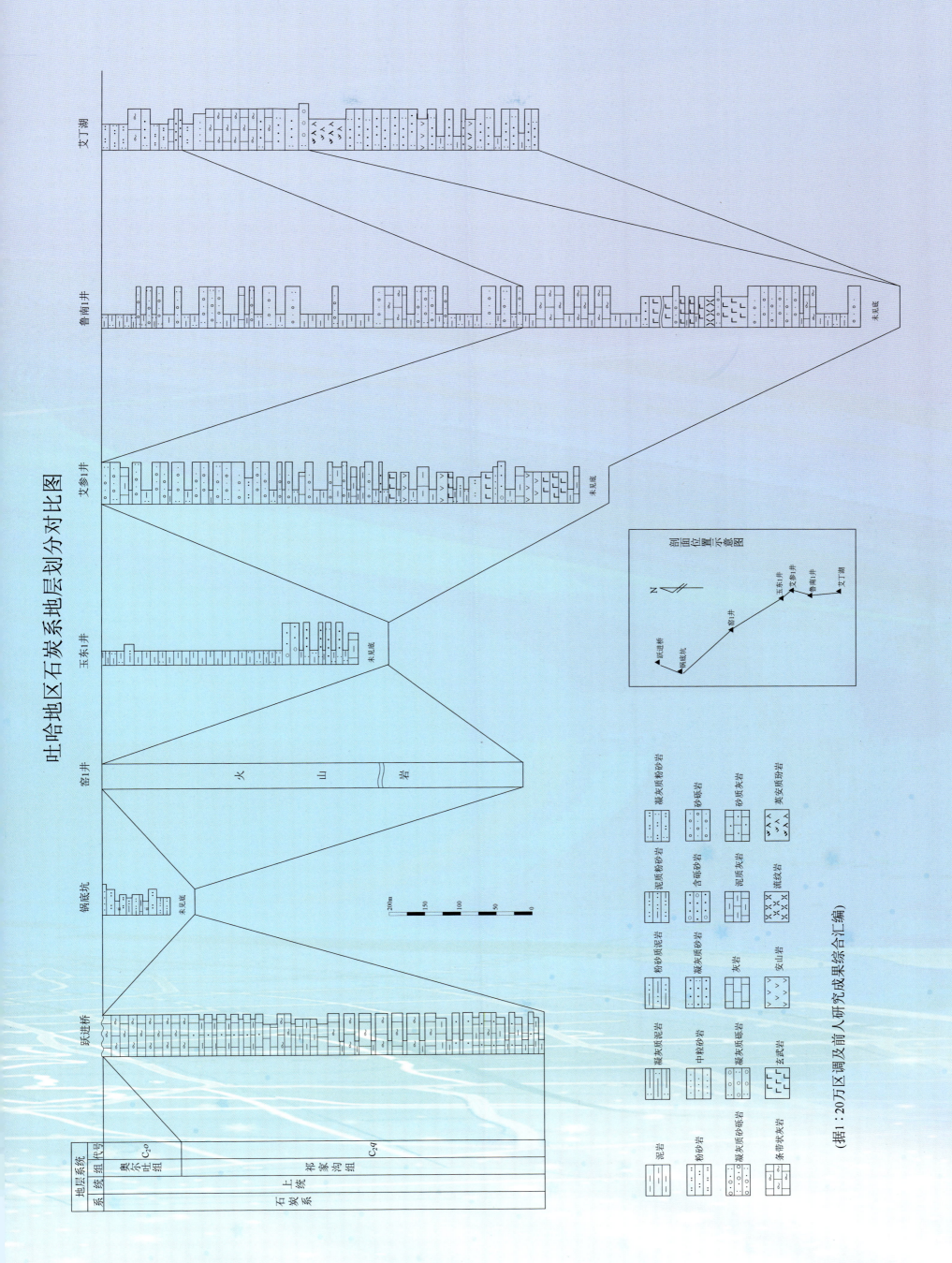

（据1：20万区调及前人研究成果综合汇编）

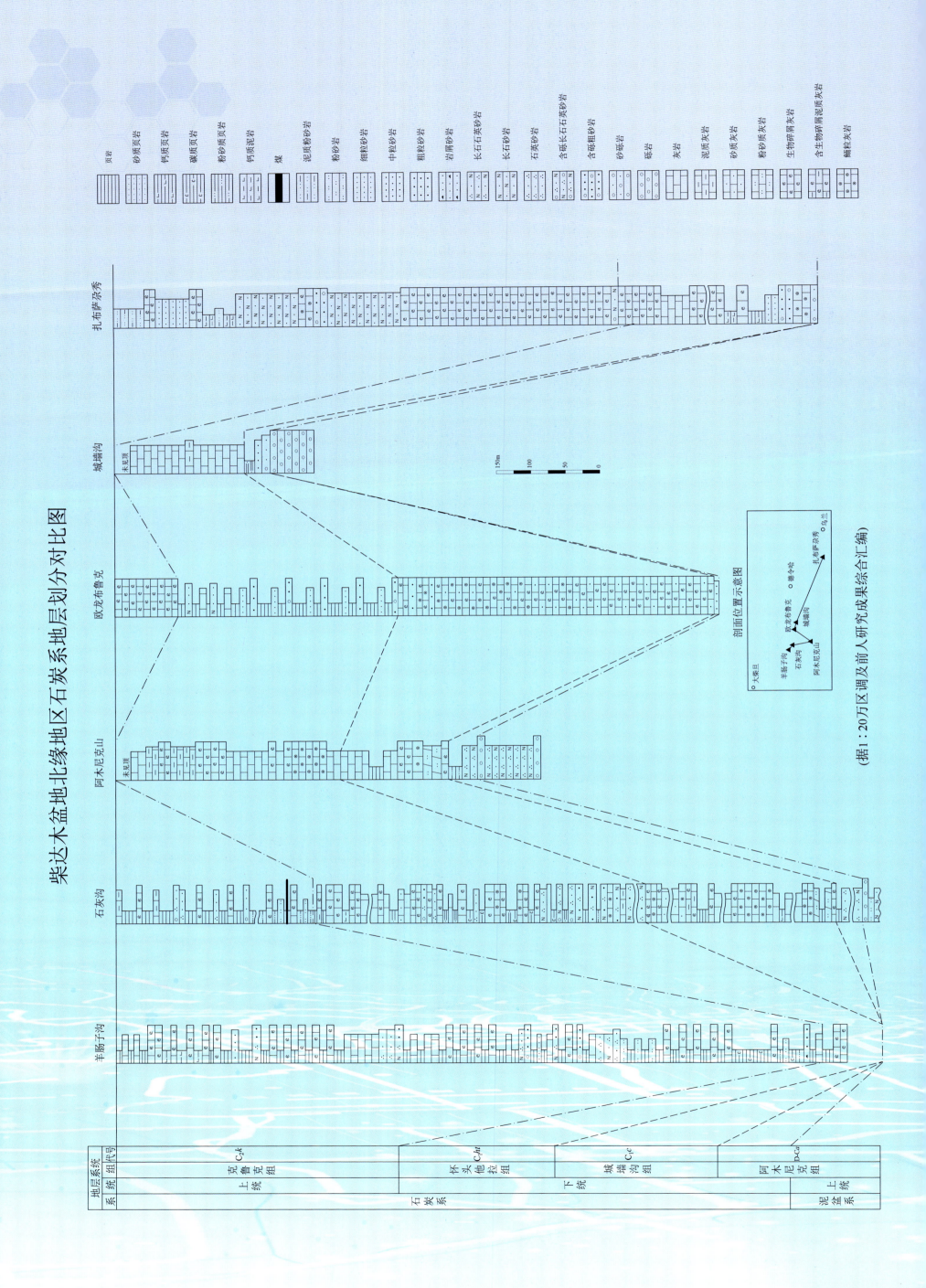

柴达木盆地北缘地区石炭系地层划分对比图

（据1∶20万区调及前人研究成果综合汇编）

剖面位置示意图

南秦岭地区石炭系地层系统地层划分对比图

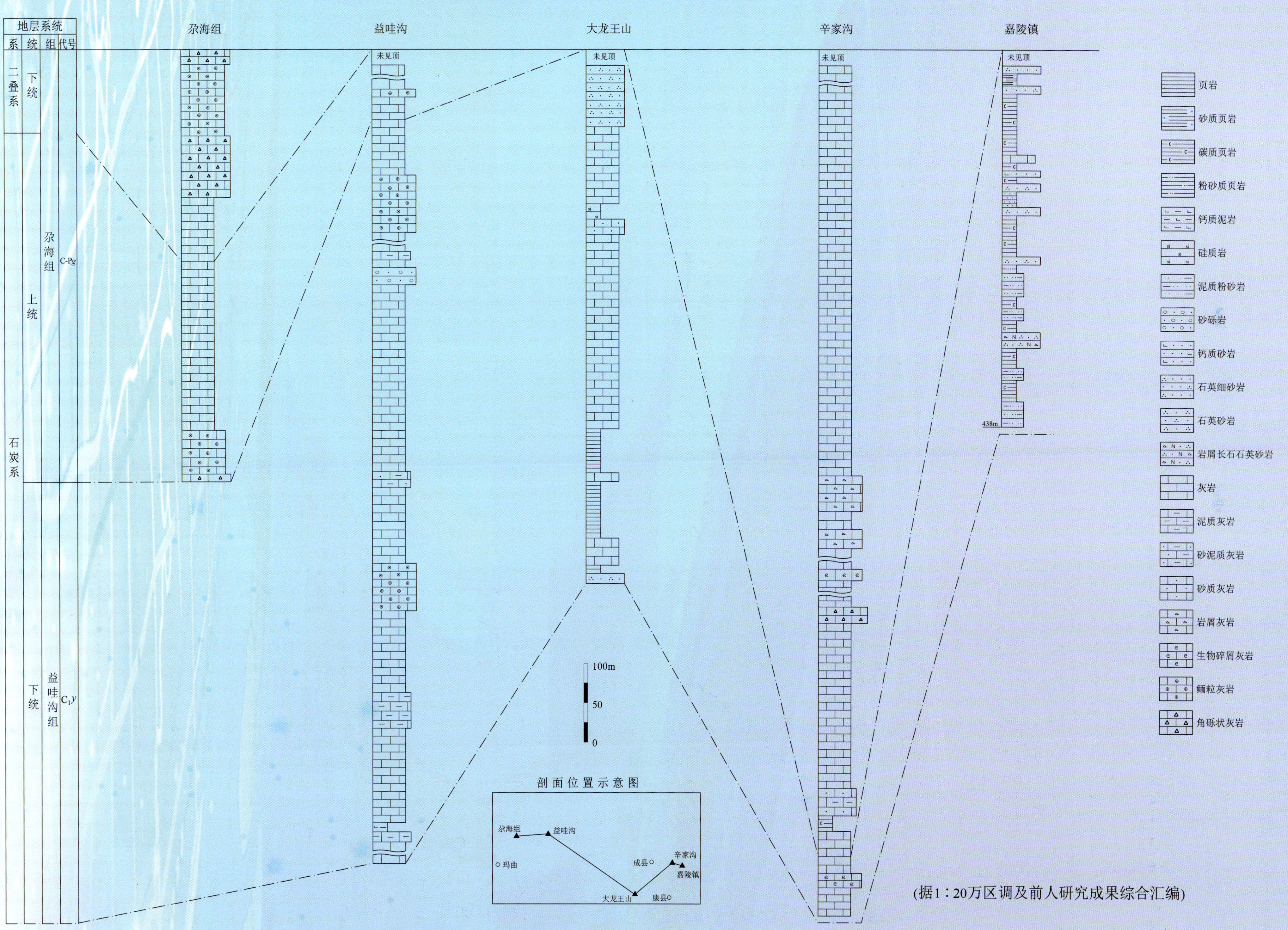

据1:20万区调及前人研究成果综合汇编

图例：页岩　砂质页岩　碳质页岩　粉砂质页岩　钙质页岩　硅质岩　泥质粉砂岩　砂砾岩　钙质砂岩　石英细砂岩　石英砂岩　岩屑长石石英砂岩　灰岩　泥质灰岩　砂泥质灰岩　砂屑灰岩　岩屑灰岩　生物碎屑灰岩　瘤状灰岩　角砾状灰岩

剖面柱：嘉陵镇（未见顶，438m）　辛家沟（未见顶）　大龙王山（未见顶）　益哇沟（未见顶）　泰海组

剖面位置示意图

100m　50　0

成县　辛家沟　嘉陵镇　康县○　大龙王山　益哇沟　泺海组　宕曲

地层系统		
系　统	组（代号）	
二叠系	下统	
石炭系	上统	泰海组 C-Pg
	下统	益哇沟组 C₁y

新疆准噶尔盆地石

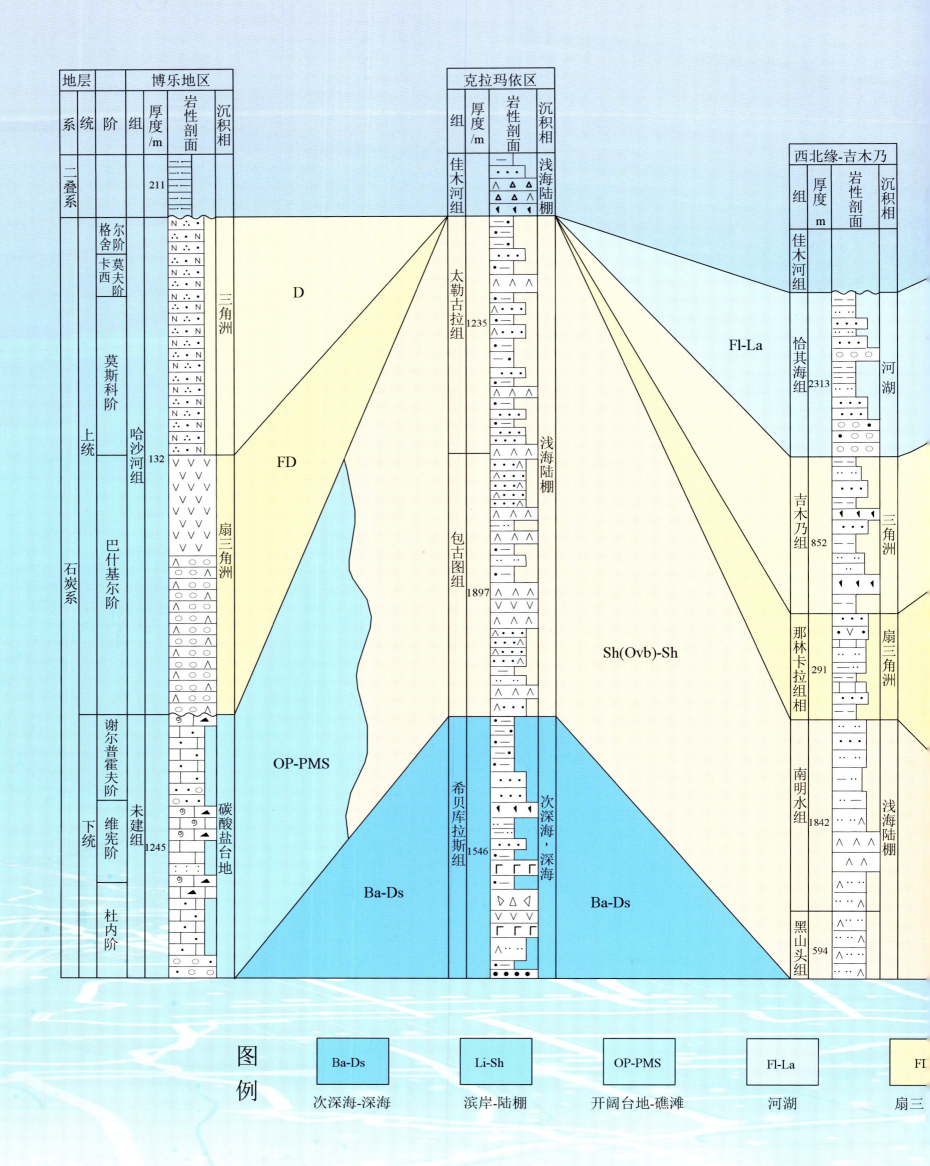

图
例

Ba-Ds	Li-Sh	OP-PMS	Fl-La	Fl
次深海-深海	滨岸-陆棚	开阔台地-礁滩	河湖	扇三

沉积相对比图

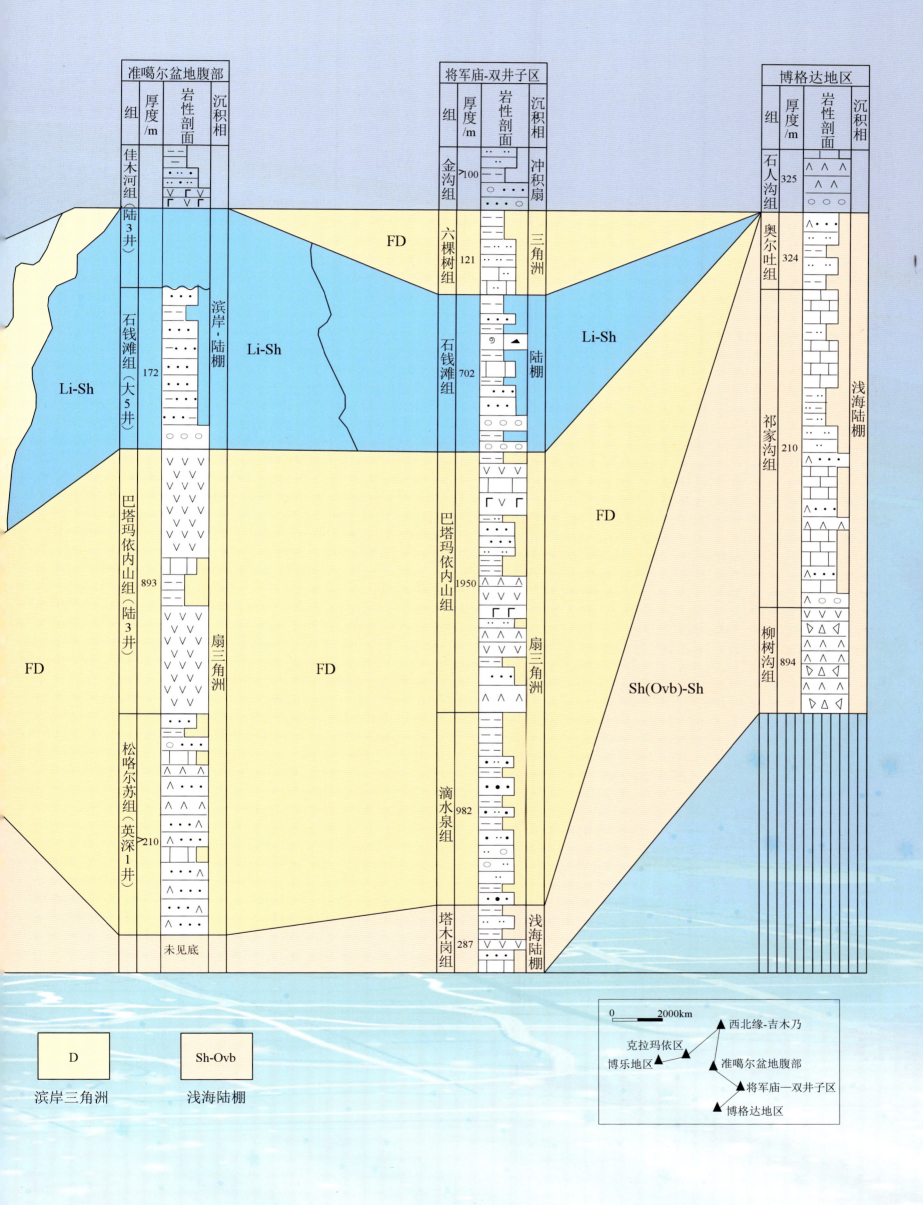

D		Sh-Ovb	
滨岸三角洲		浅海陆棚	

塔里木盆地晚泥盆世—早石炭世构造格架与沉积盆地类型分布图

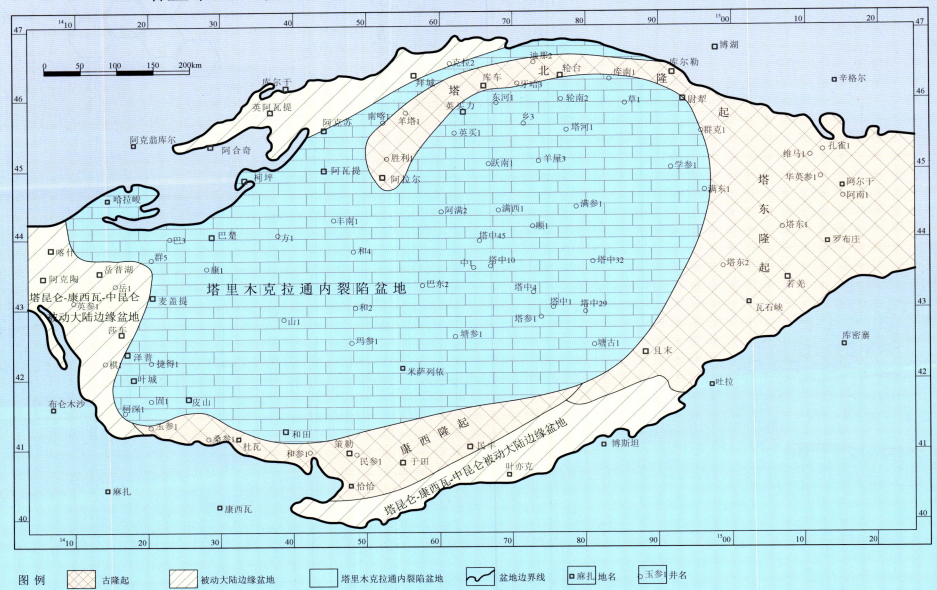

图例　古隆起　被动大陆边缘盆地　塔里木克拉通内裂陷盆地　盆地边界线　麻扎 地名　玉参 井名

塔里木盆地早石炭世构造格架与沉积盆地类型分布图

图例　古隆起　活动大陆边缘盆地　塔里木克拉通内裂陷盆地　盆地边界线　麻扎 地名　玉参 井名

塔里木盆地晚泥盆世早期（东河塘砂岩段）岩相古地理图

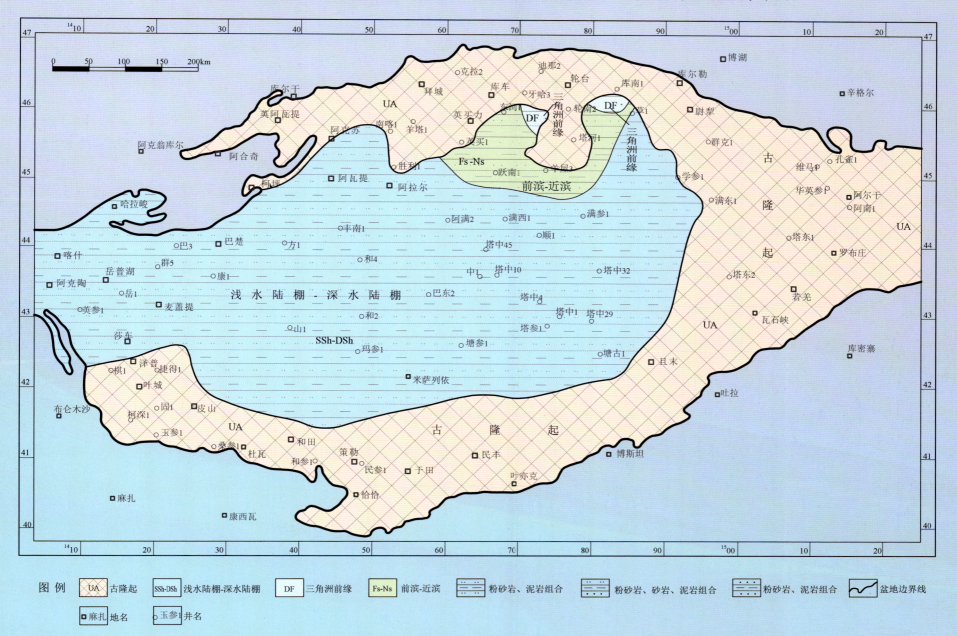

图例 UA 古隆起   SSh-DSh 浅水陆棚-深水陆棚   DF 三角洲前缘   Fs-Ns 前滨-近滨   粉砂岩、泥岩组合   粉砂岩、砂岩、泥岩组合   粉砂岩、泥岩组合   盆地边界线

麻扎 地名   玉参1 井名

塔里木盆地晚泥盆世晚期（东河塘砂岩段）岩相古地理图

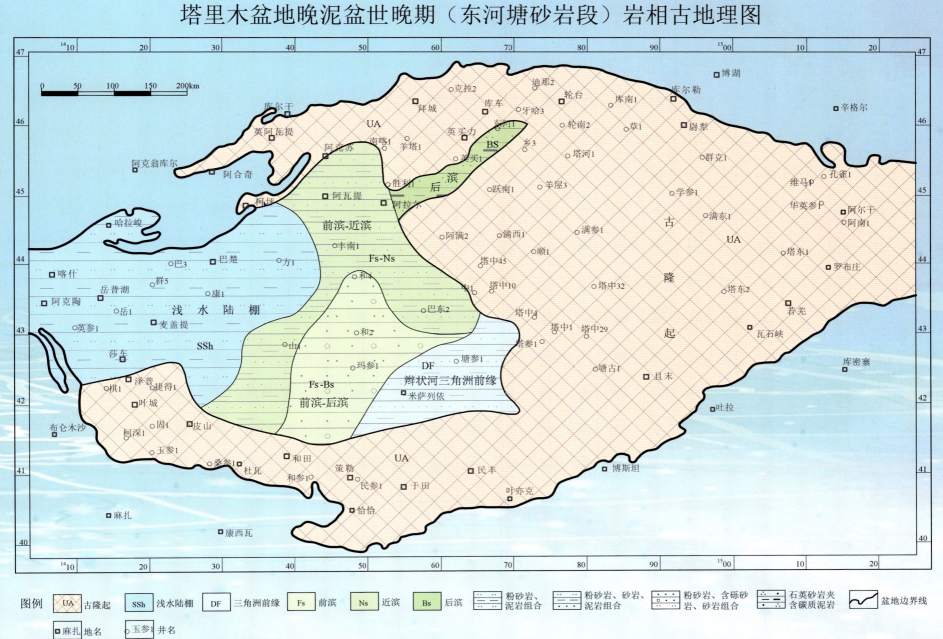

图例 UA 古隆起   SSh 浅水陆棚   DF 三角洲前缘   Fs 前滨   Ns 近滨   Bs 后滨   粉砂岩、泥岩组合   粉砂岩、砂岩、泥岩组合   粉砂岩、含砾岩、砂岩组合   石英砂岩岩夹含碳质泥岩   盆地边界线

麻扎 地名   玉参1 井名

塔里木盆地早石炭世早期（生物碎屑灰岩段）岩相古地理图

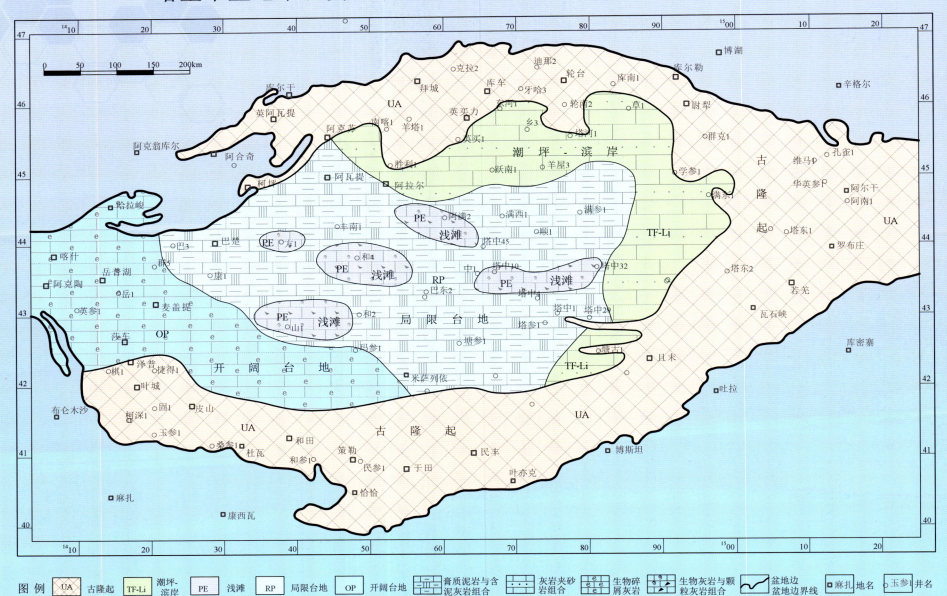

图例 UA 古隆起 TF-Li 潮坪-滨岸 PE 浅滩 RP 局限台地 OP 开阔台地 膏质泥岩与含泥灰岩组合 灰岩夹砂泥岩组合 生物碎屑灰岩 生物灰岩与颗粒灰岩组合 盆地边盆地边界线 麻扎 地名 玉参1 井名

塔里木盆地早石炭世晚期（中泥岩段+标准灰岩段+上泥岩段）岩相古地理图

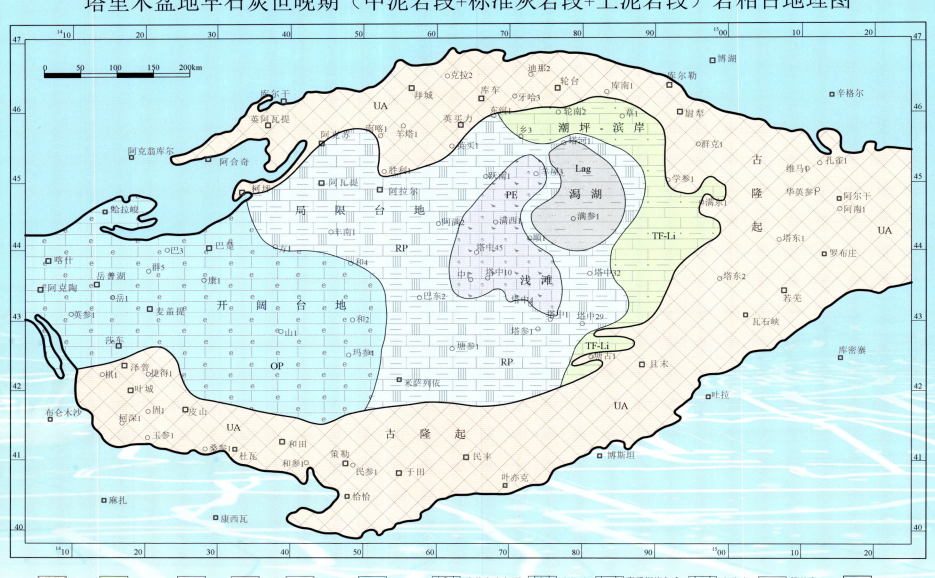

图例 UA 古隆起 TF-Li 潮坪-滨岸 PE 浅滩 Lag 潟湖 RP 局限台地 OP 开阔台地 生物灰岩与颗粒灰岩组合 生物碎屑灰岩 膏质泥岩与含泥灰岩组合 灰岩夹砂泥岩 粉砂岩、泥岩组合 盆地边界线 麻扎 地名 玉参1 井名

塔里木盆地晚石炭世早期（卡拉沙依组砂泥岩段）岩相古地理图

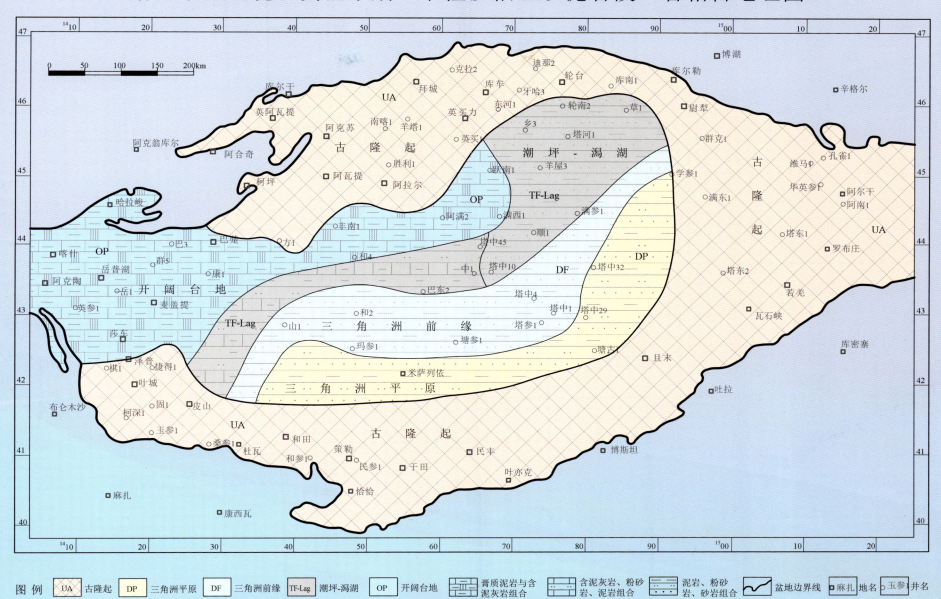

图例　UA 古隆起　DP 三角洲平原　DF 三角洲前缘　TF-Lag 潮坪-潟湖　OP 开阔台地　膏质泥岩与含泥灰岩组合　含泥灰岩、粉砂岩、泥岩组合　泥岩、粉砂岩、砂岩组合　盆地边界线　麻扎 地名　玉参1 井名

塔里木盆地晚石炭世晚期（卡拉沙依组+小海子组灰岩段）岩相古地理图

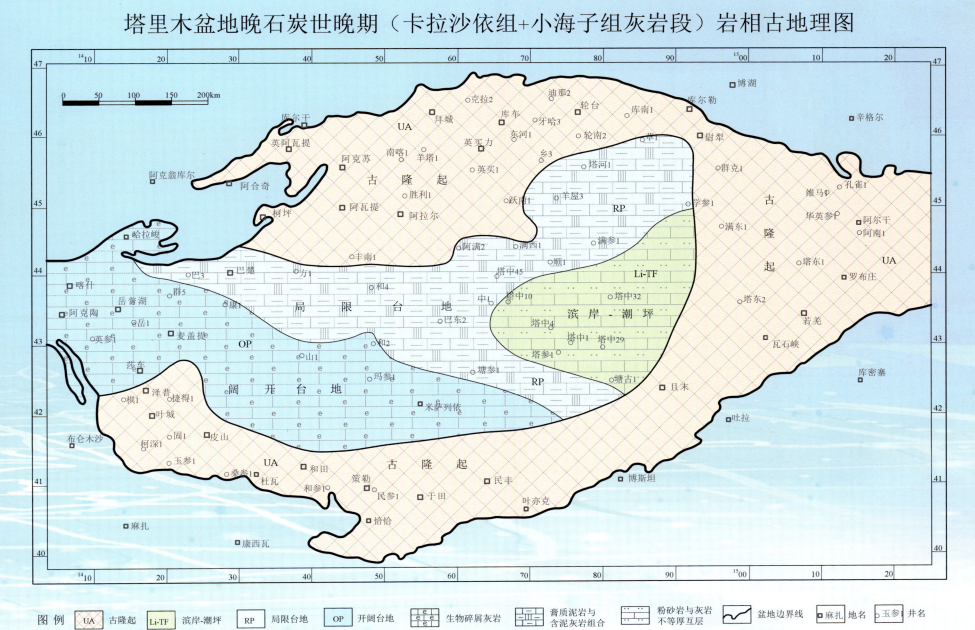

图例　UA 古隆起　Li-TF 滨岸-潮坪　RP 局限台地　OP 开阔台地　生物碎屑灰岩　膏质泥岩与含泥灰岩组合　粉砂岩与灰岩不等厚互层　盆地边界线　麻扎 地名　玉参1 井名

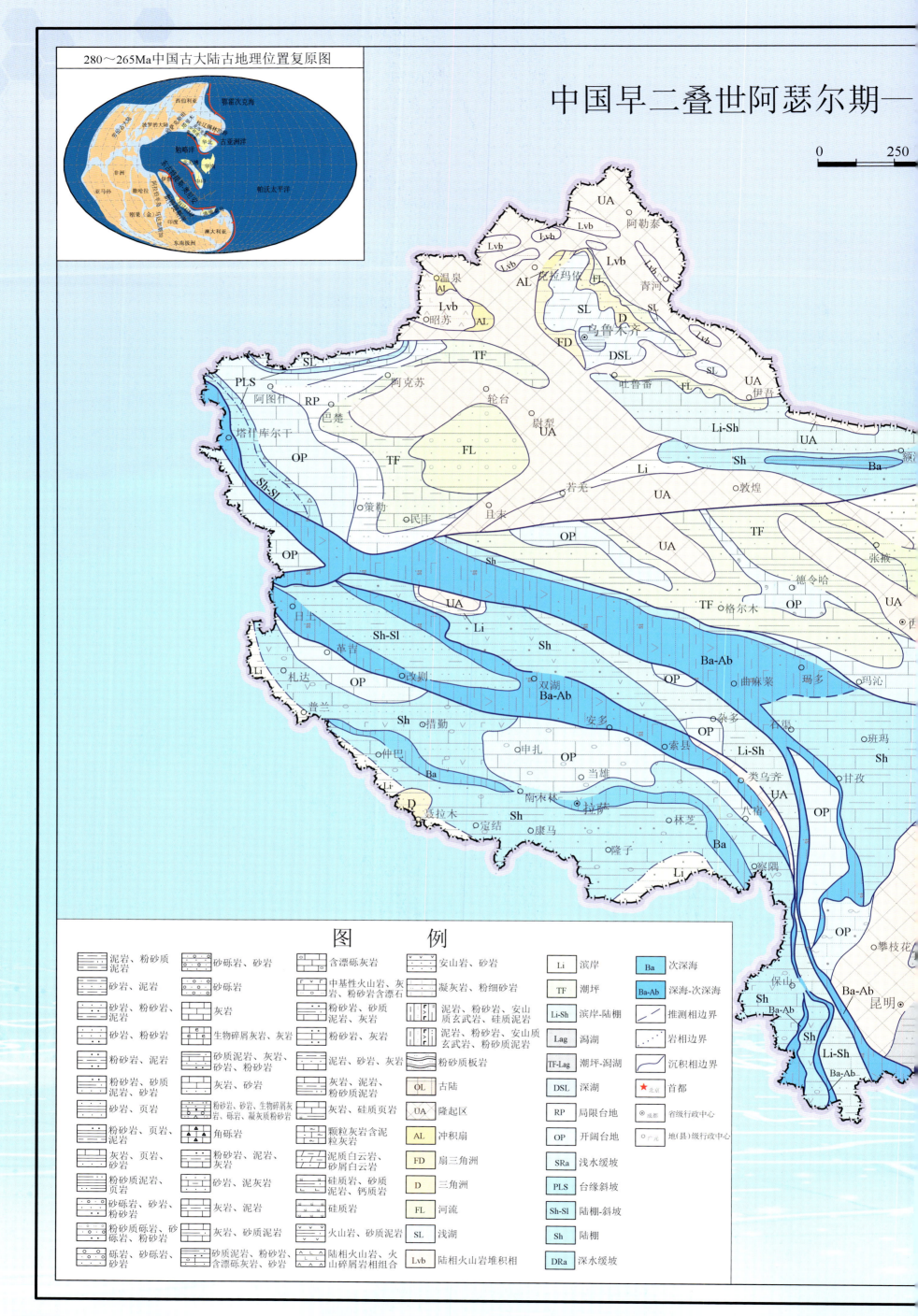

中国早二叠世阿瑟尔期—

280～265Ma中国古大陆古地理位置复原图

图　　例

泥岩、粉砂质泥岩	砂砾岩、砂岩	含漂砾灰岩	安山岩、砂岩	Li 滨岸	Ba 次深海
砂岩、泥岩	砂砾岩	中基性火山岩、灰岩、粉砂岩含漂石	凝灰岩、粉细砂岩	TF 潮坪	Ba-Ab 深海-次深海
砂岩、粉砂岩、泥岩	灰岩	粉砂岩、砂质泥岩、灰岩	泥岩、粉砂岩、安山质玄武岩、硅质泥岩	Li-Sh 滨岸-陆棚	推测相边界
砂岩、粉砂岩	生物碎屑灰岩、灰岩	粉砂岩、灰岩	泥岩、粉砂岩、安山质玄武岩、粉砂质泥岩	Lag 潟湖	岩相相边界
粉砂岩、泥岩	砂质泥岩、灰岩、砂质粉砂岩	泥岩、砂岩、灰岩	粉砂质板岩	TF-Lag 潮坪-潟湖	沉积相边界
粉砂岩、砂质泥岩、砂岩	灰岩、砂岩	灰岩、泥岩、粉砂质泥岩	OL 古陆	DSL 深湖	首都
砂岩、页岩	粉砂岩、砂岩、生物碎屑灰岩、砾岩、凝灰质粉砂岩	灰岩、硅质页岩	UA 隆起区	RP 局限台地	省级行政中心
粉砂岩、页岩、泥岩	角砾岩	颗粒灰岩含泥粒灰岩	AL 冲积扇	OP 开阔台地	地(县)级行政中心
灰岩、页岩、泥岩	粉砂岩、泥岩、灰岩	泥质白云岩、砂屑白云岩	FD 扇三角洲	SRa 浅水缓坡	
粉砂质泥岩、页岩	粉砂岩、泥岩	硅质泥岩、砂质泥岩、钙质岩	D 三角洲	PLS 台缘斜坡	
粉砂岩、砂岩、粉砂岩	灰岩、泥岩	硅质岩	FL 河流	Sh-Sl 陆棚-斜坡	
粉砂质砾岩、砂岩	灰岩、砂质泥岩	火山岩、砂质泥岩	SL 浅湖	Sh 陆棚	
砾岩、砂质砂岩	砂质泥岩、粉砂岩、含漂砾灰岩、砂岩	陆相火山岩、火山碎屑岩相组合	Lvb 陆相火山岩堆积相	DRa 深水缓坡	

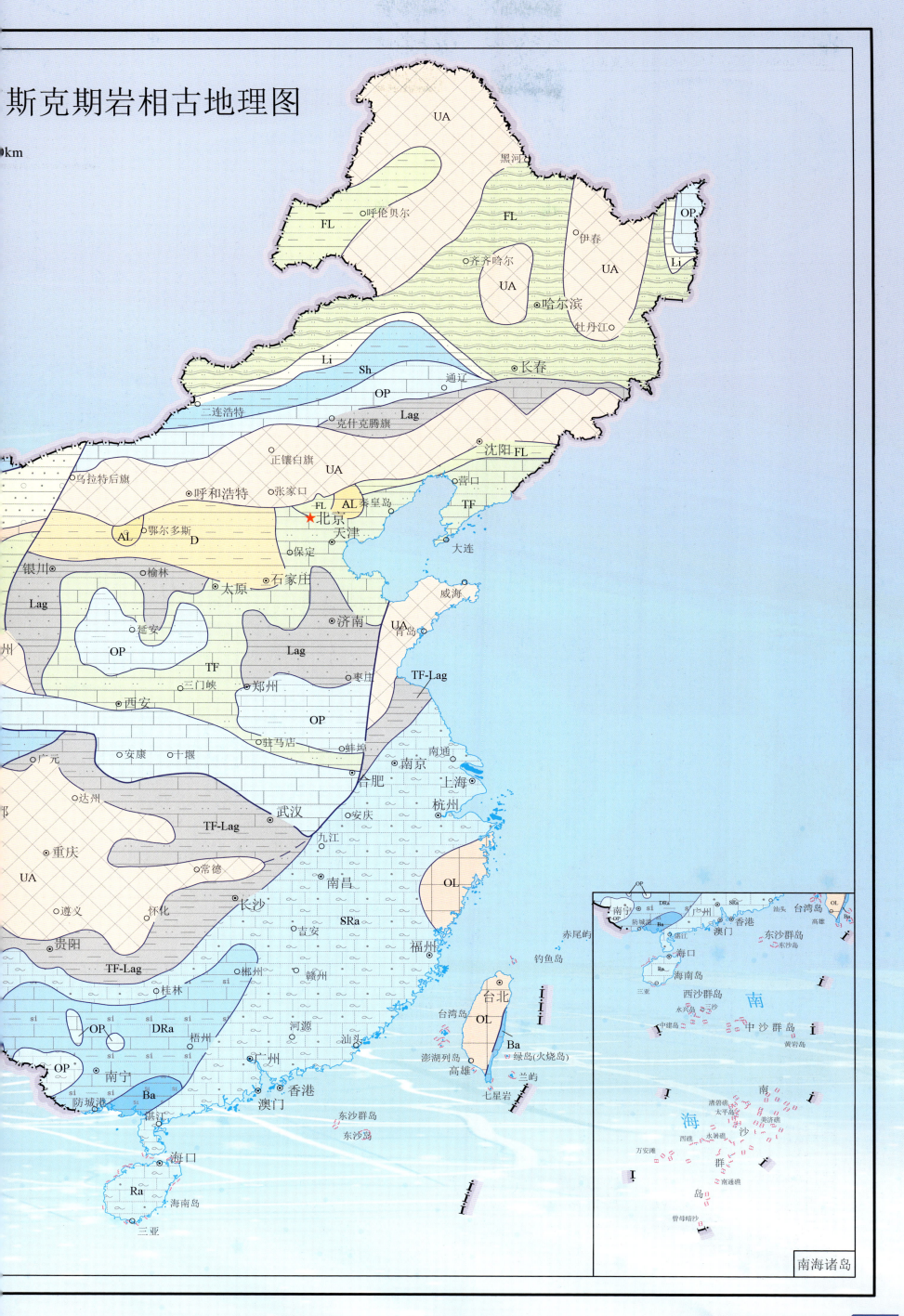

斯克期岩相古地理图

0km

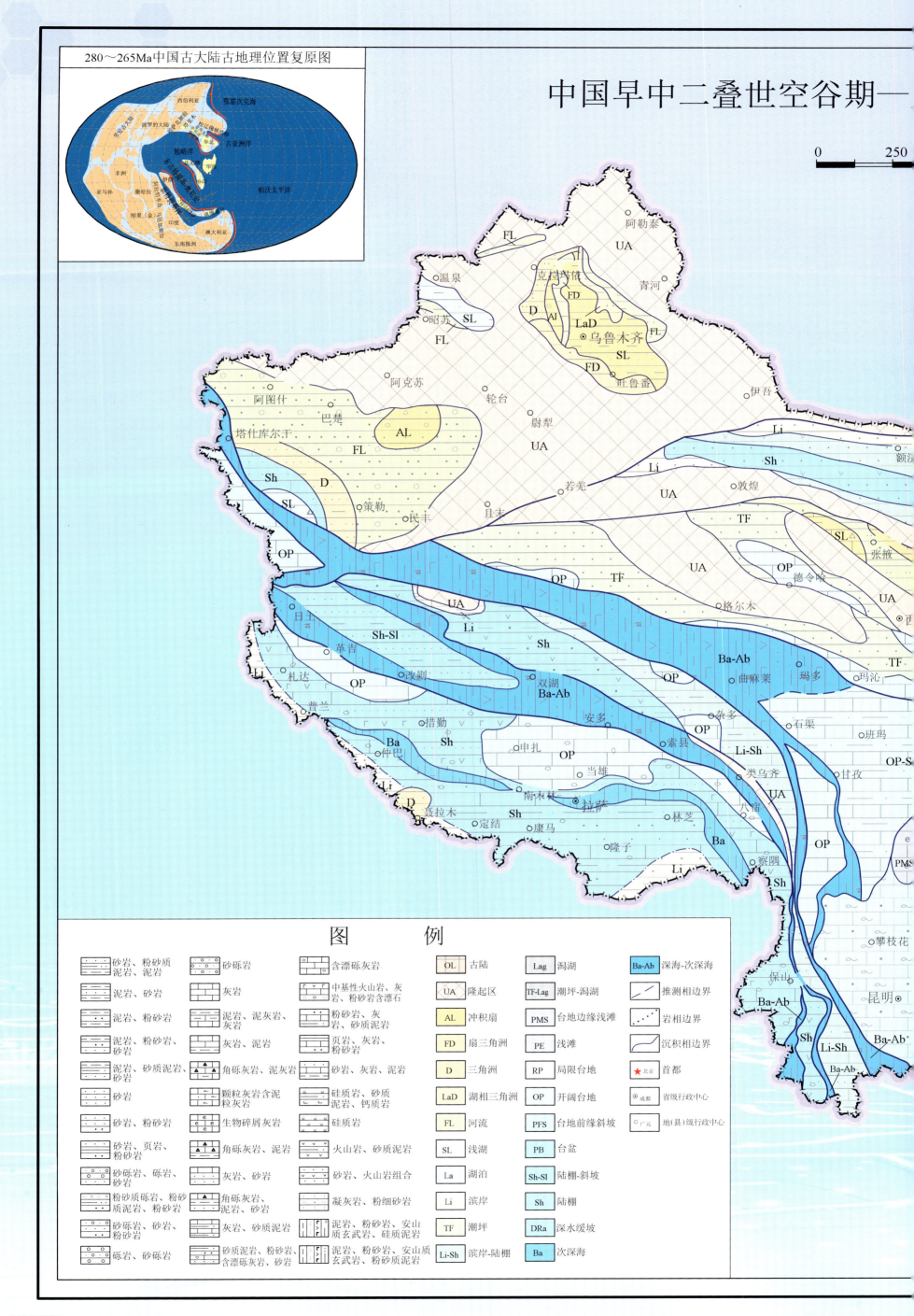

中国早中二叠世空谷期—

0   250

图　例

砂岩、粉砂质泥岩、泥岩	砂砾岩	含漂砾灰岩	OL 古陆	Lag 潟湖	Ba-Ab 深海-次深海
泥岩、砂岩	灰岩	中基性火山岩、灰岩、粉砂岩含漂石	UA 隆起区	TF-Lag 潮坪-潟湖	推测相边界
泥岩、粉砂岩	泥岩、泥灰岩、灰岩	粉砂岩、灰岩、砂质泥岩	AL 冲积扇	PMS 台地边缘浅滩	岩相边界
泥岩、粉砂岩、砂岩	灰岩、泥岩	页岩、灰岩、粉砂岩	FD 扇三角洲	PE 浅滩	沉积相边界
泥岩、砂质泥岩、砂岩	角砾灰岩、泥灰岩	砂岩、灰岩、泥岩	D 三角洲	RP 局限台地	★ 北京 首都
砂岩	颗粒灰岩含泥粒灰岩	硅质岩、砂质泥岩、钙质岩	LaD 湖相三角洲	OP 开阔台地	◎ 成都 省级行政中心
砂岩、粉砂岩	生物碎屑灰岩	硅质岩	FL 河流	PFS 台地前缘斜坡	□ 广元 地(县)级行政中心
砂岩、页岩、粉砂岩	角砾灰岩、泥岩	火山岩、砂质泥岩	SL 浅湖	PB 台盆	
砂砾岩、砾岩、砂岩	灰岩、砂岩	砂岩、火山岩组合	La 湖泊	Sh-Sl 陆棚-斜坡	
粉砂质砂砾岩、粉砂质泥岩、粉砂岩	角砾灰岩、泥岩、砂岩	凝灰岩、粉细砂岩	Li 滨岸	Sh 陆棚	
砂砾岩、砂岩、砂岩	灰岩、砂质泥岩	泥岩、粉砂岩、安山质玄武岩、硅质岩	TF 潮坪	DRa 深水缓坡	
砾岩、砂砾岩	砂质泥岩、粉砂岩含漂砾灰岩、砂岩	泥岩、粉砂岩、安山质玄武岩、粉砂质泥岩	Li-Sh 滨岸-陆棚	Ba 次深海	

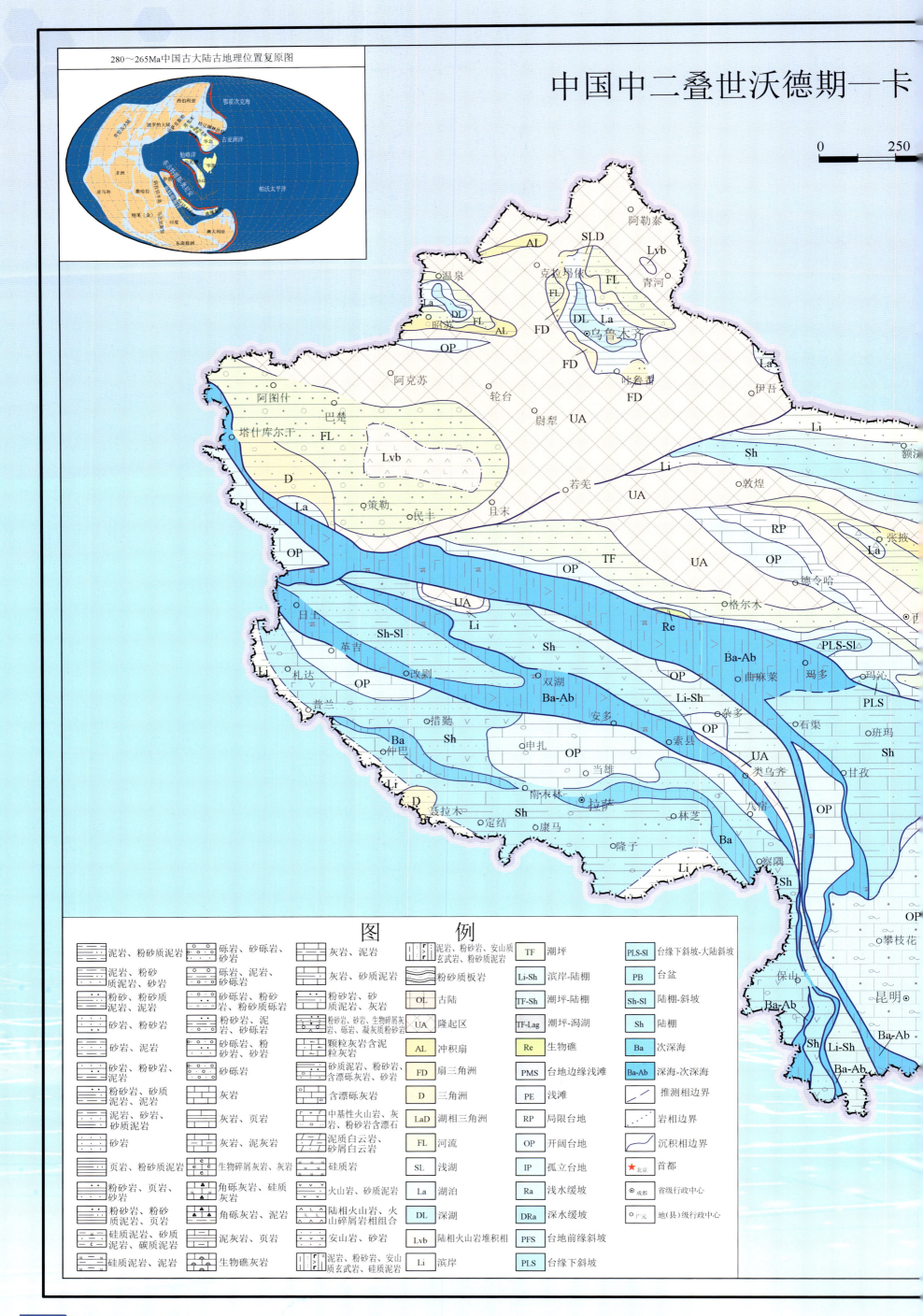

中国中二叠世沃德期—卡

280～265Ma中国古大陆古地理位置复原图

0   250

图　例

泥岩、粉砂质泥岩	砾岩、砂砾岩、砂岩	灰岩、泥岩	泥岩、粉砂质、安山质玄武岩、粉砂质泥岩	TF 潮坪
泥岩、粉砂质泥岩、砂岩	砾岩、泥岩、砂质泥岩	灰岩、砂质泥岩	粉砂质板岩	Li-Sh 滨岸-陆棚
粉砂、粉砂质泥岩、泥岩	砂砾岩、粉砂岩、粉砂质砾岩	粉砂岩、砂岩、灰岩	OL 古陆	TF-Sh 潮坪-陆棚
砂岩、粉砂岩	砂砾岩、泥岩、砂质砾岩	粉砂岩、砂岩、生物碎屑灰岩、砾岩、凝灰质粉砂岩	UA 隆起区	TF-Lag 潮坪-潟湖
砂岩、粉砂岩、泥岩	砂砾岩、粉砂质砂岩	颗粒灰岩含泥粒灰岩	AL 冲积扇	Re 生物礁
粉砂岩、砂质泥岩、泥岩	砾砂岩	砂质泥岩、粉砂岩、含漂砾灰岩、砂岩	FD 扇三角洲	PMS 台地边缘浅滩
泥岩、砂岩、砂质泥岩	灰岩	含漂砾泥岩	D 三角洲	PE 浅滩
砂岩	灰岩、页岩	中基性火山岩、灰岩、粉砂岩含漂砾	LaD 湖相三角洲	RP 局限台地
页岩、粉砂质泥岩	生物碎屑灰岩、灰岩	泥质白云岩、泥屑白云岩	FL 河流	OP 开阔台地
粉砂岩、页岩、砂岩	角砾灰岩、硅质灰岩	硅质岩	SL 浅湖	IP 孤立台地
粉砂岩、粉砂质泥岩、页岩	角砾灰岩、泥岩	火山岩、砂质泥岩	La 湖泊	Ra 浅水缓坡
硅质泥岩、砂质泥岩、碳质泥岩	泥灰岩、页岩	陆相火山岩、火山碎屑岩相组合	DL 深湖	DRa 深水缓坡
硅质泥岩、泥岩	生物礁灰岩	安山岩、砂岩	Lvb 陆相火山岩堆积相	PFS 台地前缘斜坡
			泥岩、粉砂岩、安山质玄武岩、硅质泥岩 Li 滨岸	PLS 台缘下斜坡

PLS-Sl 台缘下斜坡-大陆斜坡	
PB 台盆	
Sh-Sl 陆棚-斜坡	
Sh 陆棚	
Ba 次深海	
Ba-Ab 深海-次深海	
推测相边界	
岩相边界	
沉积相边界	
★ 北京 首都	
◎ 成都 省级行政中心	
□ 广元 地(县)级行政中心	

期岩相古地理图

km

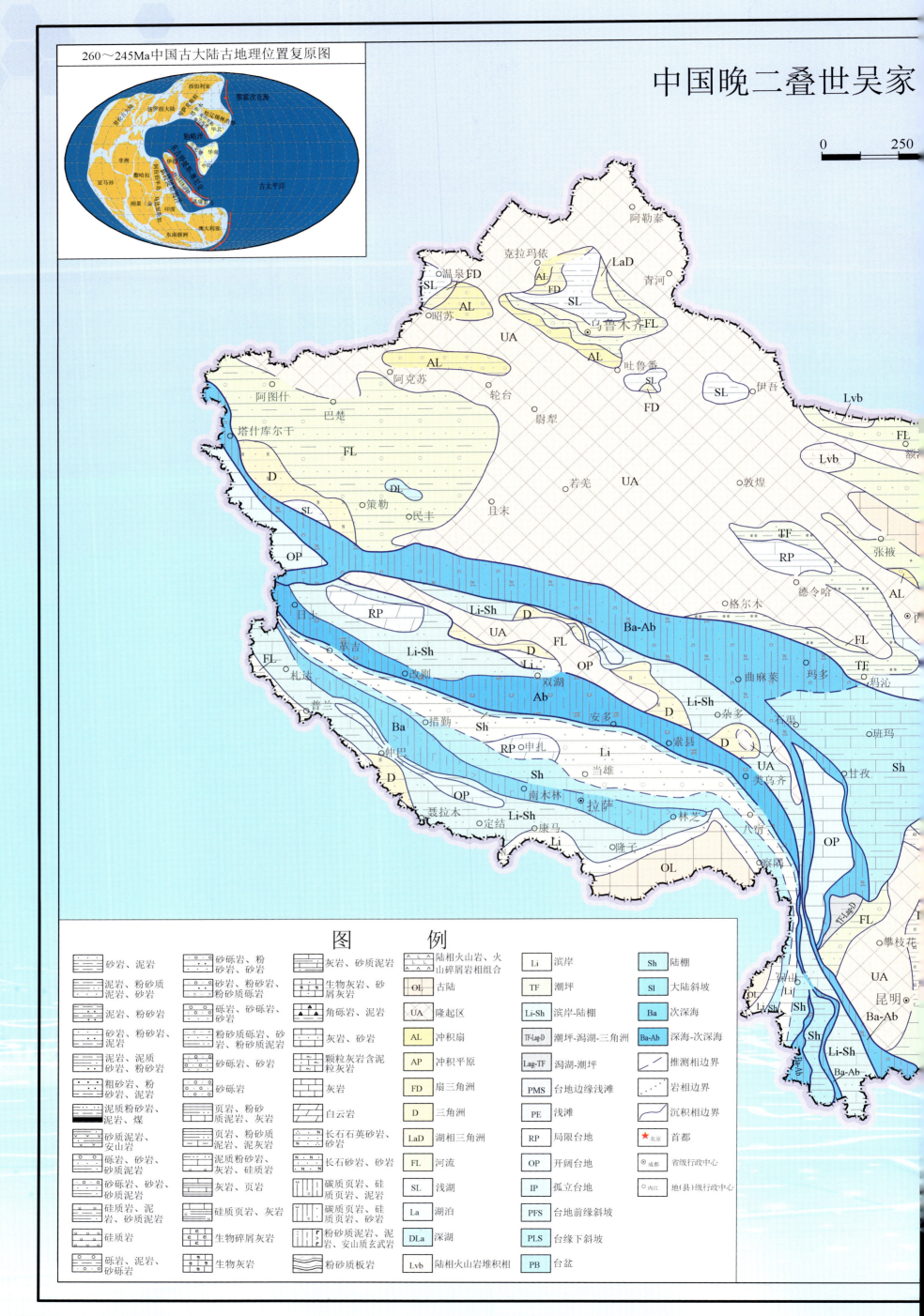

260～245Ma中国古大陆古地理位置复原图

图　例

砂岩、泥岩　　　　砂砾岩、粉砂砾岩　　　灰岩、砂质泥岩　　　陆相火山岩、火山碎屑岩相组合　　Li 滨岸　　　Sh 陆棚

泥岩、粉砂质泥岩、砂岩　　砂岩、粉砂岩、粉砂质砂砾岩　　生物灰岩、砂屑灰岩　　OL 古陆　　　TF 潮坪　　　Sl 大陆斜坡

泥岩、粉砂岩　　砾岩、砂砾岩、砂岩　　角砾岩、泥岩　　UA 隆起区　　Li-Sh 滨岸-陆棚　　Ba 次深海

砂岩、粉砂岩、泥岩　　粉砂质砾岩、砂岩、粉砂质泥岩　　灰岩、砂岩　　AL 冲积扇　　TF-Lag-D 潮坪-潟湖-三角洲　　Ba-Ab 深海-次深海

泥岩、泥质砂岩、粉砂岩　　砂砾岩、砂岩　　颗粒灰岩含泥粒灰岩　　AP 冲积平原　　Lag-TF 潟湖-潮坪　　推测相边界

粗砂岩、粉砂岩、泥岩　　砂砾岩　　灰岩　　FD 扇三角洲　　PMS 台地边缘浅滩　　岩相边界

泥质粉砂岩、泥岩、煤　　页岩、粉砂质泥岩、灰岩　　白云岩　　D 三角洲　　PE 浅滩　　沉积相边界

砂质泥岩、安山岩　　页岩、粉砂质泥岩、泥灰岩　　长石石英砂岩、砂岩　　LaD 湖相三角洲　　RP 局限台地　　★北京 首都

砾岩、粉砂岩、砂质泥岩　　泥质粉砂岩、灰岩、砂岩　　长石砂岩、砂岩　　FL 河流　　OP 开阔台地　　⊙成都 省级行政中心

砂砾岩、砂岩、砂质泥岩　　灰岩、页岩　　碳质页岩、硅质页岩、泥岩　　SL 浅湖　　IP 孤立台地　　⊙内江 地(县)级行政中心

硅质岩、灰岩、砂质泥岩　　硅质页岩、灰岩　　碳质页岩、硅质页岩、硅质岩　　La 湖泊　　PFS 台地前缘斜坡

硅质岩　　生物碎屑灰岩　　粉砂质泥岩、泥岩、安山质玄武岩　　DLa 深湖　　PLS 台地下斜坡

砾岩、泥岩、砂砾岩　　生物灰岩　　粉砂质板岩　　Lvb 陆相火山岩堆积相　　PB 台盆

岩相古地理图

260～245Ma中国古大陆古地理位置复原图

0   250

图　　例

砂岩、泥岩	砂砾岩	白云岩	AP 冲积平原
粉砂岩、泥岩	灰岩	长石石英砂岩、砂岩	FD 扇三角洲
泥岩、粉砂质泥岩、砂岩	泥灰岩、灰岩	长石砂岩、砂岩	D 三角洲
砂岩、粉砂岩、泥岩	灰岩、砂岩	碳质页岩、硅质页岩、泥岩	D-DP 三角洲-三角洲平原
泥岩、砂岩、砂质泥岩	灰岩、砂质泥岩、粉砂岩	碳质页岩、硅质页岩、砂岩	BD 辫状三角洲
粉砂质泥岩、粉砂岩、泥岩	粉砂质泥岩、泥灰岩、粉砂岩	碳质页岩、硅质岩、泥岩、安山质玄武岩	LaD 湖相三角洲
硅质岩、砂质泥岩	角砾灰岩、硅质泥岩	砂岩夹火山岩	FL 河流
砂砾岩、粉砂质、粉砂质泥岩	颗粒灰岩及泥粒灰岩	粉砂质板岩	SL 浅湖
砾岩、砂砾岩、砂岩	颗粒灰岩含泥	陆相火山岩、火山碎屑岩相组合	La 湖泊
砂砾岩、粉砂岩、砂岩	鲕粒灰岩、砂屑灰岩	OL 古陆	Lvb 陆相火山岩堆积相
砂泥岩、砂岩、砂砾岩	生物礁灰岩	UA 隆起区	Li 滨岸
砂砾岩、砾岩	生物碎屑灰岩、生物碎屑白云岩、生物礁灰岩	AL 冲积扇	TF 潮坪

Li-Sh 滨岸-陆棚	Ba-Ab 深海-次深海	
TF-Lag 潮坪-潟湖	推测相边界	
Re 生物礁	岩相边界	
PMS 台地边缘浅滩	沉积相边界	
RP 局限台地	★ 首都	
OP 开阔台地	◎ 省级行政中心	
IP 孤立台地	县(地)级行政中心	
PFS 台地前缘斜坡		
PLS 台缘下斜坡		
PB 台盆		
Sh 陆棚		
Ba 次深海		

岩相古地理图

km

中国二叠纪岩石地层单元对比表

国际 系	统	阶	年龄 Ma	中国 系	统	阶	代号	牙形类	菊石	蜓	陕西镇安(1)	甘肃部谷沟(2)	湖北黄石(3)	四川宣汉渡口(4)	贵州紫云扁平(5)	湖南辰溪长冲(6)	江西乐坪(7)	江苏南京湖山(8)	浙江江山大陈(9)	广西隆林(10)	广东连县水竹坪(11)	山东淄博(12)	山西太原西山(13)	内蒙古桌子山(14)	北疆新疆乌鲁木齐(15)	塔里木新疆(16)	青海天峻(17)	西藏日土狮泉河(18)	滇西申扎(19)
三叠系		印度阶	252.2	乐平系	乐平统	长兴阶	P_3c				金钟组T_1j	扎里山组	大冶组T_1d	飞仙关组T_1f	罗楼组T_1l	大冶组T_1d	大冶组T_1d	青龙组T_1q	政娄组T_1z	罗楼组T_1l	大冶组T_1d	刘家沟组T_1l	刘家沟组T_1l	刘家沟组T_1l	圭里组	俵罗系	环仕组T_1x	左左组	第四系
		吴家坪阶	254			吴家坪阶	P_3w				龙洞川组	延谷组	大隆组	长兴组	大隆组	长兴组	长兴组	大隆组	大隆组	大隆组	大竹塘组	孙家沟组	孙家沟组	孙家沟组	锅底坑组		忠什公组		木纠错组
瓜德鲁普统		卡匹敦阶	260.4	茅口亚统		冷坞阶					烫斗滩组	造山组	龙潭组	吴家坪组	吴家坪组	龙潭组	狮子山段	龙潭组	吴家坪组	吴家坪组	水竹塘组				梧桐沟组		塔尔组	下拉组	昂杰组
			265.8							西口组	热让沟组	茅口组	王坡页岩	王坡岩		老山段	堰桥组		茅口组	茅口组	泉子街组	红雁池组				草地沟组		
		沃德阶	268	孤峰亚统		孤峰阶	P_2g				水峡口组	山神庙组	茅口组	孤峰组	孤峰组	茅口组	官山段	孤峰组	孤峰组	茅口组		上石盒子组	上石盒子组	上石盒子组		达里黑组			
		罗德阶	270.6	栖霞亚统		祥播阶	P_2x				茅口组(五里坡组)		栖霞组	栖霞组	栖霞组	栖霞组	鸣山组	栖霞组	栖霞组	栖霞组	栖霞组	下石盒子组	下石盒子组	下石盒子组	芦草沟组		勒门沟组		
		空谷阶	275.6			罗甸阶					栖霞组(煤门垭组)			栖霞组	栖霞组	龙潭组	官山段	梁桥组	梁山组	梁山组	梁山组	梁山组	下石盒子组	下石盒子组	井井子沟组	棋盘组		拉嘎组	拉嘎组
乌拉尔统		亚丁斯克阶	284.4	船山统		隆林阶	P_1l					岷河组		王坡岩	蔡子关岩	小江边组	鸣公岭组								乌拉泊组				
		萨克马尔阶	294.6			紫松阶	P_1z						船山组	马平组	马平组	船山组	船山组	梁山组	船山组	马平组	马平组	太原组	太原组	太原组	塔什库拉克组	克孜奇曼组塔哈奇组		狮泉河南岸组砾板岩	永珠组
		阿瑟尔阶	299			小独山阶	C_2d																		奥尔吐组C_2	加里东期花岗岩		

68　中国岩相古地理图集

四川盆地及周缘二叠系地层划分对比表

国际		年代/Ma	中国		代号	陕西镇安金鸡岭口 (1) 龙洞川组	陕西汉中梁山 飞仙关组T₁f	甘肃迭部益哇沟 (3) 扎里山组	湖北黄石 (5) 大冶组T₁d	湖北秭归新滩 (6) 大冶组T₁d	四川广元上寺-朝天 (8) 飞仙关组T₁f	四川合川华蓥山 (9) 大冶组T₁d	四川宣汉双渡口 (11) 飞仙关组T₁f	四川盐边哇落 (12) 飞仙关组T₁f	四川兴文川漯 (13) 飞仙关组T₁f	贵州紫云扁平 (14) 罗楼组T₁l	贵安龙吟 (15) 罗楼组T₁l	贵州六枝郎岱 (17) 飞仙关组T₁f	贵州遵义团溪 (18) 夜郎组T₁y
三叠系																			
长兴阶	乐平统	252.2	长兴阶	乐平统	P₃c	金鸡岭组	长兴组	延省组	大隆组	长兴组	大冶组(铁佛山组)	长兴组	长兴组	长兴组	长兴组	大隆组	凉风坡组	长兴组	长兴组
吴家坪阶		254	吴家坪阶		P₃w	渡斗滩组 / 西口组	吴家坪组 / 王坡页岩	迭山组	龙潭组	吴家坪组	吴家坪组 / 王坡页岩	龙潭组	吴家坪组 / 王坡页岩	吴家坪组 / 峨眉山玄武岩	龙潭组 / 峨眉山玄武岩	吴家坪组	宣威组 / 峨眉山玄武岩	龙潭组	龙潭组
卡匹敦阶	瓜德鲁普统	260.4	冷坞阶	茅口亚统	P₂lw	水峡口组	茅口组	热让沟组	茅口组	茅口组	茅口组	茅口组	孤峰组	茅口组	茅口组	XIII段 XII段 X段	茅口组	茅口组(红拉孔段 大寨段 仙人庙段)	茅口组
沃德阶		265.8	孤峰阶		P₂g	茅口组(五里坡组)										IX段 VIII段			
罗德阶		268	祥播阶	栖霞亚统	P₂x	栖霞组(涟子组)	栖霞组	山神滩组	栖霞组	栖霞组	栖霞组	栖霞组	栖霞组	栖霞组	栖霞组	VII段	栖霞组	栖霞组(三岔路段 风窝段)	栖霞组
空谷阶		270.6	罗甸阶		P₂l		梁山组		船山组	梁山组	梁山组	梁山组	梁山组	哇落组	梁山组	VI段	梁山组 包磨山玄武岩	龙吟组	梁山组
亚丁斯克阶	乌拉尔统	275.6	隆林阶	阳新统	P₁l	(石门坝组)		尕海组				马平组	马平组	支沟组		V段			
萨克马尔阶		284.4	紫松阶	船山统	P₁z	(三里冲组)	崔家沟组S₁									IV段	龙吟组	龙吟组	梁山组
阿瑟尔阶		294.6				(羊山组) 马平组						黄龙组C₂h 威宁组C₂w				III段	沙子塘组		
格舍尔阶		299	小独山阶		C₂d			峡河组	峡河组			韩家店组S₂			韩家店组S₃h	II段(犁子关岩)		酒志组	上志留统S
石炭系																			

湖北省巴东县沿渡河镇以北神农溪二叠系沉积相综合柱状图

系	统	组	段	厚度/m	岩性柱	岩性描述	亚相	相
三叠系	下统	大冶组	一段			浅灰白色中-厚层状泥粉晶灰岩夹深灰色钙质页岩	潮坪	局限台地
		长兴组	二段	19.24		浅灰色中-薄层状泥粉晶灰岩,局部见硅化现象、重结晶		
				12.71		浅灰色薄层状泥粉晶灰岩夹深灰色薄层状钙质页岩,局部见硅化现象		
			一段	6.42		浅灰色中-厚层状泥粉晶灰岩		
				4.01		浅灰色细层状泥粉晶灰岩夹薄层状泥晶灰岩,局部具硅化现象		
				18.46		浅灰色薄层状泥粉晶灰岩,上部见硅化,向上变为中-薄层状		
	上统	吴家坪组	二段	17.35		浅灰色中厚层状泥粉晶灰岩,向上变为薄-中层状	潮坪	
				16.60		灰色薄层状泥粉晶灰岩夹深灰色薄层状钙质页岩		
				78.27		浅灰色中层状白云质泥晶灰岩夹深灰色薄层状钙质页岩,中部夹薄层状泥晶灰岩		
			一段	5.71		灰黑色薄层状碳质页岩夹深灰色中层状泥晶灰岩	潟湖	
二叠系		茅口组	三段	27.57		浅灰色巨厚层状含白云石泥晶(生物碎屑)灰岩		开阔台地
				8.33		深灰色巨厚层状白云质生物碎屑泥晶灰岩,少量白云石化,顶部变为厚层状		
				22.27		灰色中厚层状生物碎屑泥晶灰岩作用强烈,重结晶		
				19.21		深灰色中厚-巨厚层状含生物碎屑细晶灰岩,局部白云石化		
				19.32		深灰色中厚层状含生物泥粉晶灰岩		
				20.11		灰色中-厚层状泥粉晶生物碎屑灰岩,含少量碳泥质		
				20.52		灰黑色厚层状生物碎屑泥晶-细晶灰岩,底部为中层状,溶蚀重结晶作用较为发育,呈细晶结构		
				29.32		灰色巨厚层状含生物碎屑泥粉晶灰岩,含硅质灰岩、细晶灰岩团块	潮坪	
				31.48		灰黑至深灰色巨厚层状生物碎屑泥晶-粉晶灰岩		
			二段	6.35		深灰色厚层状中晶白云岩		
				7.34		灰黑色中厚层状生物碎屑泥晶灰岩		
				8.30		灰黑色巨厚层状泥晶生物碎屑灰岩		
				8.30		灰黑色巨厚层状含生物碎屑白云岩,白云石化明显		
				7.52		灰黑色厚层状生物碎屑泥晶灰岩,溶蚀、重结晶作用明显		
	中统			16.13		深灰至灰黑色巨厚层状泥粉晶灰岩,顶部变为中层状		
				14.46		灰黑色中厚层状含放射虫泥质灰岩,局部为薄层状		
				4.49		灰黑色状碳质泥岩,含放射虫		
				11.63		灰黑色中厚层状含生物碎屑泥粉晶灰岩,溶蚀重结晶作用		
				13.09		深灰色厚层状中晶白云岩,局部为粗晶灰岩条带,白云石晶粒明显		
				11.75		灰黑色中-厚层状泥质灰岩		
				12.94		灰黑色巨厚层状生物碎屑泥晶灰岩		
				10.38		灰黑色巨厚层状泥晶生物碎屑灰岩		
				17.79		灰黑色中厚层状生物碎屑泥粉晶灰岩		
				20.97		灰黑色巨厚层状生物碎屑泥晶灰岩,重结晶作用十分发育		
			一段	18.48		灰色巨厚层状含生物碎屑泥晶-细晶灰岩(眼球状灰岩)		
				7.11		灰黑色中-厚层状生物碎屑泥晶灰岩夹泥质灰岩团块		
				12.68		深灰色巨厚层状泥晶灰岩(眼球状灰岩)		
				9.56		灰黑色中厚层生物碎屑泥晶-粉晶-细晶灰岩夹钙质泥岩	潟湖	
		栖霞组	二段	9.94		深灰色中厚层状生物碎屑碳泥质灰岩,发育白云石化作用		
				7.52		灰黑色厚层状生物泥晶灰岩,见燧石团块		
				11.10		灰色中-厚层状含碳泥质生物碎屑泥粉晶灰岩夹灰黑色碳质页岩		
				16.95		灰色中厚层状生物碎屑泥晶灰岩夹泥质灰岩,顶部发育燧石条带	潮坪	
				6.85		灰色至深灰色中-厚层状生物碎屑碳泥质灰岩		
				6.40		深灰色中-厚层状生物碎屑碳泥质灰岩,生物碎屑多破碎,具定向性		
			一段	12.03		灰黑色巨厚层状泥粉晶生物碎屑灰岩		
				8.92		灰黑色厚层状含生物碎屑泥晶-粉晶灰岩夹薄层状碳质泥岩		
				7.61		深灰色中厚层状含生物碎屑泥晶灰岩,间夹灰黑色薄层碳质页岩		
石炭系	上统	黄龙组		5.07		浅黄绿色厚层状泥质细砂岩		

四川省古蔺县芭蕉村二叠系沉积相综合柱状图

地层系统				厚度/m	岩性柱	岩性描述	沉积相	
系	统	组	段				亚相	相
三叠系	下统	夜郎组	一段	5		深灰色薄板状含生物碎屑泥晶灰岩夹灰黄色薄层状泥岩	浅水陆棚	陆棚
			二段	1.49		深灰色生物钙质泥岩与含钙质粉砂岩		
				5.22		灰色泥晶生物碎屑灰岩与含碳质泥岩互层	浅滩+滩间	
				1.67		深灰色薄层状粉砂质泥岩夹含生物碎屑泥灰岩		
	上统	长兴组	一段	52.11		底部为深灰色厚层块状含生物碎屑泥晶灰岩; 深灰色、灰黑色中层状含生物碎屑泥晶灰岩夹黑色极薄-薄层状泥岩; 深灰色中厚层状泥晶灰岩、含生物碎屑泥晶灰岩为主	浅滩	开阔台地
		大隆组		4.65		底部为一层深灰色厚层含生物碎屑泥灰岩,中上部为灰黄色粉砂岩与薄层泥岩组合	浅水陆棚	陆棚
				7.98		底部为灰色中层状泥质粉砂岩,上部为薄层状含碳质粉砂质泥岩、含碳质泥岩,顶部为灰黑色、黑色泥岩,见硅质放射虫	深水陆棚	
		龙潭组		8.66		灰黑色、黑色含碳质泥岩夹灰色、灰黄色薄-中层状粉砂质细砂岩或砂岩透镜体。少量硅质(燧石)、白云石等	潟湖	潮坪
				1.68		含碳质泥岩夹粉砂岩透镜体,见海绿石、菱铁矿		
				23.51		深灰色中-厚层状含生物碎屑泥岩夹泥质粉砂岩为主	潮间带	
				21.27		部分为农田覆盖,零星出露薄层状泥岩,间夹少量的砂岩		
二叠系	中统	茅口组	三段	7.63		底部为厚层状海百合茎灰岩,上部为深灰色中-厚层状含生物碎屑灰岩	浅滩	开阔台地
				18.2		灰色、深灰色中层状燧石团块或燧石条带含生物碎屑泥晶灰岩		
				2.09		灰黑色厚层状燧石团块生物碎屑灰岩,硅质团块发育		
				2.32		深灰色巨厚层块状生物碎屑泥晶灰岩夹碳质泥岩		
				3.95		深灰色巨厚层状含生物碎屑砂屑亮晶灰岩+粉晶白云岩		
			二段	5.83		灰色巨厚层状含生物碎屑泥晶灰岩,见砂屑		
				16.59		底部为灰褐色薄层状含生物碎屑砂屑泥晶灰岩,顶部为深灰色中-厚层状生物碎屑灰岩		
				6.01		灰色厚-巨厚层状含生物碎屑微晶灰岩夹生物碎屑泥晶灰岩、含生物化石泥晶灰岩		
				10.79		深灰色中-厚层状(含)生物碎屑灰岩夹黑色薄-中层状生物碎屑砂屑灰岩		
				5.59		灰黄色薄-中厚层状泥灰岩、泥质灰岩,叠层石	潮坪	局限台地
			一段	8.23		灰色厚层状生物碎屑泥晶灰岩为主,间夹灰黑色含碳钙质泥岩	浅滩	
				3.39		灰色中层状生物碎屑灰岩与含生物碎屑砂屑灰岩,见燧石结核		
				8.47		灰色中-厚层状生物碎屑微晶灰岩夹黑色极薄层状碳质泥岩	滩间海	
				13.67		上部为灰色含生物碎屑泥粉晶灰岩为主,局部层段为含碳质泥质生物碎屑灰岩,夹极薄层状含碳钙质泥岩,重结晶明显。向上变为含碳质泥质生物碎屑泥粉晶灰岩为主,生物碎屑局部富集;向上变为含生物碎屑泥粉晶灰岩		
				10.39		灰色中厚层似眼球状含(生物碎屑)泥晶灰岩夹薄层泥钙质、含碳质泥灰岩。泥岩或者泥质含量相对较少。向上变为生物碎屑灰岩		
				5.36		黑色薄层状灰熏色泥钙质泥质生物碎屑泥晶灰岩夹泥晶灰岩透镜体,泥岩中见完整生物化石		
		栖霞组	二段	6.66		灰色厚-薄层状含生物碎屑泥晶灰岩,向上厚度减薄,层间夹黑色-黑色含碳钙质泥岩	浅滩	开阔台地
				6.87		灰色中-厚层状含生物碎屑砂屑泥晶灰岩		
			一段	38.54		灰色-深灰色巨厚层状含生物碎屑泥晶灰岩,局部见灰黑色含碳泥质灰岩、极薄层含碳钙质泥岩		
				9		含碳质生物碎屑泥质灰岩		
				3.83		生物泥晶灰岩		
				6.33		含生物碎屑泥粉晶灰岩,重结晶明显		
				2.42		灰色中层状生物灰岩		
	下统	梁山组		6.23		灰色薄-中层状含生物碎屑泥晶灰岩	潮间带	潮坪
						灰色薄层状泥岩、泥页岩,底部含砾石。顶部白云质粉晶灰岩		
志留系	中统	韩家店组		7.4		灰黄色薄层状泥岩,局部夹灰色薄层状生物碎屑灰岩	潮上带	

重庆市武隆江口地区二叠系沉积相综合柱状图

系	统	组	段	厚度/m	岩性柱	岩性描述	亚相	相
三叠系	下统	飞仙关组	一段	13.36		露头仅顶底出露，中部被覆盖，出露灰色厚层状含生物碎屑粉细晶灰岩	潮坪	局限台地
二叠系	上统	长兴组	二段	28.35		灰褐色厚层状生物碎屑泥晶灰岩，间夹薄层状泥岩	潟湖	开阔台地
			一段	34.8		深灰色中厚层含生物碎屑泥晶灰岩		
		吴家坪组	三段	18.51		底部大量覆盖，顶部出露为灰色中厚-厚层状生物碎屑泥晶-亮晶灰岩，可见燧石团块	浅水陆棚	陆棚
				16.55		灰黑色薄-中厚层状硅质灰岩，灰色厚层状硅质灰岩		
			二段	25.32		浅灰色中厚-厚层状生物碎屑泥晶灰岩		
				23.11		露头仅零星出露，推测为灰色中-厚层状生物碎屑泥晶灰岩		
			一段	8.59		中部被覆盖，仅顶底出露灰色中-厚层状生物碎屑泥晶灰岩		
				9.92		露头完全被植被覆盖		
	中统	茅口组	三段	9.92		深灰色中厚-巨厚层状生物碎屑泥粉晶灰岩，间夹薄层状钙质页岩	潟湖	开阔台地
				16.37		深灰色厚层状生物碎屑泥晶灰岩与薄层状钙质泥质页岩互层		
				3.33		深灰色厚层状生物碎屑泥晶灰岩，底部为钙质泥页岩		
				13.46		深灰色中厚-厚层状生物碎屑泥晶灰岩，局部含砂屑		
				5.35		深灰色厚层状含生物碎屑泥晶灰岩，间夹极薄层钙质泥页岩		
				19.01		深灰-灰黑色中厚层含泥晶与钙质泥页岩互层	浅滩	
			二段	4.01		灰色厚层状生物碎屑泥晶灰岩		
				11.49		深灰色厚层状生物碎屑泥晶灰岩		
				11.91				
				17.73		深灰色中厚层状生物碎屑泥晶灰岩		
				8.47		深灰色中厚层状生物碎屑泥晶灰岩		
				13.08		深灰色中厚-厚层状含泥质生物碎屑泥晶灰岩，顶部间夹钙质泥页岩		
				8.18		灰-深灰色厚层块状生物碎屑泥粉晶灰岩		
				3.79		深灰、灰黑色厚层块状生物碎屑泥粉晶灰岩，具硅化现象		
				6.08		灰色厚层块状生物碎屑泥晶灰岩、含生物碎屑泥粉晶灰岩		
				10.34		灰色块状生物碎屑泥粉晶灰岩		
				11.11		深灰色厚层状含生物碎屑含白云石泥粉晶灰岩		
			一段	5.05		深灰色中厚-厚层状含生物碎屑泥质-泥晶灰岩		
				7.61		灰色中厚-厚层状含泥质-泥质生物碎屑灰岩		
				5.46		灰褐-深灰色中厚层状含泥质生物碎屑灰岩与厚层状生物碎屑泥晶灰岩旋回交替		
				6.79		褐灰色中厚层生物碎屑泥晶-泥质灰岩，略含白云质		
				10.52		深灰色中-厚层含泥质含生物碎屑泥晶灰岩夹薄层钙质泥页岩，具一定硅化现象		
				26.46		深灰色厚层状含生物碎屑泥粉晶灰岩，向上变为中厚层状，具一定重结晶现象		
				6.22		灰至灰黑色厚层-块状含生物碎屑泥粉晶灰岩		
				9.72		覆盖严重，仅零星出露为灰色中-厚层状含泥质生物碎屑泥晶灰岩		
				13.40		覆盖严重，仅零星出露为灰色中-厚层状含生物碎屑泥粉晶灰岩与泥岩夹层		
				6.02		深灰色厚层-块状含生物碎屑泥晶灰岩，偶夹泥质灰岩，具白云石化现象	潟湖	
				5.21		灰色中层状含生物碎屑、砂屑泥质灰岩，夹薄层状泥质灰岩		
				10.69		灰色中层状含生物碎屑、砂屑泥质灰岩与薄-中层状钙质泥岩不等厚互层		
				20.71		深灰-灰黑色中层状含生物碎屑砂屑泥质灰岩夹薄层状钙质泥岩		
		栖霞组	二段	14.21		灰黑色中-厚层状含砂屑生物碎屑泥晶-亮晶灰岩、泥质灰岩，中部含少量白云石		
			一段	14.85		灰色中-厚层状砂屑泥晶灰岩，夹薄层状钙质泥岩，见白云石颗粒		
				29.80		灰至深灰色中厚层状生物碎屑灰岩与中层状含泥粉晶灰岩、含生物碎屑泥粉晶灰岩互层，间夹极薄层状（含碳质）钙质泥岩		
				3.51		灰黑色厚层-块状含生物碎屑泥粉晶灰岩夹少量薄层（含碳质）泥页岩		
				18.72		灰黑色厚层状生物碎屑泥晶灰岩，顶部为含泥生屑灰岩		
				5.09		灰至深灰色厚层-块状生物碎屑灰岩，间夹数层极薄层状钙质泥岩		
				12.15		灰至深灰色厚层状含泥晶生物碎屑灰岩，生物碎屑灰岩间夹薄层状含生物碎屑钙质泥岩		
				5.59		灰-灰黑色白云质泥质灰岩		

陕西省西乡县二叠系沉积相综合柱状图

地层系统				厚度/m	岩性柱	岩性描述	沉积相	
系	统	组	段				亚相	相
三叠系	下统	飞仙关组	一段	7.99		灰色薄层状泥晶灰岩		
二叠系	上统	长兴组	二段	100.73		覆盖严重局部出露，为灰褐色、灰色薄-中层状生物碎屑泥晶岩，局部中厚层状含生物碎屑泥微晶灰岩夹藻砂屑泥晶-亮晶灰岩	潟湖	开阔台地
			一段	39.30		底部为灰至深灰色中-厚层含生物碎屑泥晶灰岩夹深黑色泥页岩，局部含碳质，部分层段表现为泥岩条带，顶部为含生物碎屑藻屑泥晶灰岩		
		吴家坪组	二段	53.10		覆盖严重，根据露头推测为灰至灰褐色中厚层状生物碎屑泥晶灰岩与泥岩不等厚互层	浅水陆棚	陆棚
				13.32		灰色厚层状生物碎屑泥晶灰岩，可见溶洞		
				19.58		深灰色厚层状含生物碎屑泥粉晶质白云岩，底部见燧石，发育大量后期热液作用形成溶蚀孔洞		
				1.21		深灰色厚层状生物碎屑泥粉晶灰岩，见后期热液作用形成的溶洞		
				6.15		灰色厚层状粉细晶灰岩白云岩		
			一段	13.50		红褐色黏土岩夹泥粉晶灰岩，底部为凝灰质泥岩，顶部为斑脱岩(凝灰岩)	深水陆棚	
	中统	茅口组	二段	6.26		灰褐色厚层状含生物碎屑藻砂屑亮晶灰岩	台地边缘浅滩	台地边缘
				26.67		灰褐色巨厚层状含生物碎屑藻砂屑亮晶灰岩，底部见大量燧石，中部燧石变少，顶部未见燧石		
				5.00		灰色厚层状含藻生物碎屑泥晶-亮晶灰岩，见大量燧石		
				2.13		深灰至灰黑色厚层状泥粉晶灰岩，偶见燧石团块		
				3.98		灰至灰褐色厚层状含生物碎屑藻砂屑亮晶灰岩		
				4.90		浅灰色中厚层状泥粉晶灰岩，局部发育弱白云岩化		
				2.84		灰褐色至深灰色厚层状泥粉晶灰岩		
				1.54		灰褐色厚层状泥粉晶灰岩		
			一段	13.19		灰褐色薄层状泥粉晶灰岩，中部可见燧石团块	潟湖	开阔台地
				8.13		深灰至灰黑色厚层状含生物碎屑泥粉晶灰岩		
				4.56		深灰至灰黑色薄-中层状泥质灰岩与钙质泥页岩、含泥质灰岩、生物碎屑泥晶灰岩	台地边缘斜坡	台地边缘
		栖霞组	二段	4.52		深灰至灰黑色厚层状含生物碎屑泥粉晶灰岩		
				4.52		深灰至灰黑色厚层状泥粉晶灰岩，底部见灰黑色薄层状页岩，具一定硅化现象		
				10.44		深灰至灰黑色厚层块状含生物碎屑泥微晶灰岩，底部发育灰黑色钙质页岩夹层		
			一段	3.48		浅灰至灰褐色厚层状泥粉晶灰岩	潟湖	开阔台地
				3.16		灰色中-厚层状泥粉晶灰岩		
				1.81		灰色厚层状泥粉晶灰岩		
				3.74		深灰色中-厚层状泥粉晶灰岩		
				2.77		深灰色厚层含生物碎屑泥粉晶灰岩		
志留系	中统	韩家店组				灰、灰白色厚层状含生物碎屑泥晶灰岩		
						灰绿色薄层状泥页岩		

四川省叙永县二叠系沉积相综合柱状图

系	统	组	段	厚度/m	岩性柱	岩性描述	亚相	相
三叠系	下统	飞仙关组	一段	15.50		紫红色黏土岩仅底部出露	潮上带	潮坪
二叠系	上统	长兴组		11.85		灰色、深灰色厚层状晶生物碎屑灰岩，夹含生物碎屑泥粉晶灰岩	上缓坡	缓坡
				9.19		灰色、深灰色中厚层状含生物碎屑泥粉晶灰岩、(含)生物碎屑碳质泥晶灰岩，灰黄色薄层状粉砂岩，略含钙质，夹中厚层状泥质灰岩		
				10.93				
				16.23		深灰色厚层块状晶生物碎屑灰岩、含生物碎屑泥质粉晶灰岩，中部夹一层含生物碎屑泥质灰岩，灰黑色、黑色有机质、泥质发育		
		龙潭组	二段			灰色、深灰色含粉砂质泥质岩，向上为泥岩，泥岩中可见疙瘩状硅质岩镶嵌其中，新鲜面见铁质残留	前三角洲	三角洲
				71.63		露头被农田、植被掩盖，无法观测	三角洲前缘	
			一段	28.43		灰色、灰黑色、灰绿色凝灰质泥质粉砂岩与灰黄色粉砂质泥岩不等厚韵律	浅水陆棚	陆棚
	中统	茅口组	三段	18.2		深灰色、灰黑色中厚层状含生物碎屑泥微晶灰岩，顶部为含生物碎屑白云质泥晶灰岩	浅滩 + 滩间	开阔台地
				15.64		中上部为深灰色中厚层状泥微晶灰岩与紫红色薄层钙质碳质页岩互层，见燧石及生物碎屑，底部为藻砂屑白云岩		
				20.92		深灰色中厚层状泥微晶灰岩见泥质条带，与黑色薄层状钙质页岩互层，见生物碎屑、硅质及燧石条带	潟湖	
				29.43		底部为灰黑色中厚层状含生物碎屑钙质泥岩，顶部为深灰色泥晶灰岩，见燧石条带		
			二段	18.88		灰色、灰褐色中厚-厚层状生物碎屑藻砂屑灰岩	浅滩 + 滩间	
				3.81		深灰色中厚层状粉细晶灰岩，见少量硅质及生物碎屑		
				16.97		深灰色厚层状泥晶灰岩		
				13.61		深灰色中厚层状含生物碎屑藻灰岩，顶部为泥晶生物碎屑灰岩		
			一段	9.58		深灰色厚层状泥晶生物碎屑灰岩	潟湖	
				15.56		深灰色中厚层状生物碎屑泥晶灰岩		
				11.52		深灰、灰黑色中厚-厚层状泥晶生物碎屑灰岩		
				7.25		深灰、灰黑色厚层状夹眼球状泥晶生物碎屑灰岩，含泥质条带		
				15.23		深灰、灰黑色厚层状生物碎屑泥晶灰岩，局部含泥质		
				9.32		深灰色中厚层状生物碎屑泥晶灰岩		
				10.84		深灰色厚层透镜状含生物碎屑泥晶灰岩与灰黑色薄层状钙质页岩互层		
				6.76		灰-深灰色厚-巨厚层状泥晶生物碎屑灰岩		
				7.89		深灰色、灰黑色厚层状生物碎屑泥晶灰岩，夹灰色薄层钙质页岩		
		栖霞组	二段	10.03		深灰、灰黑色中厚层状生物碎屑泥晶灰岩	浅滩 + 滩间	
				7.86		深灰色厚-巨厚层状泥晶生物碎屑灰岩		
				3.35				
				9.11		灰色生物碎屑砂屑泥晶灰岩，具白云石化作用		
				4.41		灰-浅灰色中厚层状泥晶白云岩，见生物碎屑		
				3.93				
				12.43		灰色、灰褐色中厚-厚层状含生物碎屑藻屑泥晶灰岩		
			一段	12.96		深灰色厚层状含生物碎屑藻屑泥晶灰岩	藻席 + 潟湖	
				22.83		出露较差，覆盖严重，推测为泥晶灰岩		
				5.51		灰-深灰色厚层-中厚层状泥晶生物碎屑灰岩		
				9.7		灰色、深灰色厚层-中厚层状含生物碎屑泥晶灰岩、含生物碎屑藻砂屑灰岩		
				18.44		灰褐色、灰色、深灰色中厚层状含生物碎屑藻纹层泥晶灰岩、泥晶生物碎屑灰岩、泥晶藻砂屑灰岩		
				6.37		灰-深灰色厚-中厚层状含生物碎屑泥粉晶灰岩、泥晶藻砂屑灰岩		
				8.69		灰色、深灰色厚层块状含生物碎屑泥晶灰岩，可见少量燧石		
				4.45		灰-灰黑色厚-中厚层状含生物碎屑泥粉晶灰岩		
				21.88		灰黑色厚层块状含生物碎屑泥晶灰岩，见少量燧石		
	下统	梁山组						
志留系	中统	韩家店组		38.09		覆盖严重，据露头推测为泥岩夹灰岩组合		

重庆市丰都县暨龙镇回龙村二叠系沉积相综合柱状图

地层系统				厚度/m	岩性柱	岩性描述	沉积相	
系	统	组	段				亚相	相
二叠系	上统	长兴组	二段	3.00		深灰色巨厚层状生物碎屑泥晶灰岩	潮坪，潟湖	开阔台地
				11.6		深灰色中层状白云质泥粉晶灰岩		
				10.08		灰黑色厚层状硅质灰岩		
				10.21		灰黑色中层状泥晶灰岩		
				7.55		深灰色厚层状生物碎屑泥晶灰岩		
				3.75		褐灰色中层状含燧石条带泥粉晶灰岩		
			一段	37.38		褐灰色巨厚层状(含生物碎屑)砂屑泥晶灰岩，向上变为厚-巨厚层状		
				4.79		深灰色中-厚层状泥质砂屑灰岩		
				14.94		褐灰色厚-厚层状含生物碎屑泥晶灰岩，褐红色薄层状生物碎屑泥质灰岩		
		吴家坪组	二段	6.84		青灰色中-厚层状生物碎屑泥晶灰岩		
				9.29		灰黑色厚层状生物碎屑粉细晶灰岩，含燧石团块		
				14.55		青灰色厚层-巨厚层状生物碎屑泥晶灰岩		
				28.76		褐灰色厚层状含生物碎屑砂屑泥晶灰岩		
				9.96		褐灰色巨厚层状含生物碎屑泥粉晶灰岩		
				5.53		深灰色中层状含生物碎屑泥粉晶灰岩，上部被植被覆盖		
				8.58		灰至深灰色中-厚层状（含）生物碎屑泥晶灰岩		
			一段	80.51		被浮土覆盖，推测为泥晶灰岩	潮坪	局限台地
				8.45		灰色中-厚层状含泥白云质硅岩、浅灰色厚层状泥晶生物碎屑灰岩		
				6.64		灰黑色巨厚层状含生物碎屑泥晶灰岩		
				17.79		灰黑色厚层状硅质灰岩，底部被植被覆盖严重		
	中统	茅口组	三段	8.01		灰黑色厚层状含生物碎屑泥晶灰岩	潮坪，潟湖	开阔台地
				15.67		深灰色中-厚层状含生物碎屑砂屑泥粉晶灰岩，白云石化作用发育		
				9.21		灰白色巨厚层状含生物碎屑砂屑泥粉晶灰岩		
				10.43		浅灰色中-厚层状含砂屑生物碎屑泥晶灰岩及泥粉晶砂屑灰岩		
				11.05		深灰色薄-中层状含砂屑生物碎屑泥晶灰岩		
				5.61		深灰色中-厚层状含生物碎屑砂屑泥晶灰岩		
				19.79		深灰色厚-巨厚层状白云质生物碎屑灰岩，含大量燧石条带		
				8.14		深灰色厚层状泥粉晶灰岩，夹燧石条带及团块		
				11.81		深灰色中层状泥质灰岩夹燧石条带		
			二段	5.23		浅灰色厚层状含生物碎屑泥晶灰岩		
				13.08		灰色薄层状生物碎屑泥粉晶灰岩		
				8.50		深灰色薄层状生物碎屑泥晶灰岩		
				3.56		灰色薄-中层状生物碎屑泥质-泥晶灰岩，含燧石团块		
				12.71		浅灰色厚层状生物碎屑泥粉晶灰岩		
				16.11		灰白色白云质硅岩、灰黑色厚层状生物碎屑泥晶灰岩		
				10.03		灰黑色厚层状生物碎屑泥晶灰岩		
				13.52		浅褐灰色薄层状细晶灰岩		
				21.64		深灰色厚层状生物碎屑泥晶灰岩，局部含硅质灰岩		
			一段	36.02		深灰色巨厚层-块状含生物碎屑泥晶灰岩		
				10.77		褐灰色巨厚层状含生物碎屑泥粉晶灰岩		
				43.11		岩性强烈破碎，植被覆盖率高，推测为泥晶灰岩		
				10.38		深灰色中层状含生物碎屑泥晶灰岩		
				23.94		深灰色厚层状生物碎屑泥粉晶灰岩		
				9.46		浅灰至褐灰色厚层状生物碎屑砂屑泥晶-亮晶灰岩、泥粉晶灰岩		
		栖霞组	二段	24.78		岩石强烈破碎，植被覆盖严重，依据河对岸出露特征推测为深灰色中-薄层状泥晶灰岩，顶部有2m的黑色煤层		
				17.22		深灰色厚层状生物碎屑泥晶灰岩，深灰色厚层状瘤状灰岩，生物碎屑泥质灰岩		
			一段	12.84		灰黑色厚层状泥质生物碎屑灰岩，灰黑色薄层钙质页岩夹深灰色含生物碎屑泥晶灰岩		
				10.10		浅灰白色中-厚层状砂屑泥晶亮晶灰岩，含生物碎屑泥晶灰岩，可见燧石团块		
						浅灰白色厚层状生物碎屑泥晶灰岩		

四川省达州市宣汉盘龙洞上二叠统长兴组地层沉积相综合柱状图

地层系统				野外层号	累计厚度/m	岩性柱	岩性描述	沉积相		海绵特征		相对海平面变化
系	统	组	段					亚相	相	大小 10cm	含量 50%	浪基面
										小 ← → 大	低 ← → 高	浅 ← → 深
二叠系	上统	长兴组		37 36 35 34 33 32 31 30 29	300 280 260		深灰色中-厚层状鲕粒白云岩 灰色中-厚层状粉-中晶白云岩，局部残余颗粒 灰色厚层状泥-粉晶白云岩 灰色厚层状鲕粒白云岩 灰色块状泥粒白云岩 浅灰色中-厚层状泥-中晶白云岩 紫灰色厚层状泥-细晶白云岩 灰色块状泥粒白云岩 灰色块状粉-中晶白云岩 浅灰色中层-块状粉-中晶白云岩，多残余结构，推测原岩为泥粒-粒泥白云岩	生物礁滩	开阔台地			
				28 27 26 25 24	240 220		灰色块状粒泥白云岩 灰色块状泥粒-粒泥白云岩 底部灰色块状骨架白云岩，上部泥粒-粒泥白云岩 灰色块状泥粒白云岩，局部海绵含量高					
				23 22 21 20	200 180 160 140 120 100		灰色块状海绵障积-骨架白云岩，中-下部夹黏结白云岩 灰色块状海绵障积-黏结白云岩 灰色块状海绵障积白云岩，夹黏结白云岩 下部为浅灰色-灰白色块状海绵障积白云岩，上部为同色块状海绵骨架白云岩与障积白云岩交替发育	台地边缘礁滩	台地边缘			
				19 18 17 16 14 13 12 11 10 9 8	80 60		浅灰色-灰白色块状海绵障积白云岩 灰白色块状海绵障积白云岩 灰色中层状海绵障积灰岩 深灰色中层状海绵障积灰岩 下段为灰至深灰色中层状粉晶白云岩，上部为灰白色块状粒泥白云岩 下部为灰白色块状海绵障积灰岩，上部为同色颗粒灰岩 灰色、深灰色中厚层状障积灰岩、中层状海绵障积灰岩、粒泥灰岩、深灰色中层状灰泥岩，顶部为同色粒泥灰岩	生物礁	开阔台地			
				7 6 5 4 3 2 1	40 20		深灰色薄-中层状粒泥灰岩 深灰色中厚层状钙质硅质岩夹灰泥岩与粒泥灰岩 深灰色中-厚层状钙质硅质岩夹粒泥灰岩 中上部为浅灰色厚层状钙质硅质岩，下部为同色粒泥灰岩 灰色厚层-块状粒泥灰岩、颗粒灰岩 深灰色厚层-块状颗粒灰岩	滩间 台内滩	开阔台地			

四川省广元市猫儿塘中下二叠统沉积相综合柱状图

地层系统				野外层号	单层厚度/m	段厚/m	刻度/m	岩性柱	岩性描述	沉积相		储层
系	统	组	段							亚相	相	
二叠系	中统	吴家坪组		56	0.88		0		灰色中层状含生物碎屑泥晶灰岩, 内含燧石结核			
				55	0.75				土黄色薄-中层状黏土岩	沼泽	滨岸	
		茅口组	三段 P_2m^3	47~54	29.25	102.49			灰色薄-中层状泥晶生物碎屑灰岩, 内含燧石结核, 夹燧石条带	上缓坡	外缓坡	
				45~46	15.83		50		上部为深灰色薄-中层状含生物碎屑泥晶灰岩夹薄层燧石条带; 下部为深灰色薄-中层状含生物碎屑泥晶灰岩	下缓坡		
				43~44	21.61				深灰薄-中层状含生物碎屑泥晶灰岩, 夹燧石条带			
				42	11.62				浅灰至灰色厚层块状亮晶生物碎屑灰岩	浅滩	中缓坡	
				41	8.89				深灰色厚层块状泥晶生物碎屑灰岩	上缓坡	外缓坡	
									深灰色厚层含生物碎屑泥晶灰岩, 偶夹薄层泥灰岩	下缓坡		
				37~40	15.29		100		深灰色薄-中层状含燧石条带泥晶灰岩			
									深灰色薄-中层状含生物碎屑泥晶灰岩与硅质岩不等厚互层, 偶见含生物碎屑含泥灰岩			
			二段 P_2m^2	35~36	13.98	57.17			深灰色中厚层状泥晶亮晶生物碎屑灰岩	浅滩	中缓坡	
				32A~34	14.49				上部为深灰色中厚层状泥晶生物碎屑灰岩, 含少量燧石结核; 下部为深灰色中厚层状泥晶灰岩夹燧石条带	上缓坡		
				31	9.80		150		深灰色中厚层状泥晶生物碎屑灰岩			
				30	8.82				深灰色中层状生物碎屑泥晶灰岩夹含生物碎屑泥质岩			
				29	10.08				深灰色中层状含生物碎屑泥晶灰岩, 内发育点礁			
			一段 P_2m^1	26~28	13.61	63.92			深灰色中厚层状含螳生物碎屑泥晶灰岩, 偶夹薄层含灰泥岩	下缓坡	外缓坡	
				23~25	16.32				深灰色厚层块状生物碎屑泥晶灰岩夹薄层泥质岩			
							200		深灰色厚层灰泥岩			
				22	9.67				深灰色中层状泥晶生物碎屑灰岩夹薄层泥质岩	上缓坡		
				18~21	12.77				下部为灰黑色中薄层状泥晶生物碎屑灰岩夹厚层状泥质泥岩, 中部为灰色中厚层状泥晶生物碎屑灰岩, 含燧石结核; 顶部为深灰色厚层生物灰岩	下缓坡		
				17	11.55				灰黑色中厚层状含生物碎屑泥灰岩			
		栖霞组	二段 P_2q^2	16B	15.44	54.18			灰白色厚层豹斑状亮晶砂屑白云质灰岩			
				15B~16A	8.24		250		灰白色厚层粉细晶含云灰岩与深灰厚层残余颗粒细晶白云岩互层	浅滩	台地边缘	
				15A	14.13				灰白色厚层块状亮晶颗粒含云灰岩			
				14	10.83				灰白色厚层状亮晶颗粒灰岩			
				13	5.54							
			一段 P_2q^1	12	9.58	45.55			下部为灰色厚层螳生物碎屑灰岩与灰黑色-深灰色中层富有机质泥灰岩互层, 上部为灰色中厚层状生物碎屑泥晶灰岩	滩间	开阔台地	
				9~11	8.92		300					
				6~8	6.44				灰色厚层亮晶生物碎屑泥晶灰岩与深灰色厚层生物碎屑泥晶灰岩互层	浅滩		
				2~5	20.61				下部为灰色中层状生物碎屑泥晶灰岩, 中部为深灰色厚层残余生物碎屑微粉晶灰岩, 上部为灰色中层状泥晶生物碎屑灰岩	滩间		
	下统	梁山组	P_1l	1	0.27	0.27			黄褐色中层状黏土岩	沼泽	滨岸	
石炭系				0	>1.0				乳白色厚层状亮晶生物碎屑灰岩			

湖北省鹤峰鹤地1井二叠系大隆组实测剖面沉积相综合柱状图

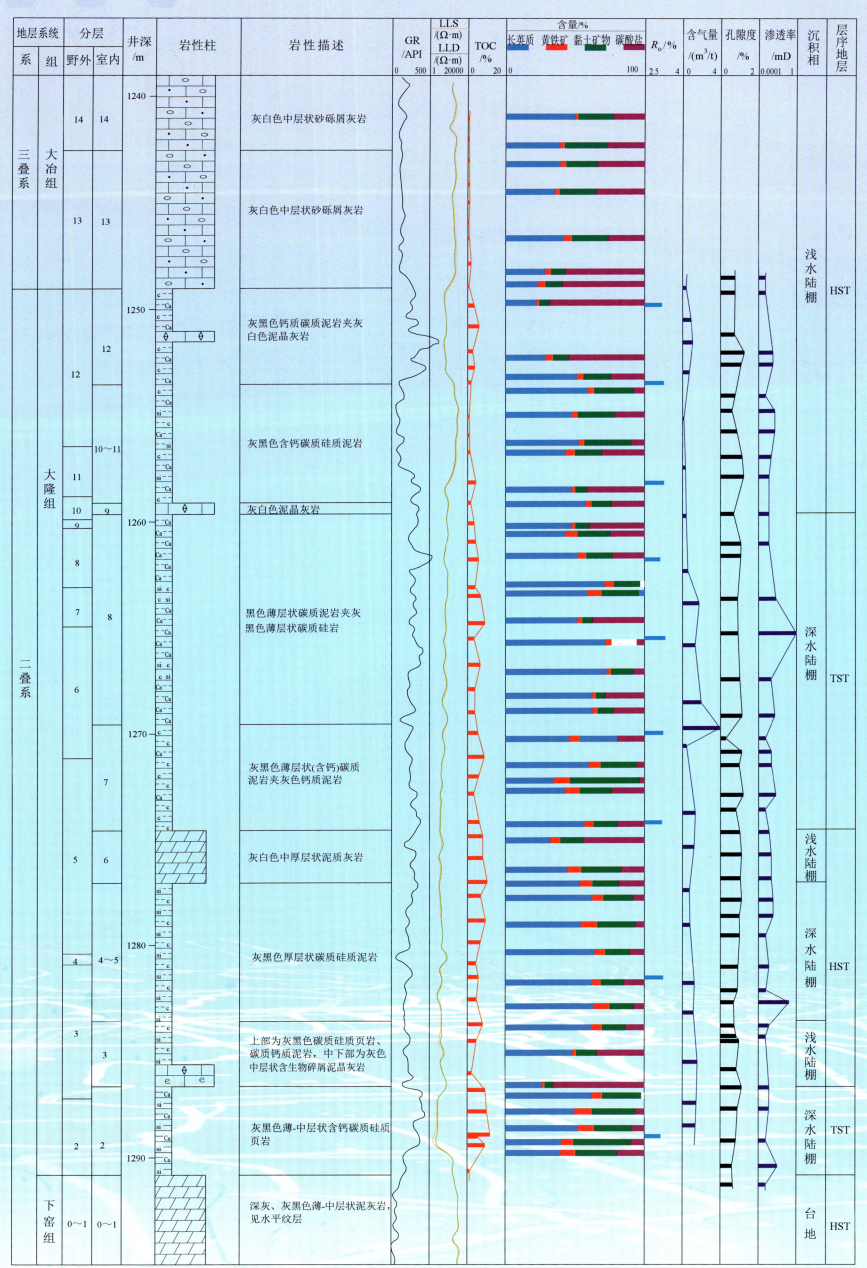

注：HST. 高水位体系域；TST. 海侵体系域；GR. 自然伽马；LLS. 浅侧向电阻率；LLD. 深侧向电阻率；TOC. 有机质；R_o. 镜质体反射率。

湖北省恩施市双河二叠系大隆组实测剖面页岩气综合柱状图

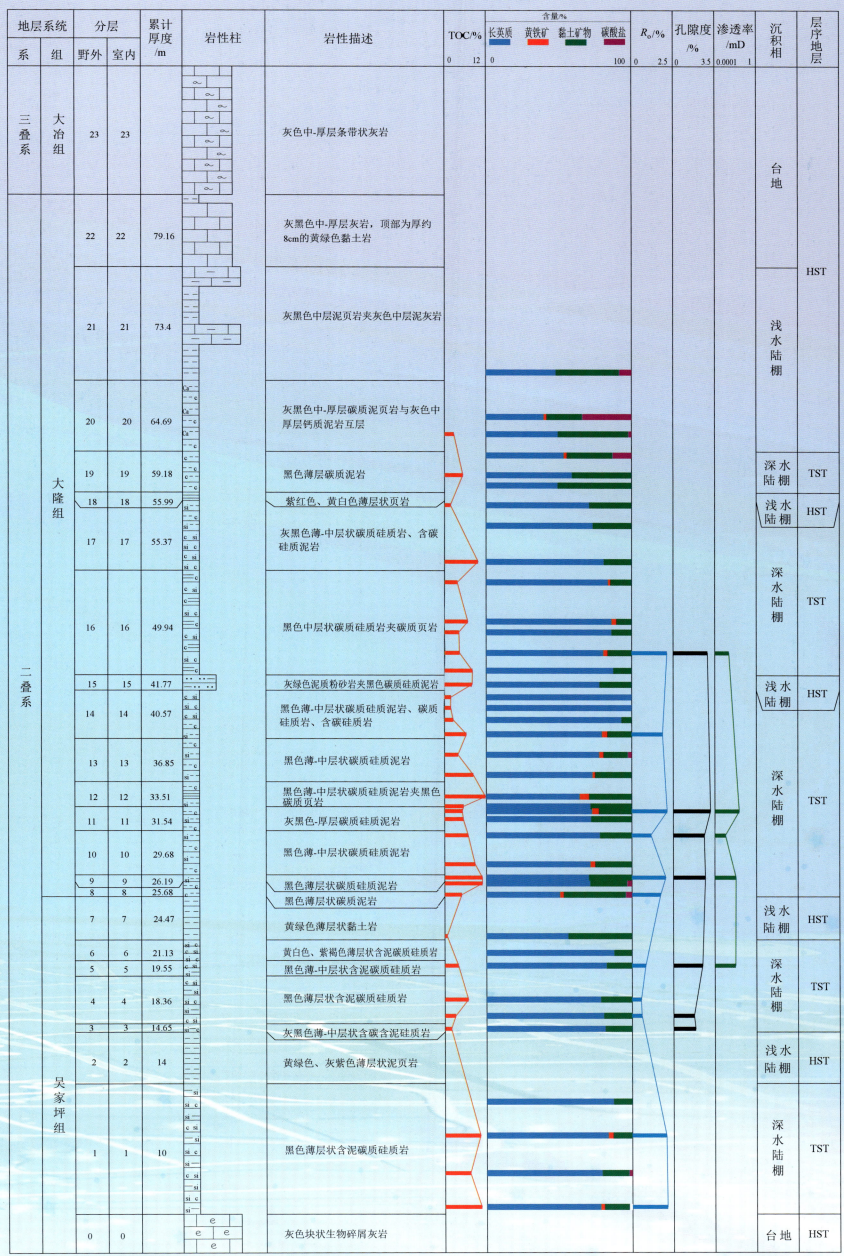

注: TOC. 有机质; R_o. 镜质体反射率; HST. 高水位体系域; TST. 海侵体系域。

湖北省恩施市双河大坪矿坑二叠系大隆组观察剖面页岩气综合柱状图

地层系统		分层		厚度/m	岩性柱	岩性描述	TOC/%	含量/%				R_o/%	沉积相	层序地层
系	组	野外	室内				0 15	长英质 黄铁矿 黏土矿物 碳酸盐 0 100				2.0 2.2		
三叠系	大冶组	9	9	>5		灰黑色厚层状泥晶灰岩							浅水陆棚·开阔台地	HST
二叠系	大隆组	8	8	50		底部为灰色中层状泥晶灰岩,下部为灰黑色薄层状碳质钙质泥岩,中部为土黄色薄板状泥质粉砂岩,上部为灰色薄层状泥灰岩								
		7	7	40		灰黑色薄层状含粉砂碳质泥页岩夹薄层状碳质硅质泥岩							深水陆棚	TST
		6	6	31		灰黑色薄层状碳质硅质泥岩与灰黑色薄层状含粉砂碳质页岩夹数层中厚层状粉砂岩								
		5	5	25		灰黑色薄层状碳质硅质泥岩								
		4	4	21		灰色、土黄色、灰褐色黏土岩							浅水陆棚	HST
		3	3	18		下部为灰黑色中层状泥质粉砂岩夹黄绿色薄层状泥页岩,上部为薄层状碳质硅质泥岩							浅水·深水陆棚	
		2	2	14		灰紫色薄层状泥岩							浅水陆棚	
	吴家坪组	1	1	50		黑色薄层状碳质硅质泥岩							深水陆棚	TST
		0	0	50		灰色块状含白云质灰岩							开阔台地	HST

注:TOC. 有机质;R_o. 镜质体反射率;HST. 高水位体系域;TST. 海侵体系域。

湖北省恩施市三岔镇二叠系大隆组观察剖面页岩气综合柱状图

地层系统		分层		厚度/m	岩性柱	岩性描述	TOC/%	含量/%				R_o/%	孔隙度/%	渗透率/mD	沉积相	层序地层
系	组	野外	室内					长英质	黄铁矿	黏土矿物	碳酸盐					
							0　　10	0　　　　　　　　　　　100				0　　1.5	0　　2	0.0001　0.1		
二叠系	大隆组	6	6	>28		黑色中薄层状碳质硅质泥岩夹薄层状碳质泥页岩									深水陆棚	TST
		5	5	21		灰黑色薄层状碳质硅质泥岩夹薄层状碳质页岩										
		4	4	14		灰黑色薄层状碳质粉砂质泥岩										HST
		3	3	10.5		灰黑色-黑色薄层状碳质硅质泥岩										
		2	2	6		黄色、灰紫色薄层状黏土岩									浅水陆棚	TST
		1	1	14		灰黑色-黑色薄层状碳质硅质泥岩									深水陆棚	
	吴家坪组	0	0	>5		灰黑色中层状粉-细晶灰岩									开阔台地	HST

注：TOC. 有机质；R_o. 镜质体反射率；HST. 高水位体系域；TST. 海侵体系域

四川省绵阳市安州区千佛镇—湖北省巴东县神农溪二叠系沉积相对比图

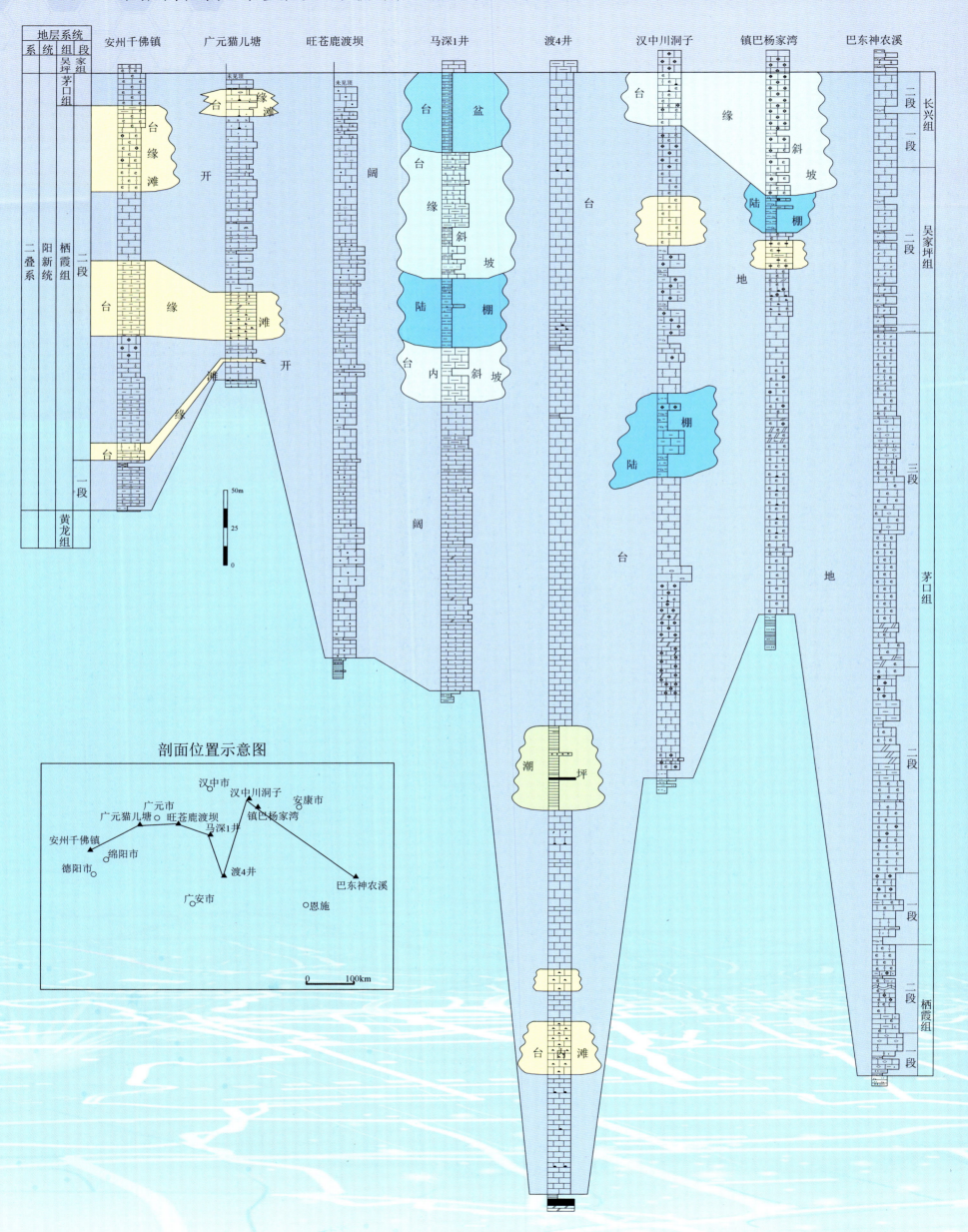

湖北省巴东县神农溪—四川省叙永县分水二叠系沉积相对比图

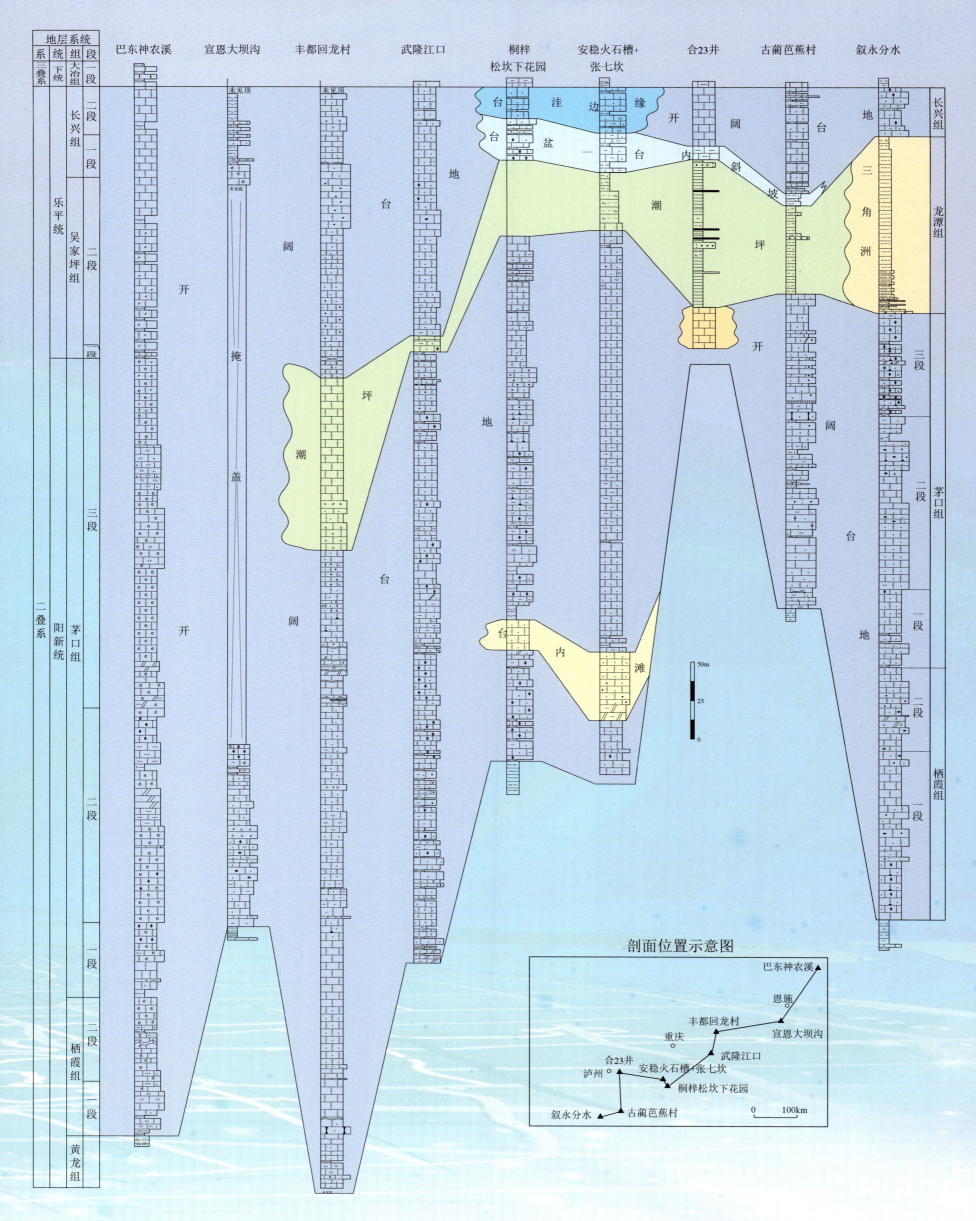

剖面位置示意图

四川省绵阳市安州区千佛镇—贵州省桐梓县松坎下花园二叠系沉积相对比图

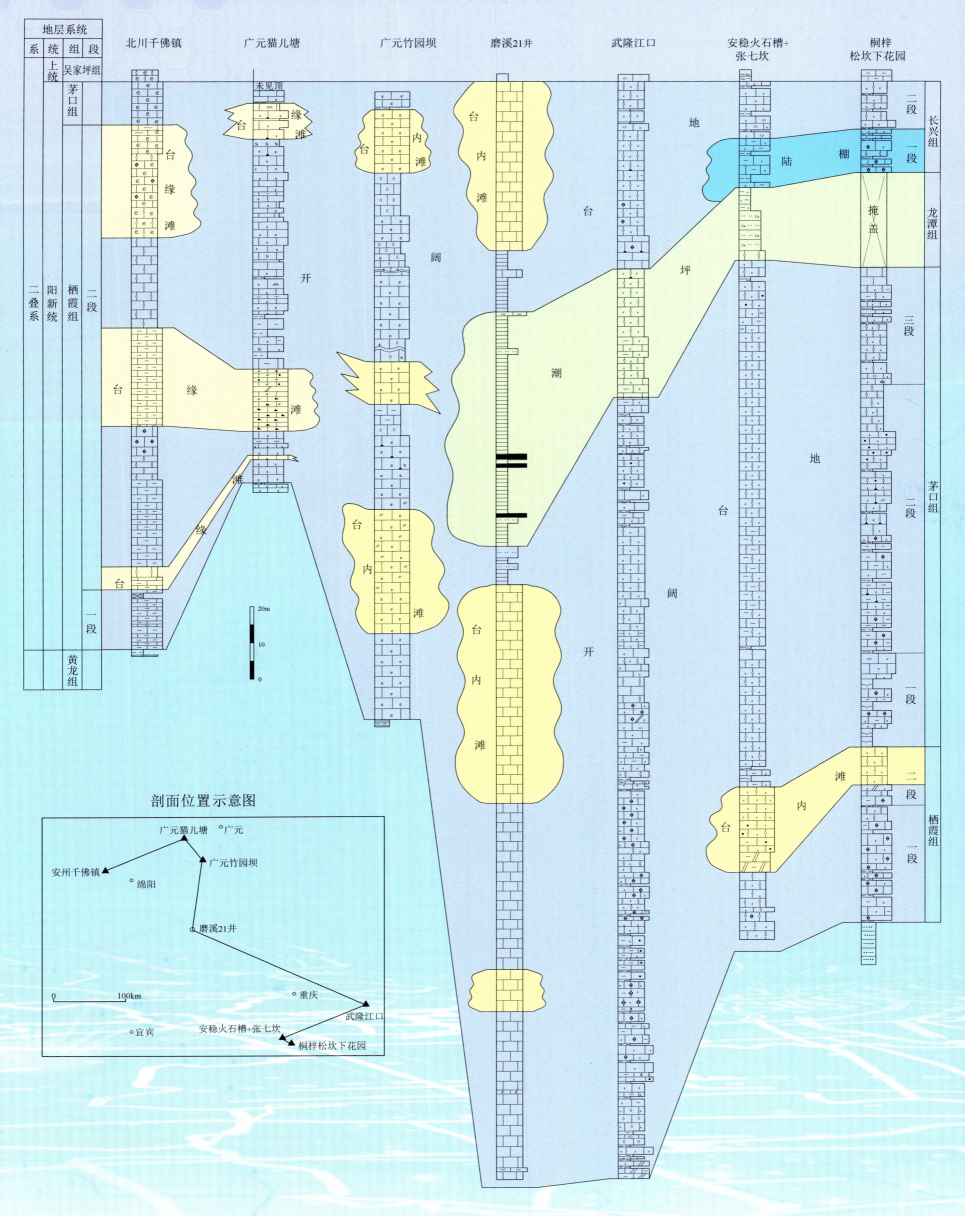

陕西省镇巴县杨家湾—四川省古蔺县芭蕉村二叠系沉积相对比图

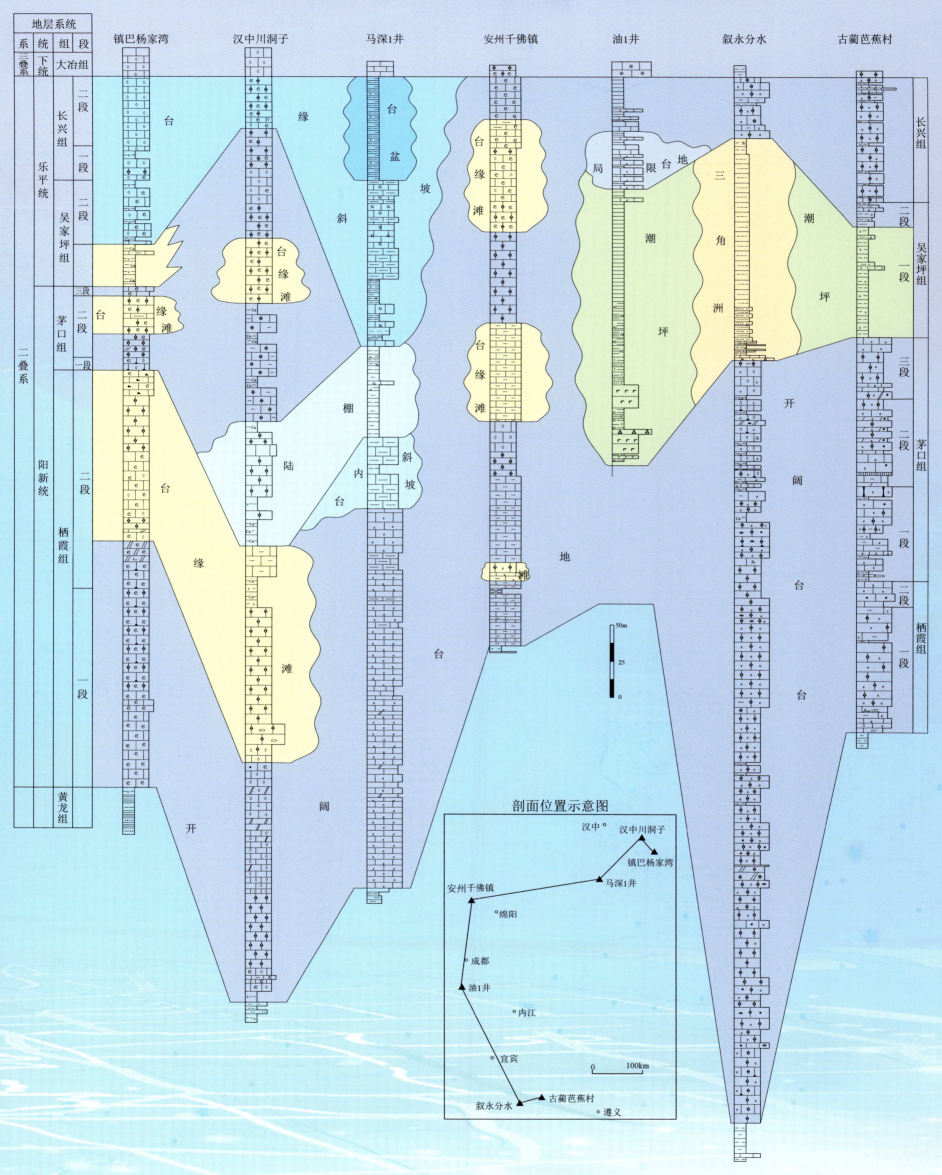

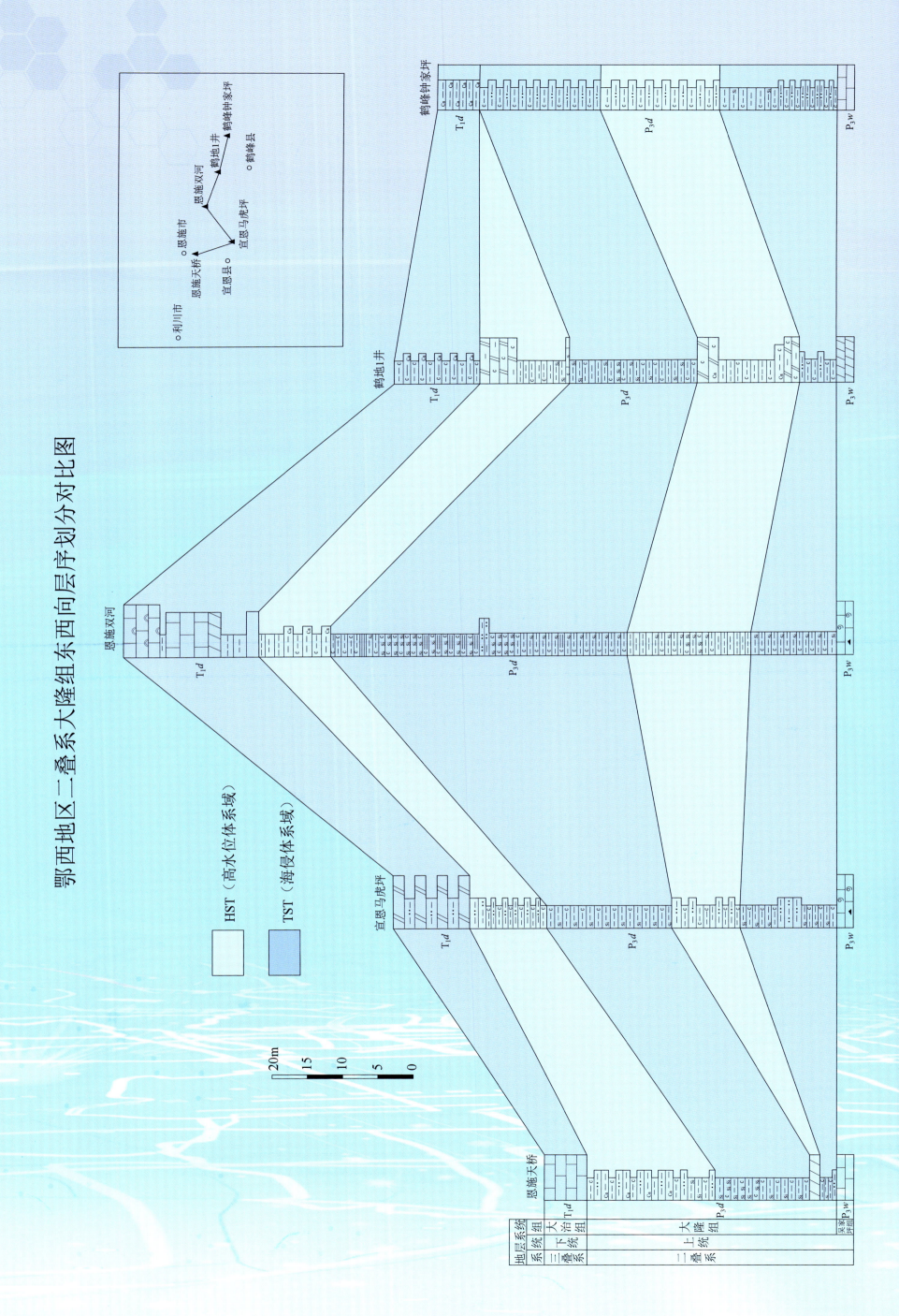

鄂西地区二叠系大隆组东西向层序划分对比图

HST（高水位体系域）

TST（海侵体系域）

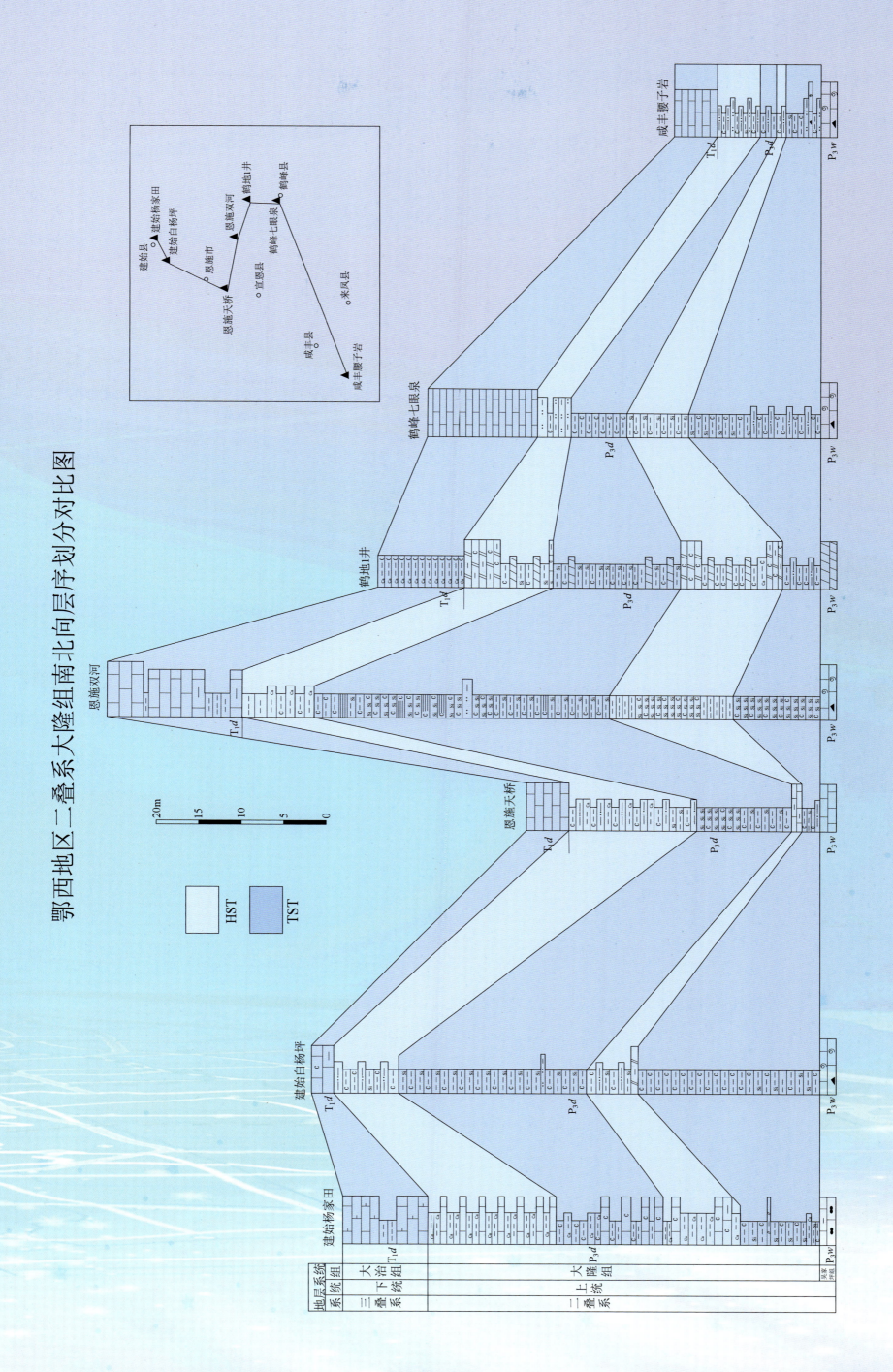

鄂西地区二叠系大隆组南北向层序划分对比图

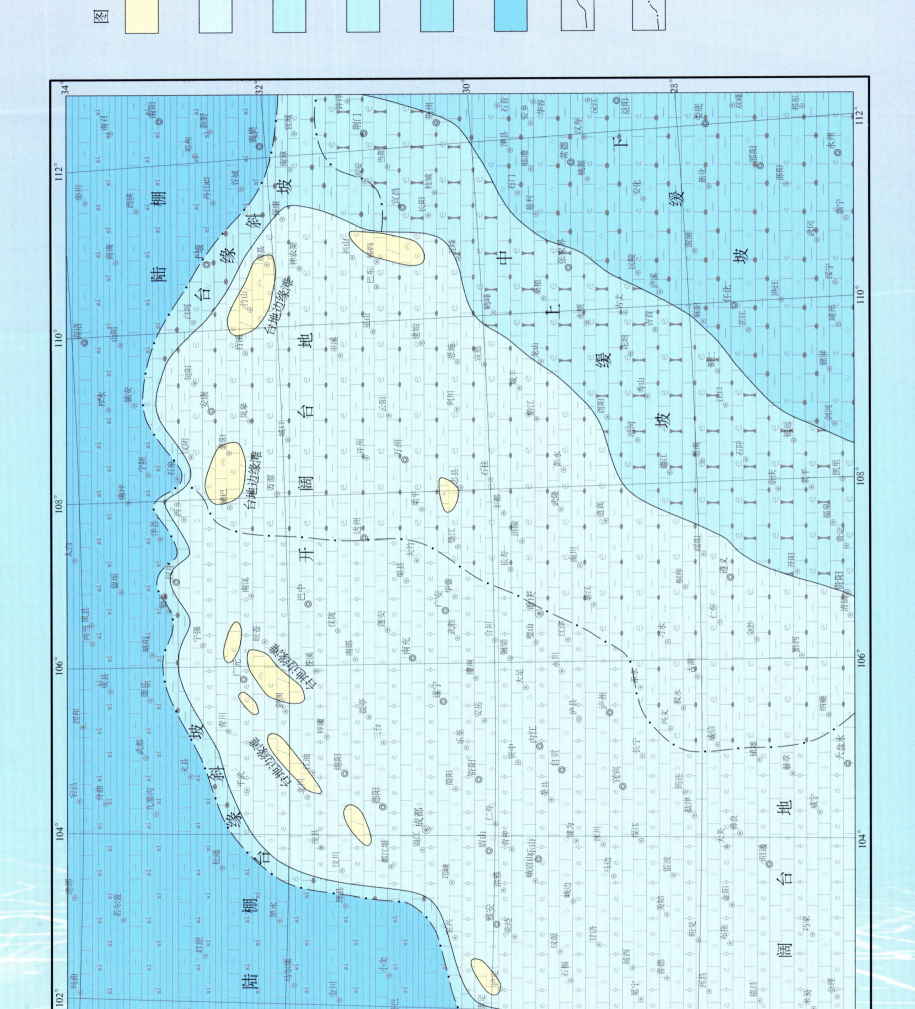

四川盆地及邻区二叠系栖霞组一段岩相古地理图

图例 台地边缘滩　开阔台地　中上缓坡　台缘斜坡　下缓坡　陆棚　相界线　岩相界线

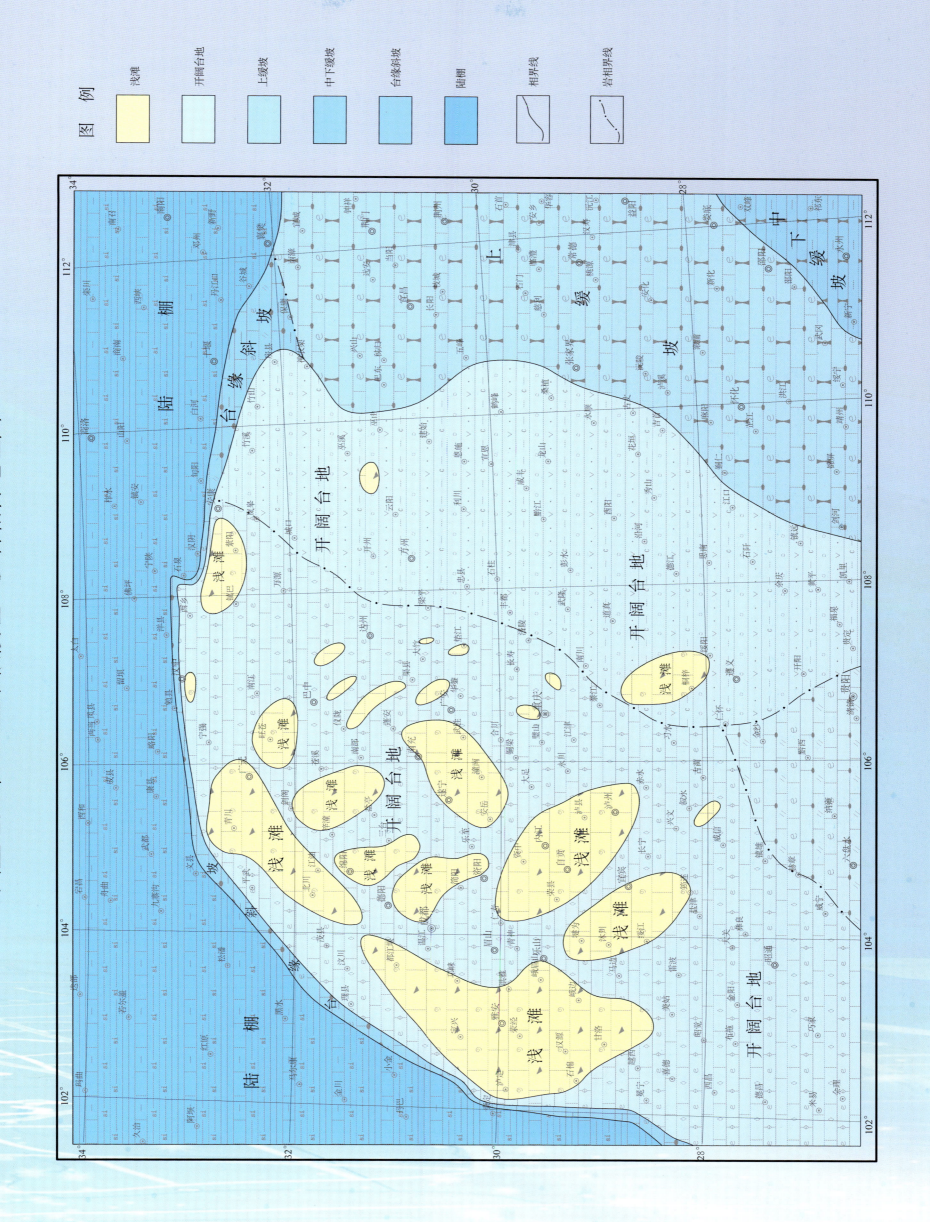

四川盆地及邻区二叠系栖霞组二段岩相古地理图

图 例

浅滩　开阔台地　上缓坡　中下缓坡　台缘斜坡　陆棚　相界线　岩相界线

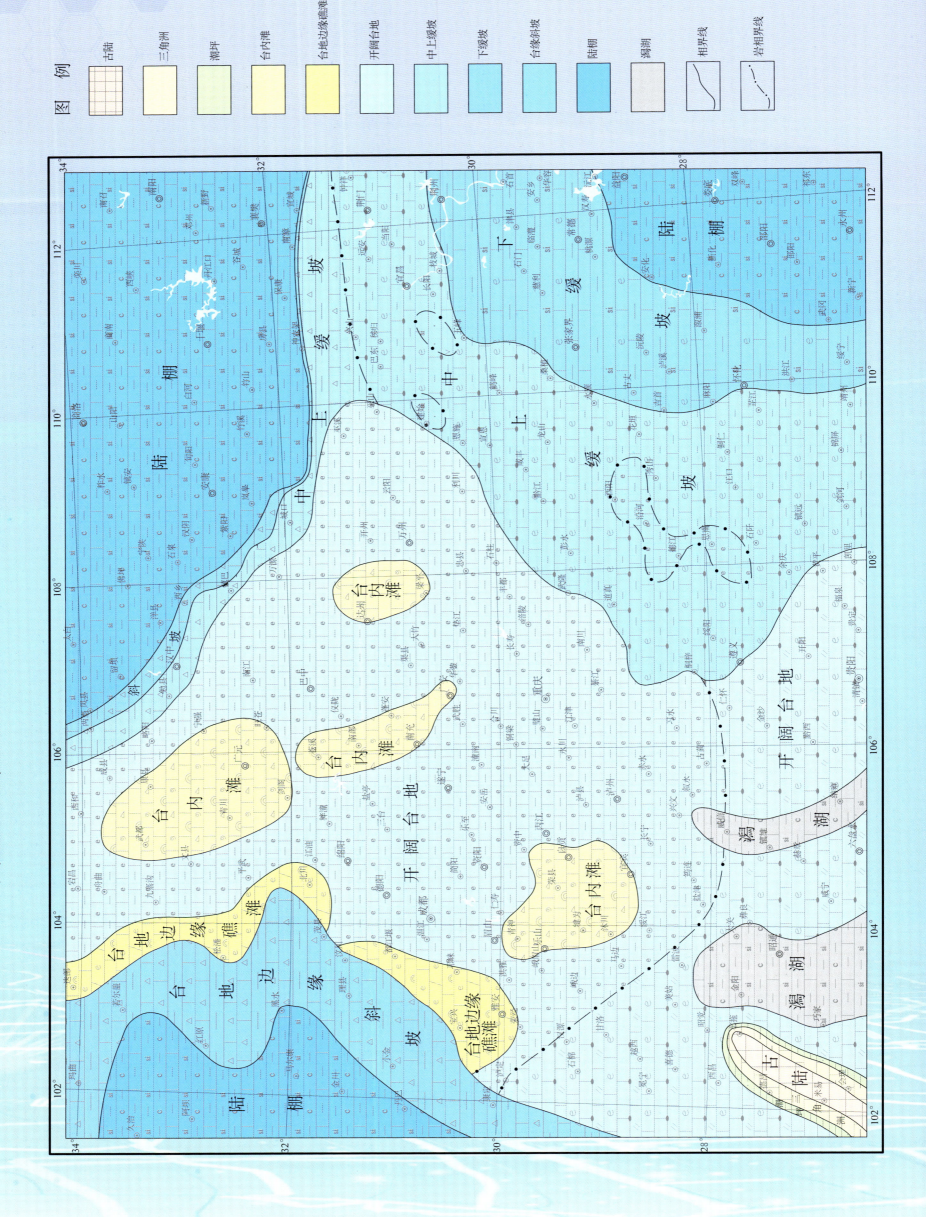

四川盆地及邻区二叠系茅口组一段岩相古地理图

图 例

古陆　三角洲　潮坪　台内滩　台地边缘礁滩　开阔台地　中上缓坡　下缓坡　台缘斜坡　陆棚　潟湖　相界线　岩相界线

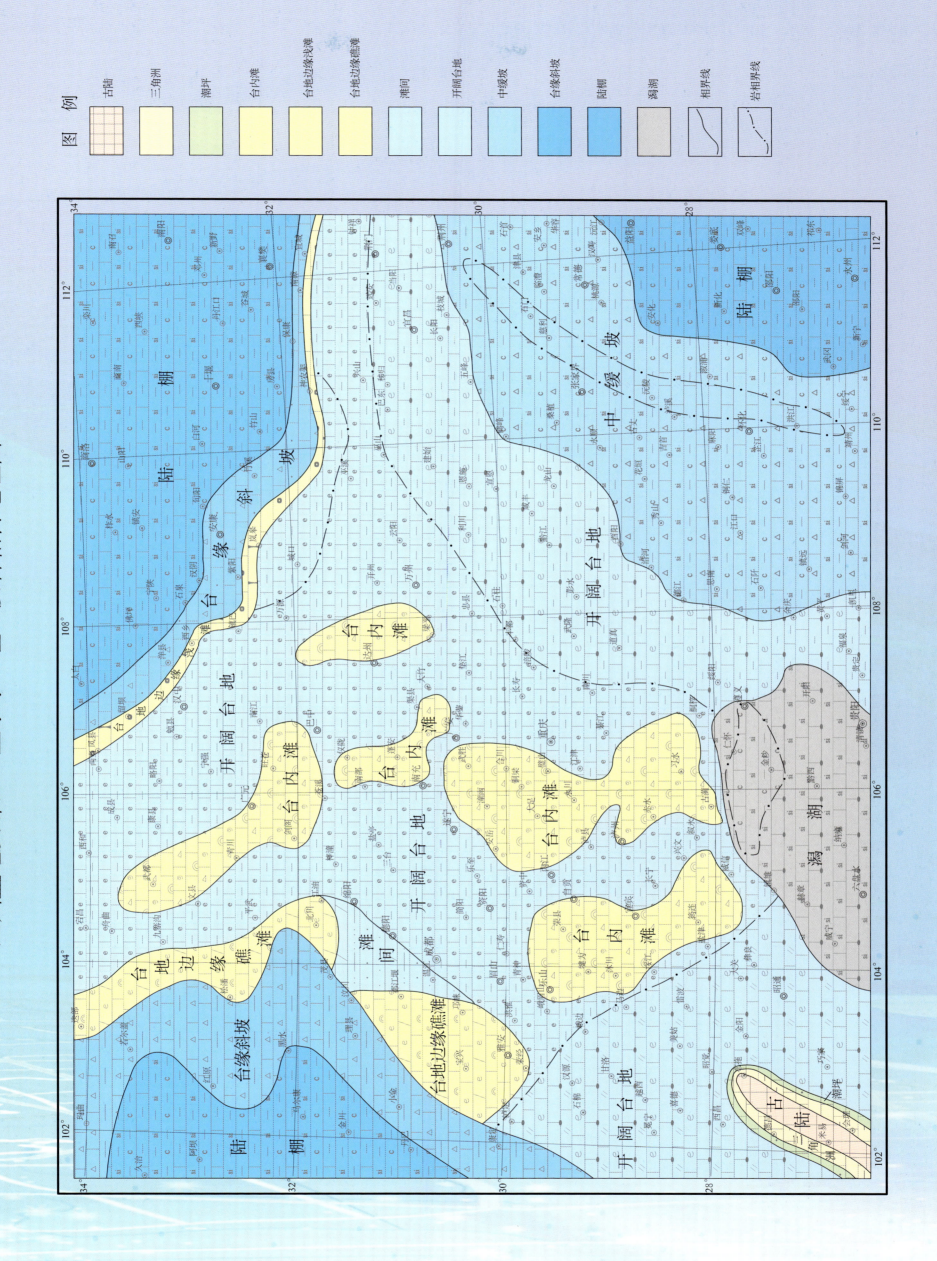

四川盆地及邻区二叠系茅口组二段岩相古地理图

古陆　三角洲　潮坪　台内滩　台地边缘浅滩　台地边缘礁滩　滩间　开阔台地　中缓坡　台缘斜坡　陆棚　潟湖　相界线　岩相界线

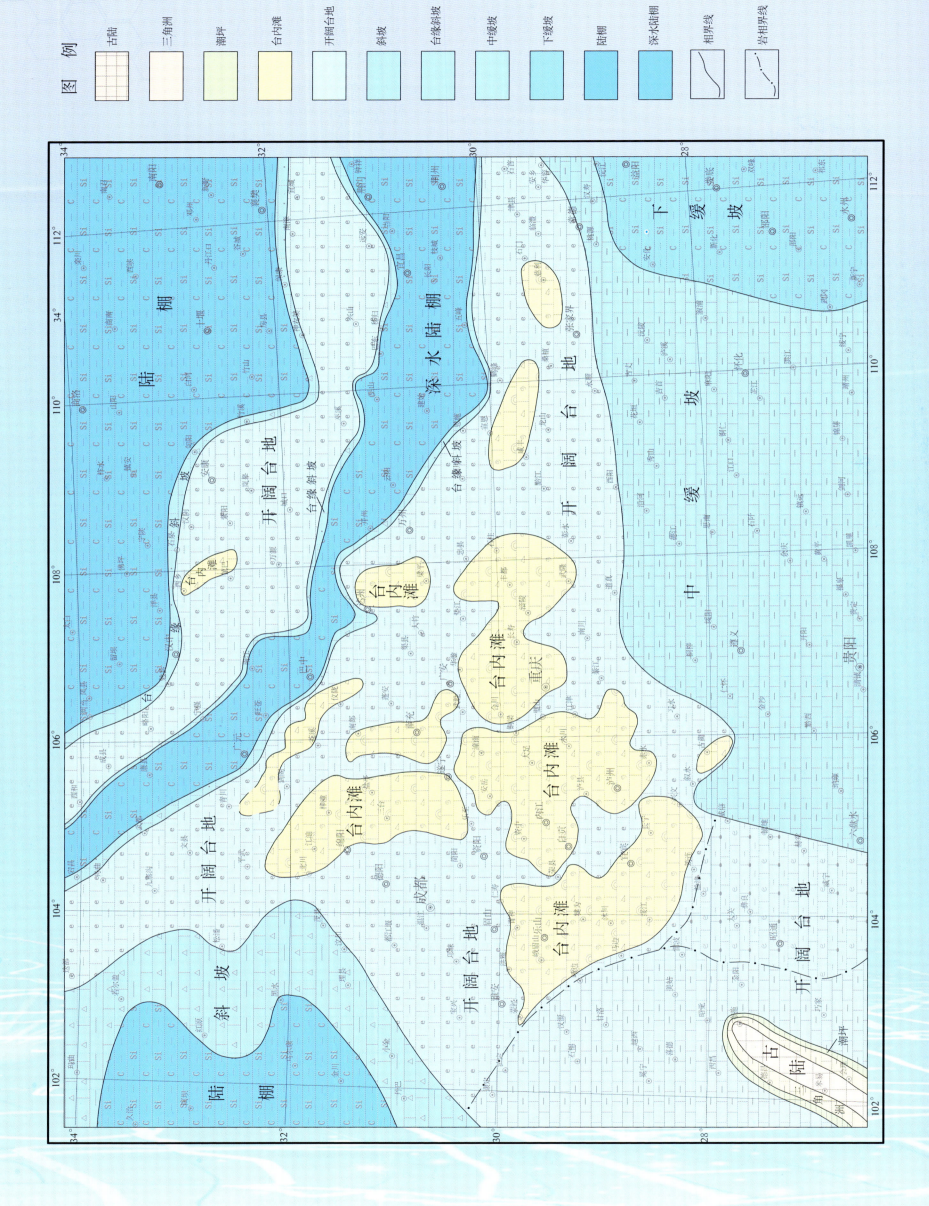

图例

古陆　三角洲　潮坪　台内滩　开阔台地　斜坡　台缘斜坡　中缓坡　下缓坡　陆棚　深水陆棚　相界线　岩相界线

四川盆地及邻区二叠系茅口组三段岩相古地理图

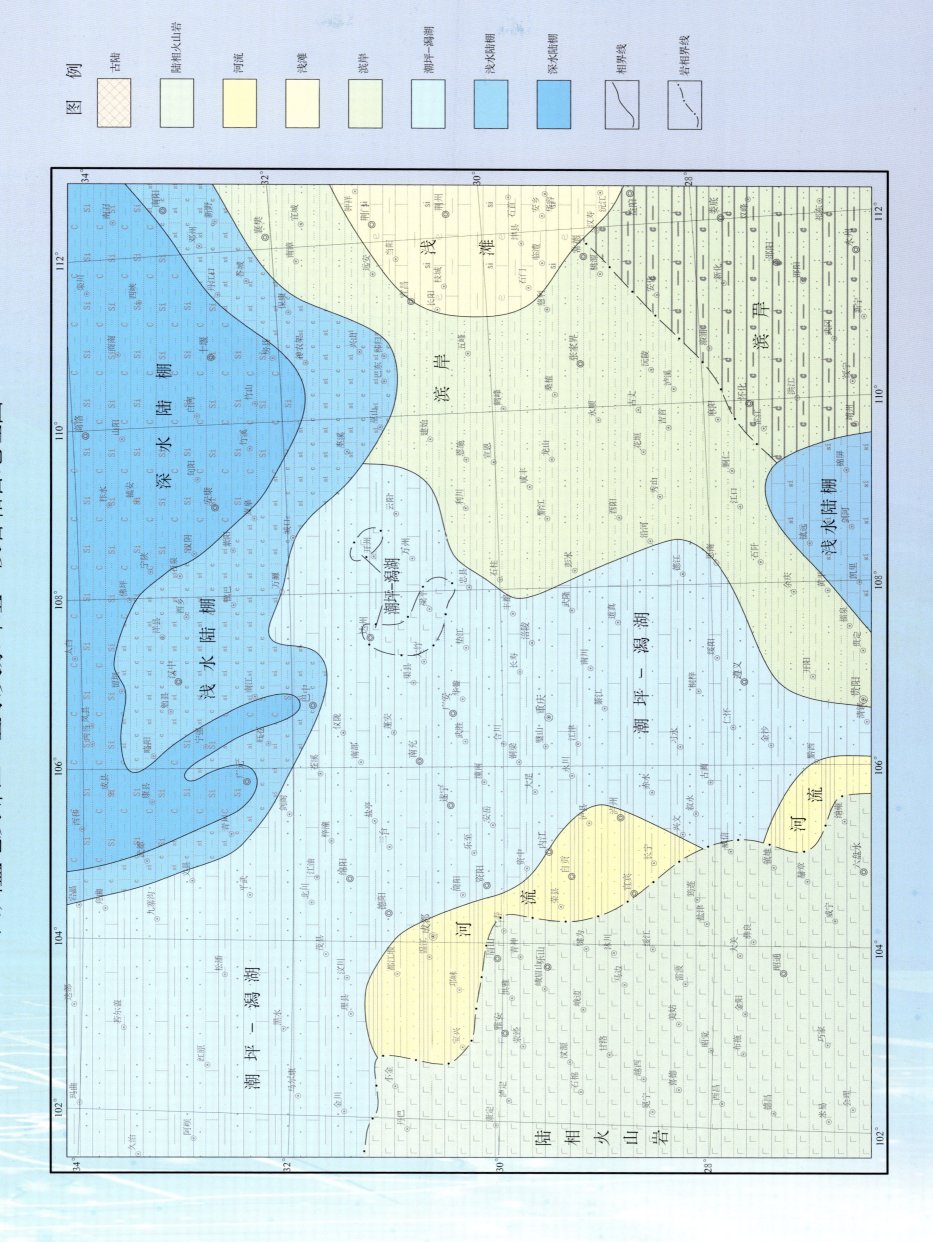

四川盆地及邻区二叠系吴家坪组一段岩相古地理图

图例　古陆　陆相火山岩　河流　浅滩　滨岸　潮坪-潟湖　浅水陆棚　深水陆棚　相界线　岩相界线

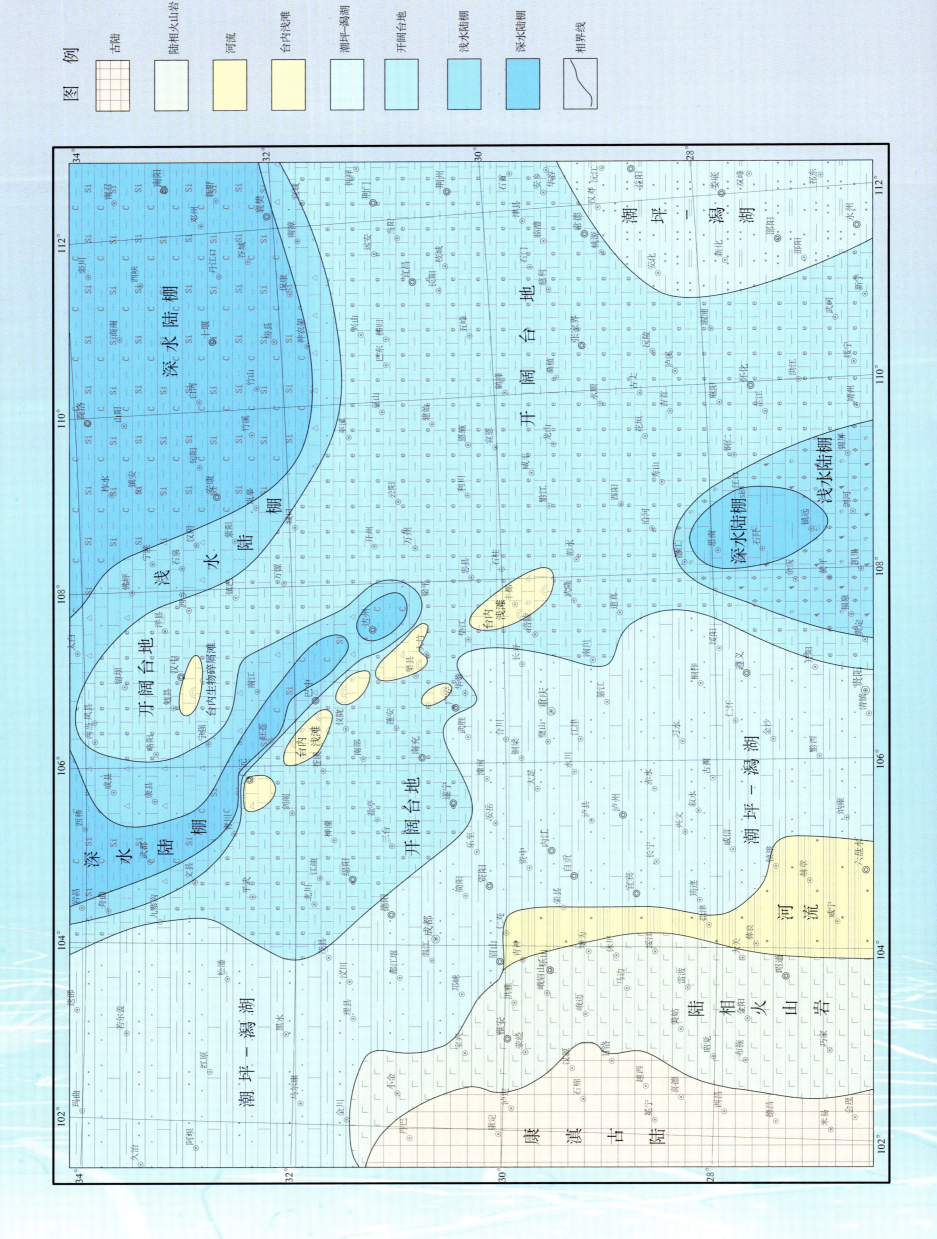

四川盆地及邻区二叠系吴家坪组二段岩相古地理图

图 例 古陆 陆相火山岩 河流 台内浅滩 潮坪-潟湖 开阔台地 浅水陆棚 深水陆棚 相界线

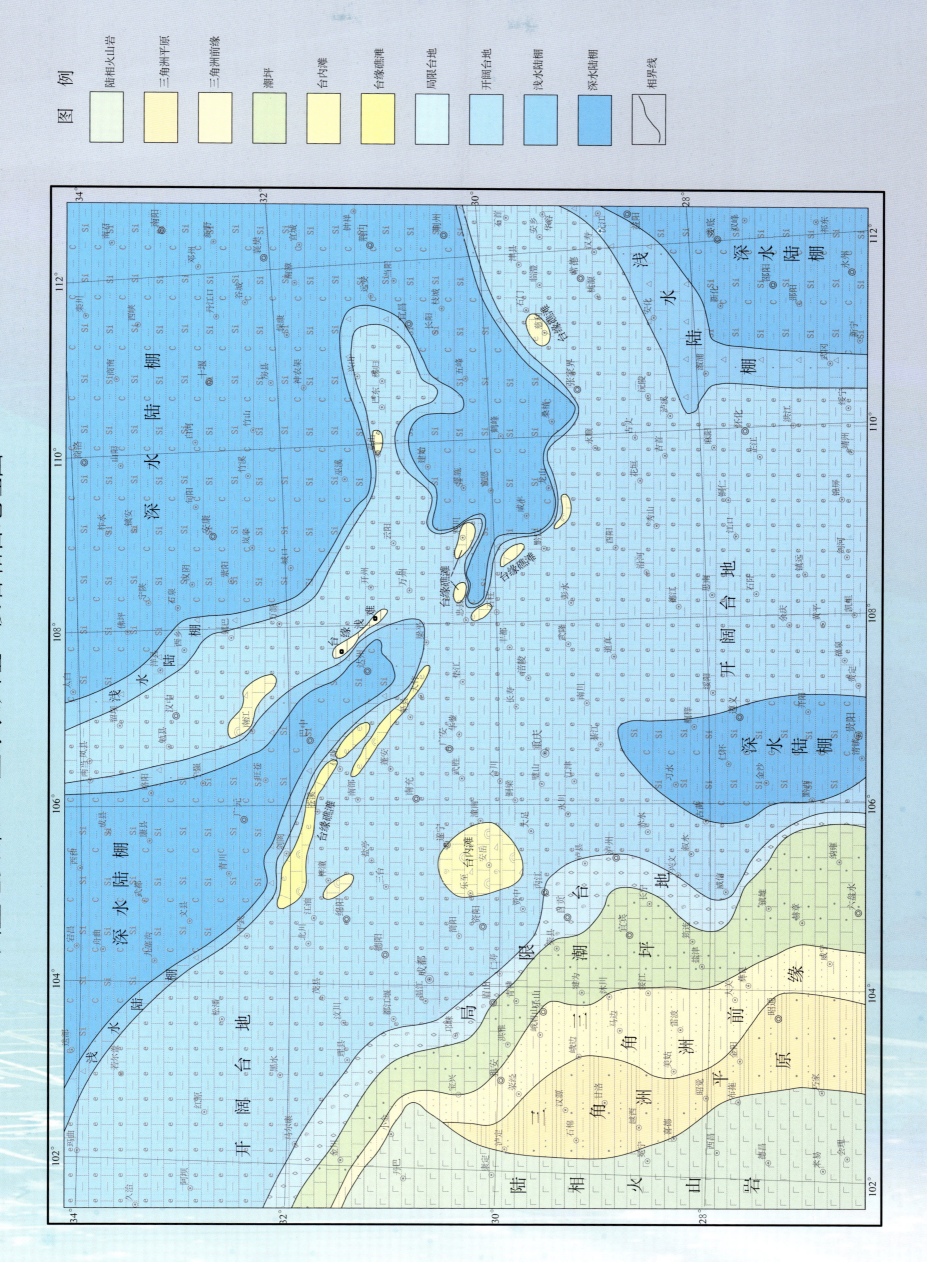

图例

陆相火山岩 | 三角洲平原 | 三角洲前缘 | 潮坪 | 台内滩 | 台缘礁滩 | 局限台地 | 开阔台地 | 浅水陆棚 | 深水陆棚 | 相样线

四川盆地及邻区二叠系长兴组一段岩相古地理图

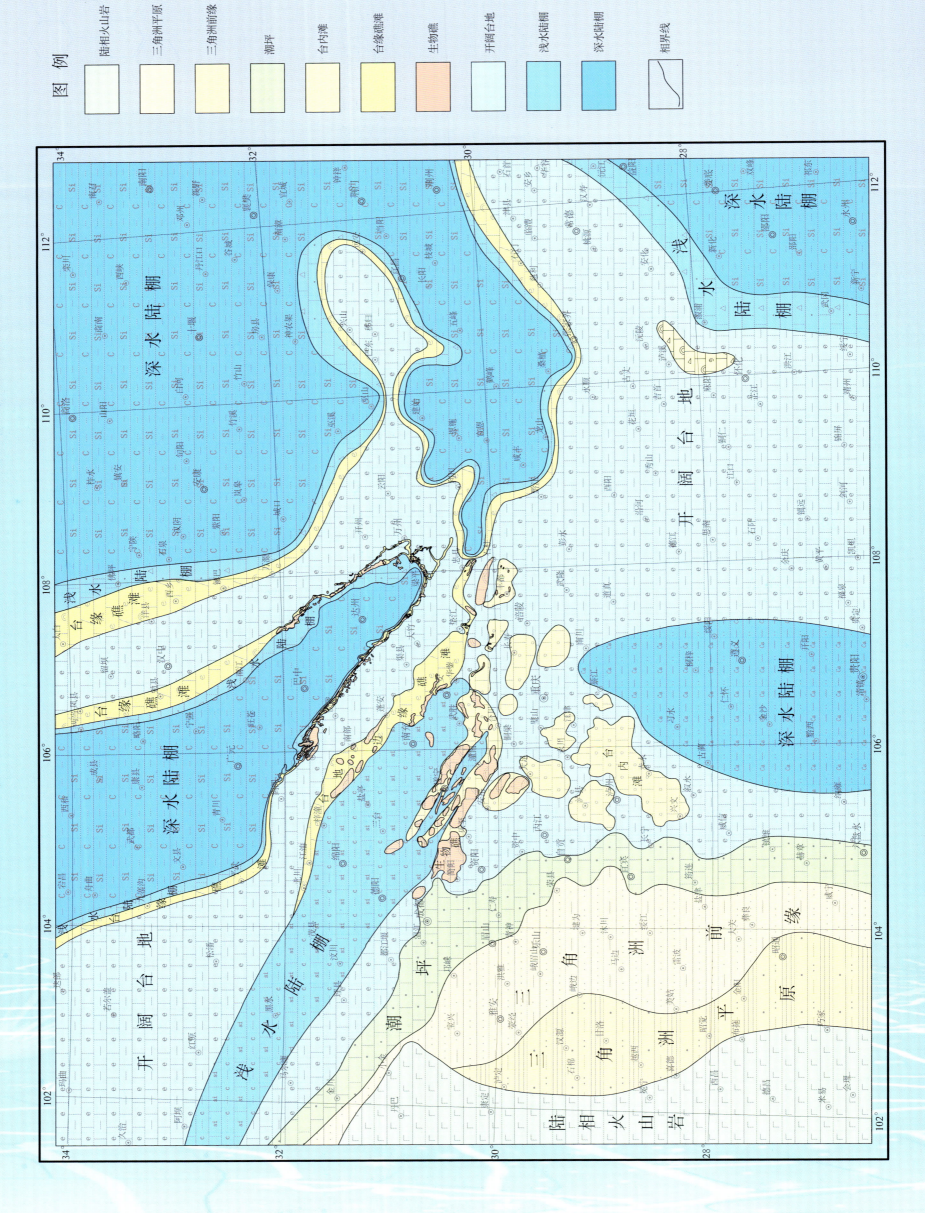

图例

陆相火山岩　三角洲平原　三角洲前缘　潮坪　台内滩　台缘礁滩　生物礁　开阔台地　浅水陆棚　深水陆棚　相界线

四川盆地及邻区二叠系长兴组二段岩相古地理图

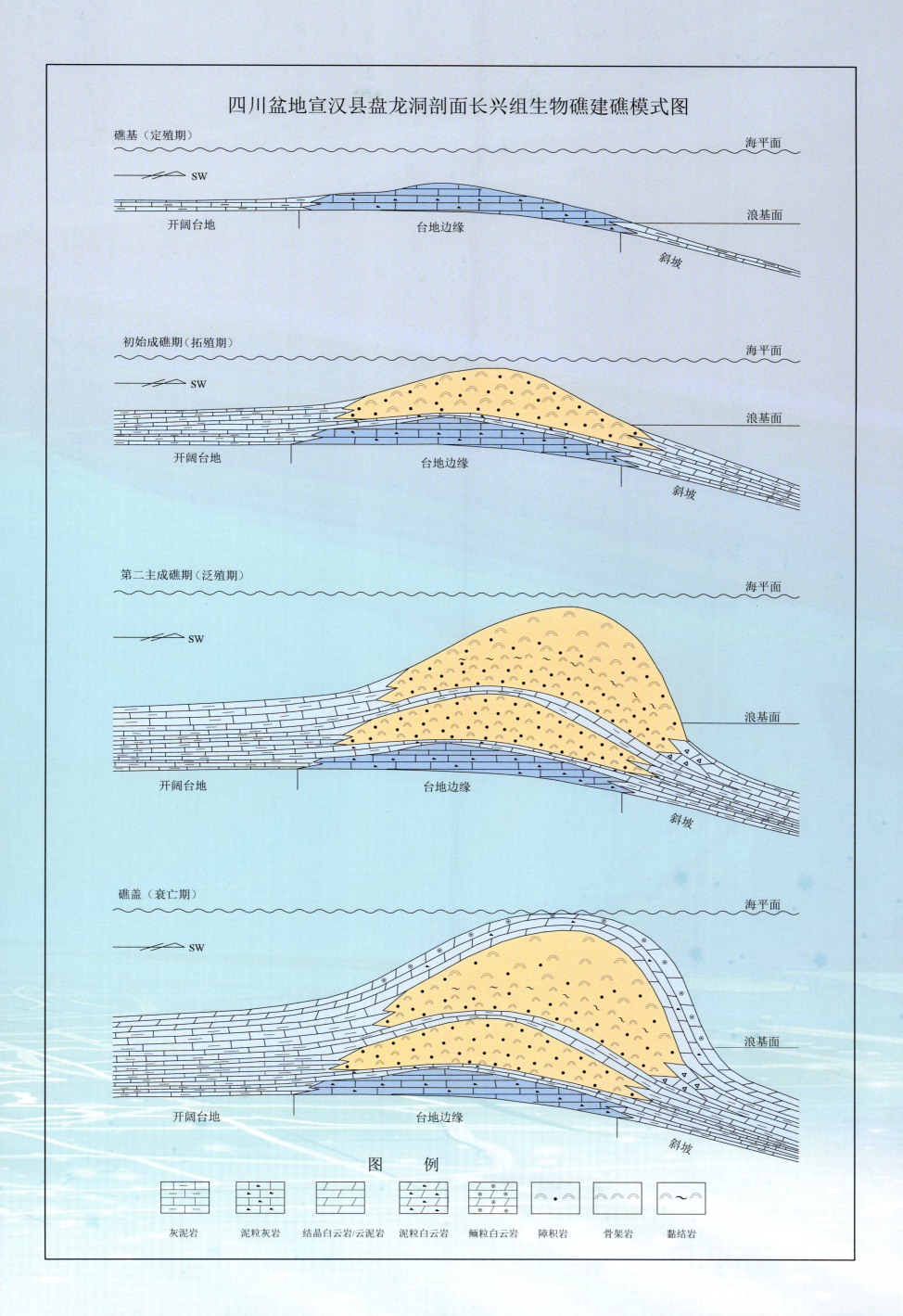

四川盆地宣汉县盘龙洞剖面长兴组生物礁建礁模式图

礁基（定殖期）

海平面

SW

开阔台地　　　　台地边缘　　　　浪基面

斜坡

初始成礁期（拓殖期）

海平面

SW

开阔台地　　　　台地边缘　　　　浪基面

斜坡

第二主成礁期（泛殖期）

海平面

SW

浪基面

开阔台地　　　　台地边缘

斜坡

礁盖（衰亡期）

海平面

SW

浪基面

开阔台地　　　　台地边缘

斜坡

图　例

灰泥岩　　泥粒灰岩　　结晶白云岩/云泥岩　　泥粒白云岩　　鲕粒白云岩　　障积岩　　骨架岩　　黏结岩

川东北地区孤峰段陆棚两侧碳酸盐缓坡沉积模式（一）

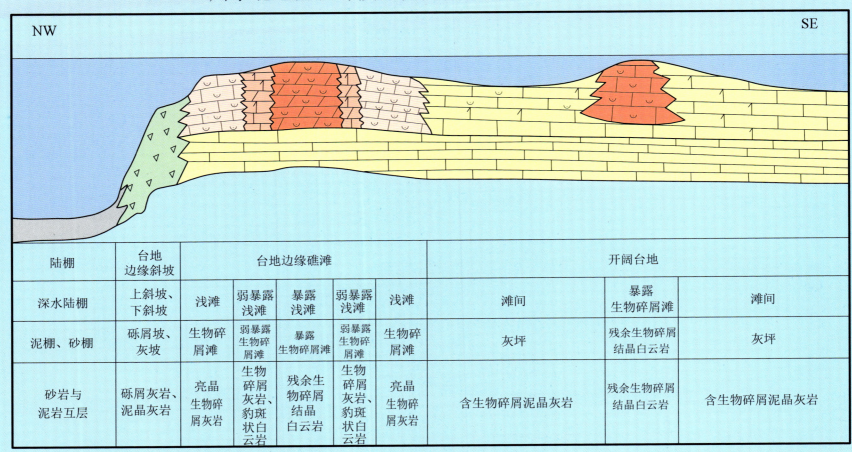

相	内缓坡	中缓坡	外缓坡	陆棚
亚相	潮坪-潟湖	浅滩	上缓坡、下缓坡	浅水陆棚-深水陆棚
微相	灰坪、生物碎屑灰坪	生物碎屑滩	瘤状灰岩、生物碎屑泥晶灰岩、泥晶灰岩	硅棚、泥棚、灰棚
岩性	泥晶灰岩、生物碎屑泥晶灰岩	生物碎屑灰岩	瘤状灰岩、泥晶灰岩	硅质岩、页岩

川东北地区孤峰段陆棚两侧碳酸盐缓坡沉积模式（二）

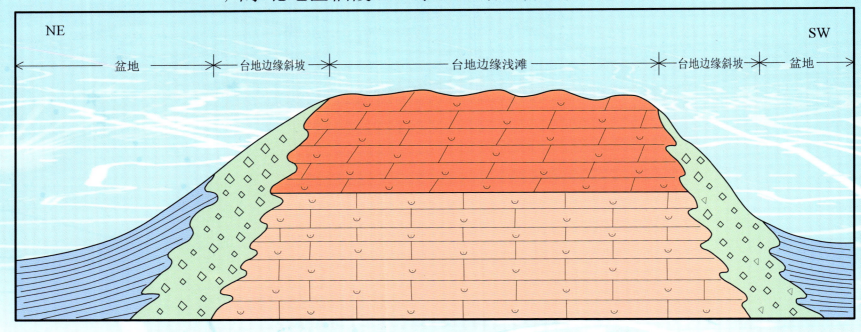

陆棚	台地边缘斜坡	台地边缘礁滩				开阔台地		
深水陆棚	上斜坡、下斜坡	浅滩	弱暴露浅滩	暴露浅滩	弱暴露浅滩	浅滩	滩间	暴露生物碎屑滩	滩间
泥棚、砂棚	砾屑坡、灰坡	生物碎屑滩	弱暴露生物碎屑滩	暴露生物碎屑滩	弱暴露生物碎屑滩	生物碎屑滩	灰坪	残余生物碎屑结晶白云岩	灰坪
砂岩与泥岩互层	砾屑灰岩、泥晶灰岩	亮晶生物碎屑灰岩	生物碎屑灰岩、豹斑状白云岩	残余生物碎屑结晶白云岩	生物碎屑灰岩、豹斑状白云岩	亮晶生物碎屑灰岩	含生物碎屑泥晶灰岩	残余生物碎屑结晶白云岩	含生物碎屑泥晶灰岩

川东北地区栖霞组、茅口组镶边台地沉积模式

四川盆地长兴组生物礁发育模式图

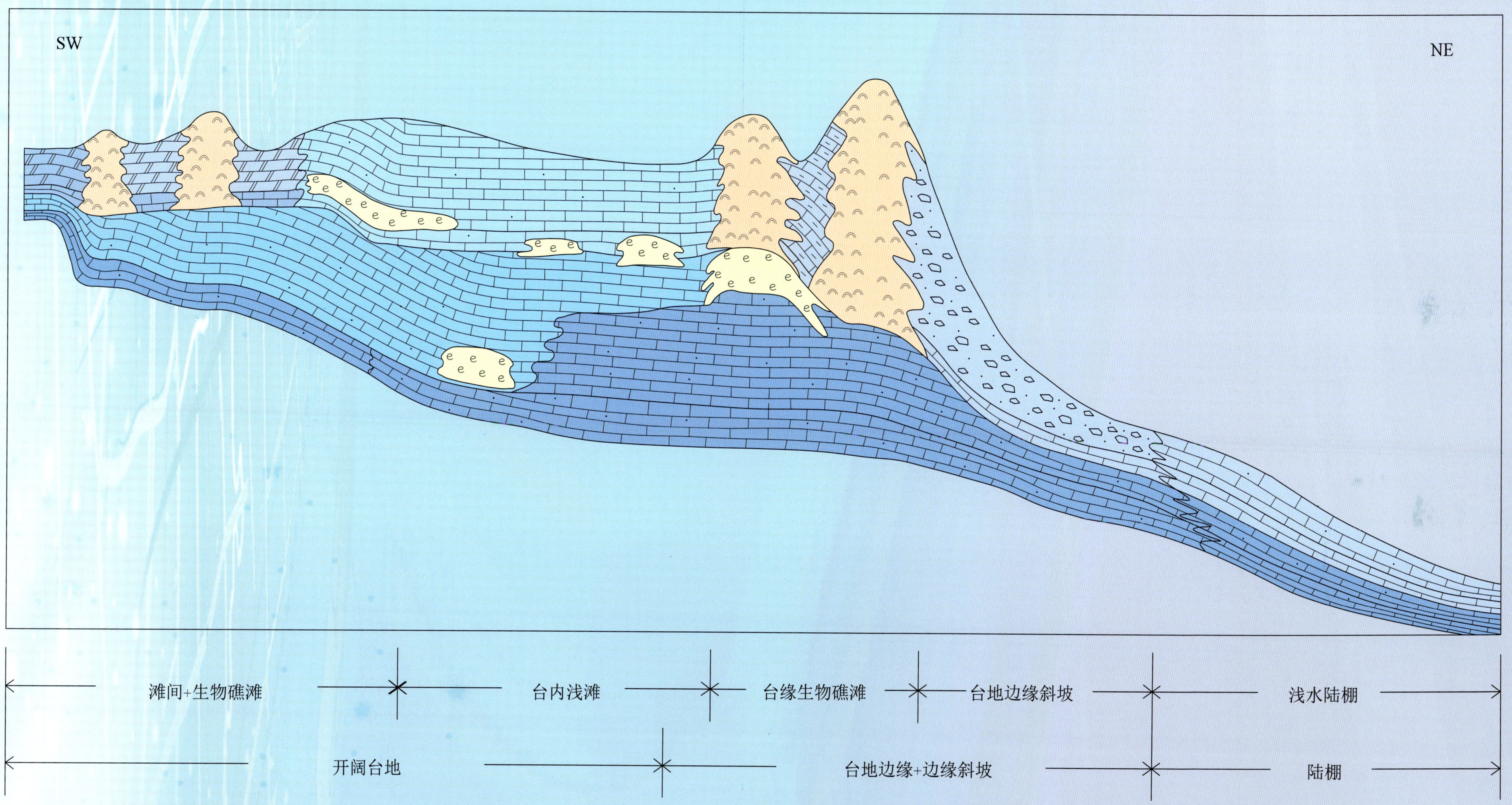

NE

SW

| 浅水陆棚 | 陆棚 |

台地边缘斜坡

台缘生物礁滩 | 台地边缘+边缘斜坡

台内浅滩

开阔台地

滩间+生物礁滩

鄂西地区二叠系大隆组SQ1-TST层序岩相古地理图

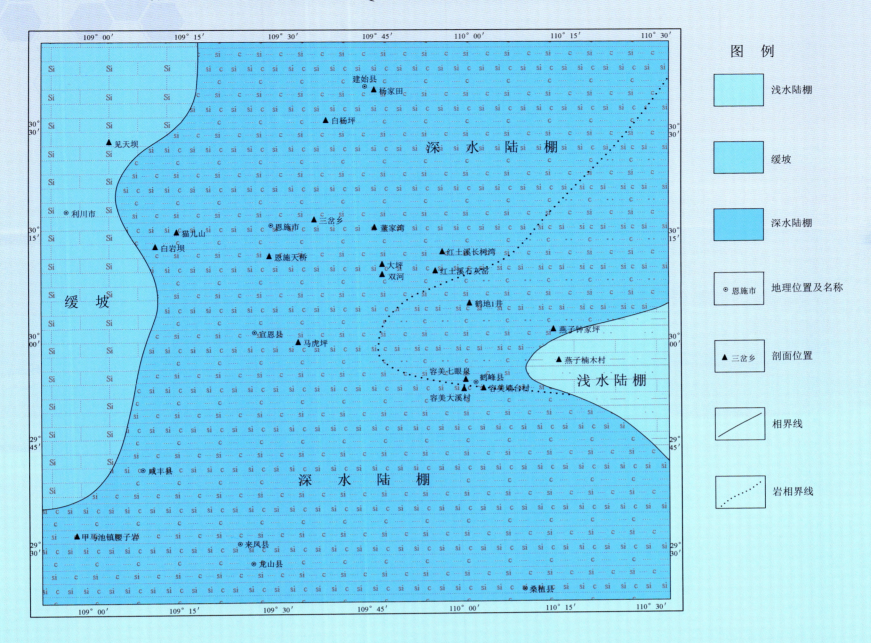

鄂西地区二叠系大隆组SQ1-HST层序岩相古地理图

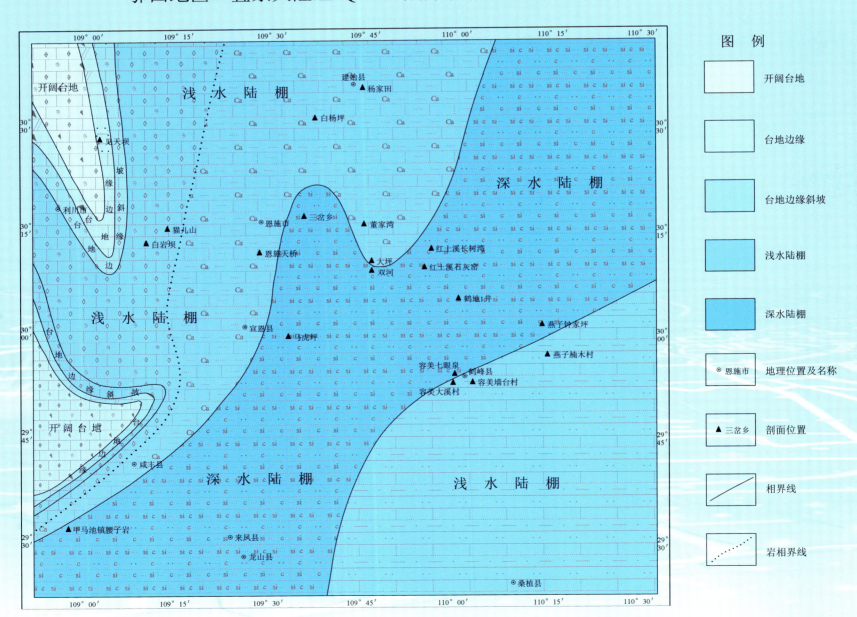

鄂西地区二叠系大隆组SQ2-TST层序岩相古地理图

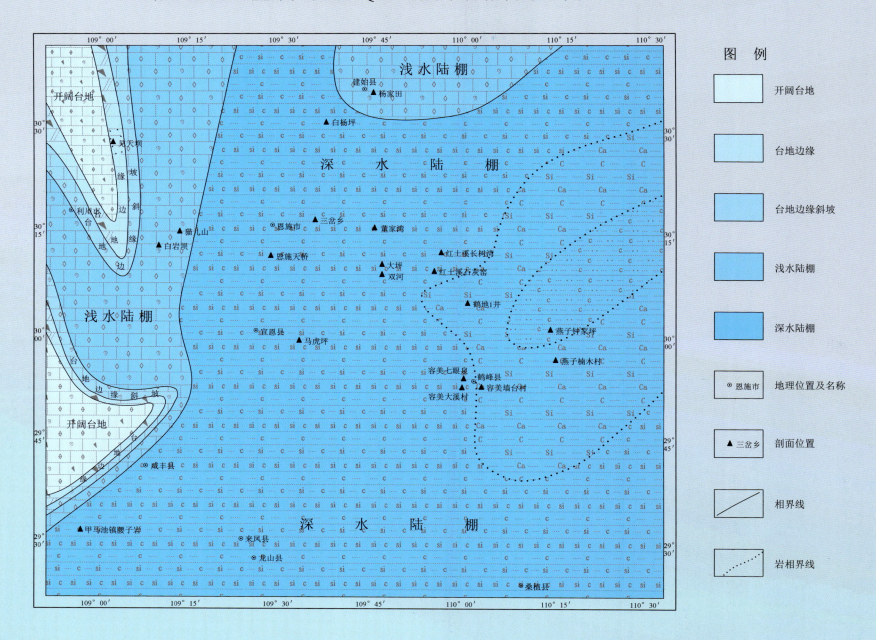

鄂西地区二叠系大隆组SQ2-HST层序岩相古地理图

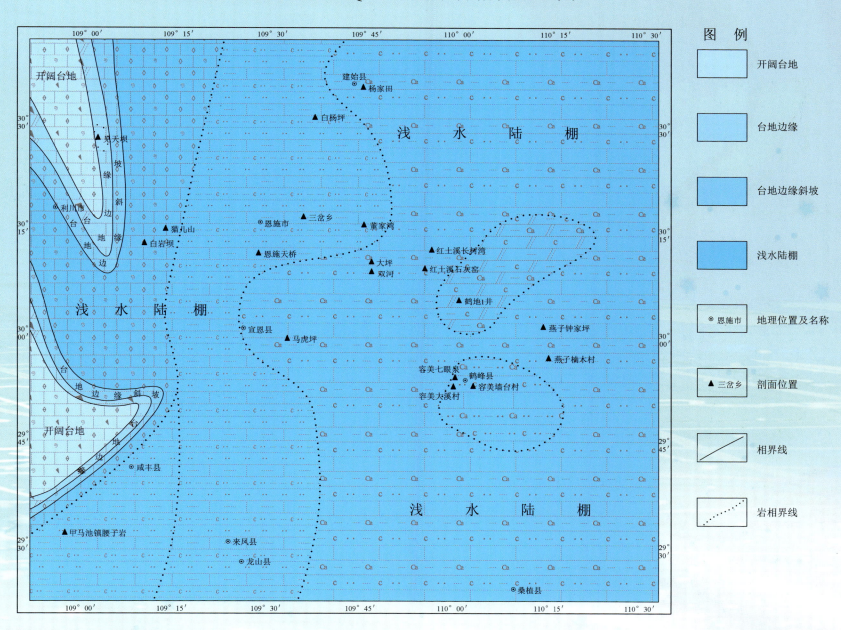

湖北省鹤峰区块二叠系大隆组SQ1-TST层序岩相古地理图

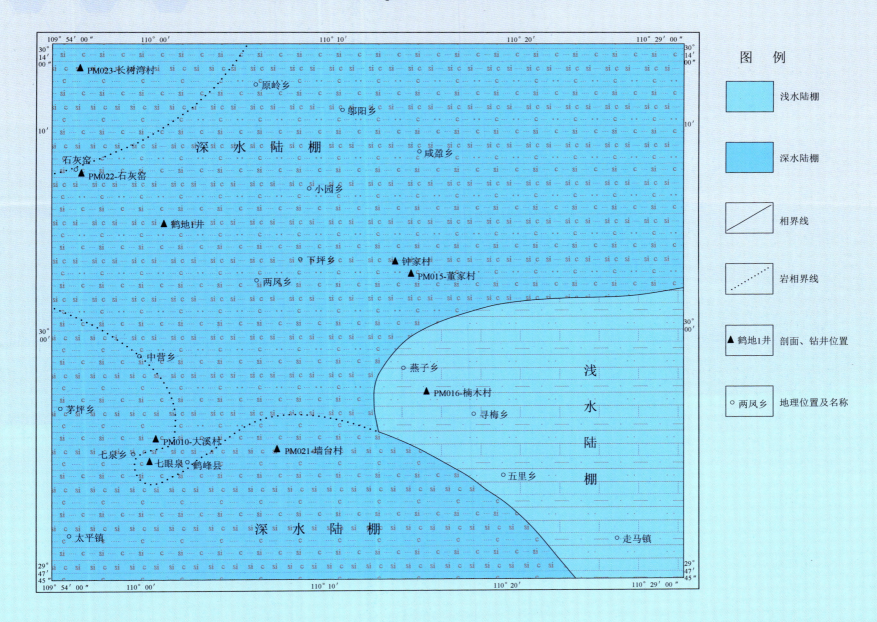

湖北省鹤峰区块二叠系大隆组SQ1-HST层序岩相古地理图

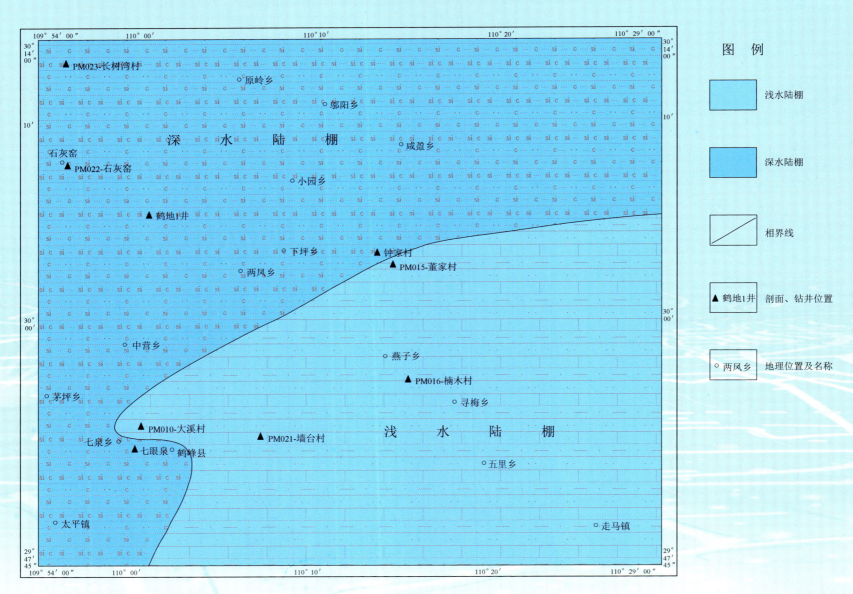

湖北省鹤峰区块二叠系大隆组SQ2-TST层序岩相古地理图

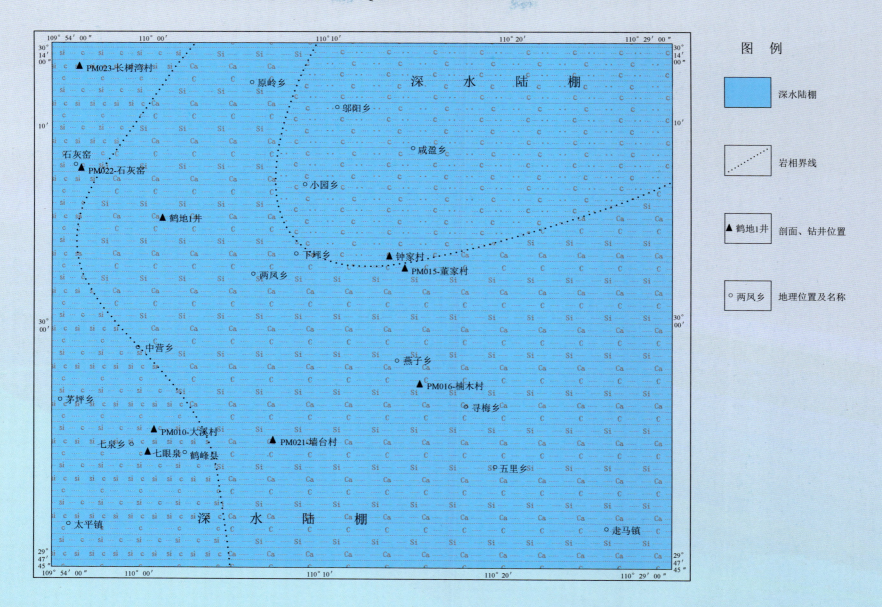

湖北省鹤峰区块二叠系大隆组SQ2-HST层序岩相古地理图

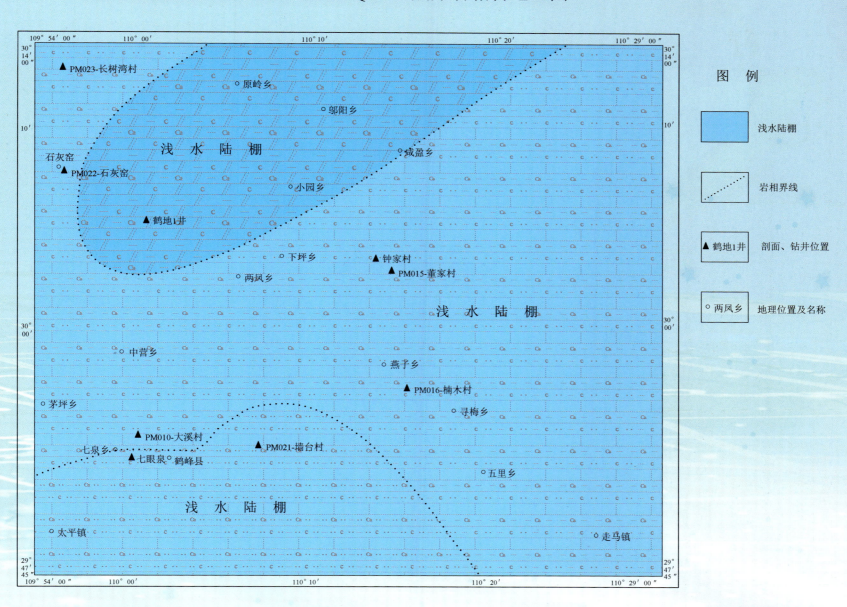

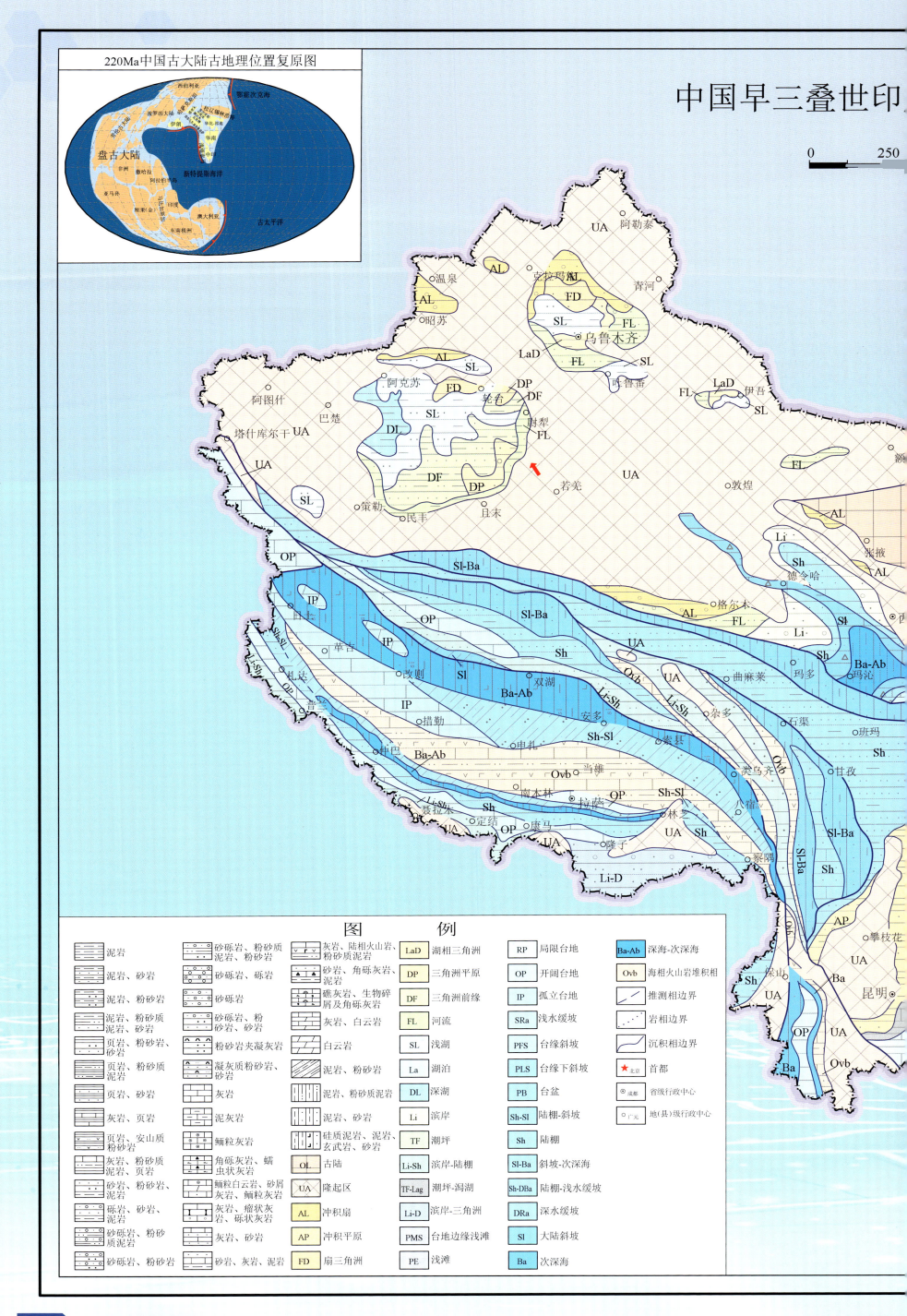

中国早三叠世印

0 ———— 250

220Ma中国古大陆古地理位置复原图

图　例

图例		图例		图例		图例	
泥岩		砂砾岩、粉砂质泥岩、粉砂岩		灰岩、陆相火山岩、粉砂质泥岩		LaD 湖相三角洲	RP 局限台地	Ba-Ab 深海-次深海
泥岩、砂岩		砂砾岩、砾岩		砂岩、角砾灰岩、泥岩		DP 三角洲平原	OP 开阔台地	Ovb 海相火山岩堆积相
泥岩、粉砂岩		砂砾岩		礁灰岩、生物碎屑及角砾灰岩		DF 三角洲前缘	IP 孤立台地	推测相界
泥岩、粉砂质泥岩、砂岩		砂砾岩、粉砂岩、砂岩		灰岩、白云岩		FL 河流	SRa 浅水缓坡	岩相边界
页岩、粉砂岩、砂岩		粉砂岩夹凝灰岩		白云岩		SL 浅湖	PFS 台缘斜坡	沉积相边界
页岩、粉砂质泥岩		凝灰质粉砂岩、砂岩		泥岩、粉砂岩		La 湖泊	PLS 台缘下斜坡	首都
页岩、砂岩		灰岩		泥岩、粉砂质泥岩		DL 深湖	PB 台盆	省级行政中心
灰岩、页岩		泥灰岩		泥岩、砂岩		Li 滨岸	Sh-Sl 陆棚-斜坡	地(县)级行政中心
页岩、安山岩、粉砂岩		鲕粒灰岩		硅质泥岩、泥岩、玄武岩、砂岩		TF 潮坪	Sh 陆棚	
灰岩、粉砂质泥岩、页岩		角砾灰岩、蠕虫状灰岩		OL 古陆		Li-Sh 滨岸-陆棚	Sl-Ba 斜坡-次深海	
灰岩、粉砂质泥岩、砂岩		鲕粒白云岩、砂屑灰岩、鲕粒灰岩		UA 隆起区		TF-Lag 潮坪-潟湖	Sh-DBa 陆棚-浅水缓坡	
砾岩、砂岩、泥岩		灰岩、瘤状灰岩、砾状灰岩		AL 冲积扇		Li-D 滨岸-三角洲	DRa 深水缓坡	
砂砾岩、粉砂质泥岩		灰岩、砂岩		AP 冲积平原		PMS 台地边缘浅滩	Sl 大陆斜坡	
砂砾岩、粉砂岩		砂岩、灰岩、泥岩		FD 扇三角洲		PE 浅滩	Ba 次深海	

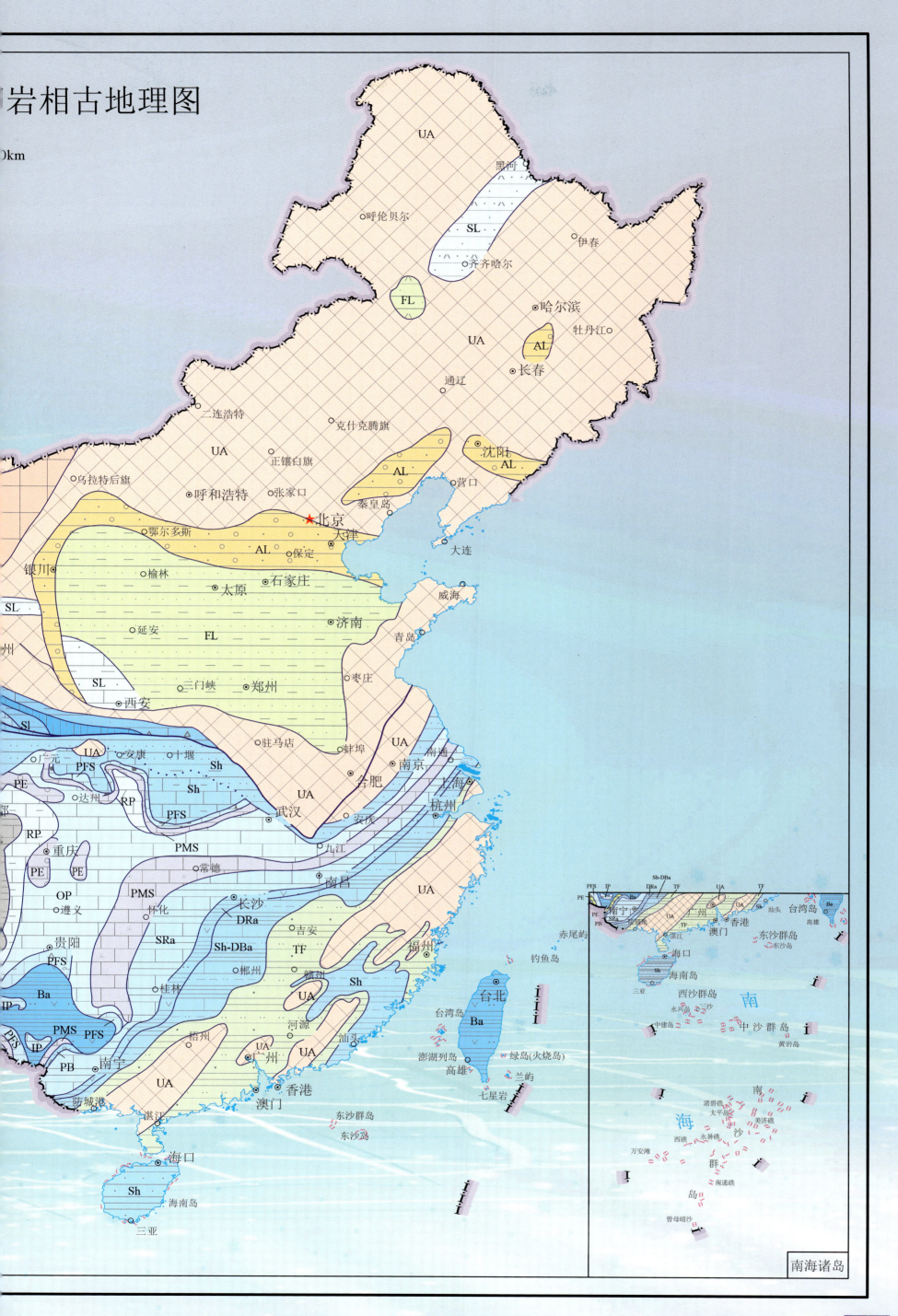

岩相古地理图

0km

南海诸岛

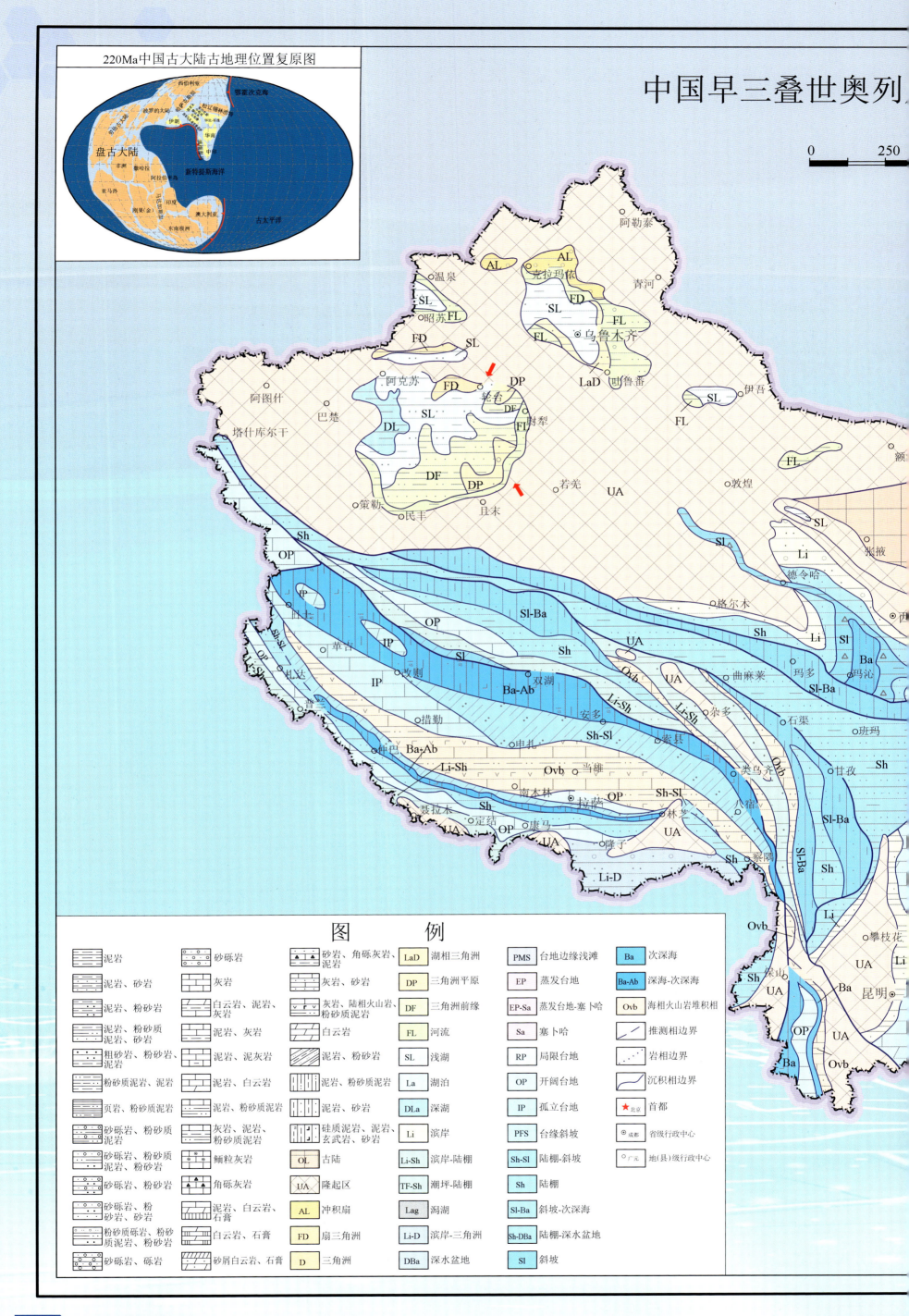

期岩相古地理图

0km

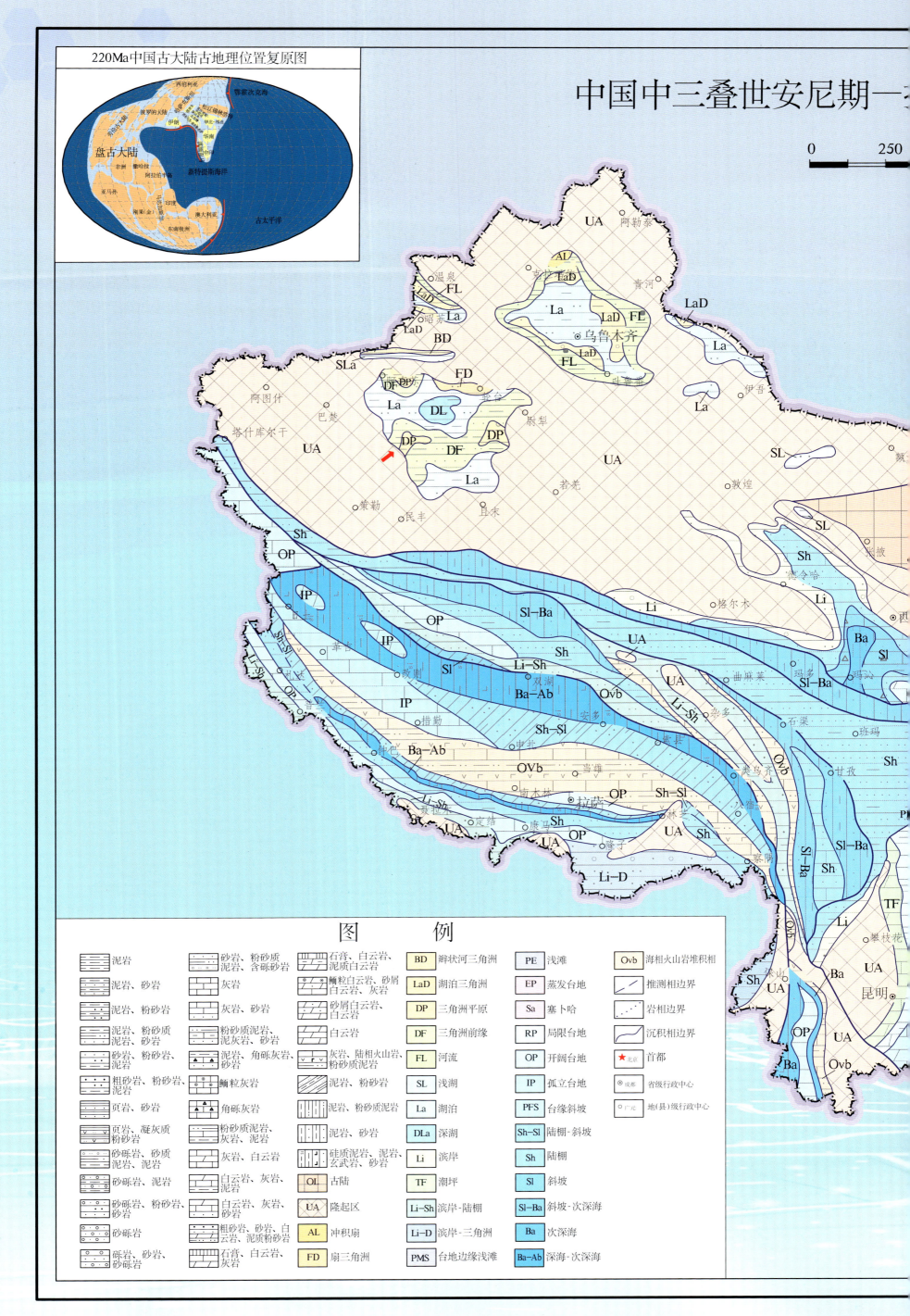

中国中三叠世安尼期—拉

0   250

220Ma中国古大陆古地理位置复原图

图　例

	泥岩		砂岩、粉砂质泥岩、含砾砂岩		石膏、白云岩、泥质白云岩	BD	辫状河三角洲	PE	浅滩	Ovb	海相火山岩堆积相
	泥岩、砂岩		灰岩		鲕粒白云岩、砂屑白云岩、灰岩	LaD	湖泊三角洲	EP	蒸发台地		推测相边界
	泥岩、粉砂岩		灰岩、砂岩		砂屑白云岩、白云岩	DP	三角洲平原	Sa	塞卜哈		岩相界
	泥岩、粉砂质泥岩、砂岩		粉砂质泥岩、泥灰岩、砂岩		白云岩	DF	三角洲前缘	RP	局限台地		沉积相边界
	砂岩、粉砂岩、泥岩		泥岩、角砾灰岩		灰岩、陆相火山岩、粉砂质泥岩	FL	河流	OP	开阔台地		
	粗砂岩、粉砂岩、泥岩		鲕粒灰岩		泥岩、粉砂岩	SL	浅湖	IP	孤立台地	★	首都
	页岩、砂岩		角砾灰岩		泥岩、粉砂质泥岩	La	湖泊	PFS	台缘斜坡		省级行政中心
	页岩、凝灰质粉砂岩		粉砂质泥岩、灰岩、泥岩		泥岩、砂岩	DLa	深湖	Sh-Sl	陆棚-斜坡		地(县)级行政中心
	砂砾岩、砂质泥岩、泥岩		灰岩、白云岩		硅质泥岩、泥岩、玄武岩、砂岩	Li	滨岸	Sh	陆棚		
	砂砾岩、粉砂岩、砂岩		白云岩、灰岩、泥岩	OL	古陆	TF	潮坪	Sl	斜坡		
	砂砾岩		白云岩、灰岩、砂岩	UA	隆起区	Li-Sh	滨岸-陆棚	Sl-Ba	斜坡-次深海		
	砾岩、砂岩、砂砾岩		粗砂岩、砂岩、白云岩、泥质粉砂岩	AL	冲积扇	Li-D	滨岸-三角洲	Ba	次深海		
			石膏、白云岩	FD	扇三角洲	PMS	台地边缘浅滩	Ba-Ab	深海-次深海		

期岩相古地理图

km

中国晚三叠世卡

220Ma中国古大陆古地理位置复原图

岩相古地理图

0km

UA

黑河
呼伦贝尔
齐齐哈尔
伊春
DS
Sh Sl
哈尔滨
牡丹江
长春

UA
通辽
沈阳

二连浩特
克什克腾旗
营口

正镶白旗
La
张家口
FL
秦皇岛
乌拉特后旗
AL-FL
呼和浩特
D
北京★
天津
大连

AL-FL
D
鄂尔多斯
La
保定
威海

FP
AL-FL
太原
石家庄
青岛

银川
榆林

SL
La
济南

DL
延安
UA

DL
FP
三门峡
郑州
枣庄

西安
La

FL
安康
十堰
驻马店
蚌埠
FL
南通

南京
合肥
FP
上海

PLa
武汉
安庆
杭州

FL

PLa
九江

达州
南昌

重庆
常德

UA
长沙
.LLa
UA

遵义
怀化
吉安
AF

LaD
郴州
福州

贵阳
SL
赣州

桂林
河源

TF
梧州
汕头

南宁
UA
AF
广州
台北
UA
澳门
香港

防城港
湛江
东沙群岛

海口
东沙群岛
钓鱼岛
赤尾屿

UA
台湾岛
澎湖列岛
高雄
兰屿
绿岛(火烧岛)
七星岩
海南岛

三亚

南宁
TF
AF
St
LLa
台湾岛
广州
香港
澳门
东沙群岛
高雄

海口
海南岛
UA
三亚
西沙群岛
中建岛
永兴岛
中沙群岛
黄岩岛

南
海
诸
岛

曾母暗沙
万安滩
西礁
水落礁
南通礁
太平岛
美济礁
渚碧礁

中国晚三叠世诺利期

替期岩相古地理图

km

北京

中国三叠纪岩石地层单元对比表

国际			中国			牙形类	菊石	双壳	四川木里 (1)	贵州六枝 (2)	广西凤山 (3)	云南祥云 (4)	云南宁蒗 (5)	南京青龙山 (6)	浙江长兴 (7)	福建永安 (8)	广东曲江 (9)	湖南宜章 (10)	江西宜春 (11)	陕西麟游 (12)	甘肃合昌 (13)	黑龙江宝清 (14)	黑龙江虎林 (15)	青海都兰 (16)	青海天峻 (17)	西藏聂拉木 (18)	西藏江达贡觉 (19)
系	统	阶 年龄Ma	统	阶	代号																					

重庆市丰都县暨龙镇回龙村三叠系大冶组实测剖面沉积相综合柱状图

地层系统				层厚/m	岩性柱	岩性描述	沉积相	
系	统	组	段				亚相	相
三叠系	下统	大冶组	四段	3.10		灰至灰褐色薄-中层状泥晶灰岩	潮坪	局限台地
				28.99		底部覆盖，中上部为中厚层状紫红色、土黄色黏土岩、钙质泥质灰岩		
			三段	28.43		灰色厚层状含鲕粒砂屑灰岩，上部夹一层灰色厚层状泥晶灰岩	潮坪·台内浅滩	开阔台地
				18.49		灰至灰褐色厚-巨厚层状泥晶灰岩		
				5.98		灰色厚层-巨厚层状泥晶灰岩夹极薄层绿色钙质泥页岩		
				27.52		灰色厚-巨厚层状含鲕粒泥粉晶灰岩		
				3.32		灰色泥晶灰岩夹灰绿色泥晶灰岩及紫红色含泥灰岩		
				13.14		灰色、紫红色薄层状、中-厚层状粉细晶灰岩		
				4.28		灰色薄-中厚层状泥晶灰岩		
				11.66		灰色中厚-厚层状泥晶灰岩		
				6.16		灰至深灰色中-厚层状粉晶-泥晶灰岩		
				3.67		深灰色块状泥粉晶灰岩		
				2.76		深灰色块状细晶灰岩		
				7.44		灰色略带肉红色块状颗粒灰岩		
				6.34		深灰色厚-巨厚层状含砂屑灰岩		
				17.92		浅红褐色、灰白色厚层块状亮晶鲕粒灰岩		
				30.93		灰至深灰色厚层状泥粉晶灰岩		
				7.86		灰色薄-中厚层状泥晶灰岩，中部见白云质灰岩		
				7.95		浅灰褐色、红褐色中-厚层状泥粉晶灰岩		
				13.87		灰褐色浅肉红色薄-中厚层状泥晶灰岩，夹灰绿色薄层状钙质泥页岩		
			二段	6.20		灰色厚层-巨厚层状夹薄层状泥晶灰岩	潮坪	局限台地
				7.07		灰色中厚-厚层状泥晶灰岩，含白云质灰岩		
				13.08		灰色薄-中厚层状泥晶灰岩，略含泥质，间夹极薄层钙质泥页岩		
				10.69		灰色厚层状泥晶灰岩，夹中厚及薄层状泥晶灰岩，间夹钙质泥页岩		
				3.07		灰色薄层状泥晶灰岩间夹极薄层钙质页岩		
				7.54		灰色中厚-厚层状泥粉晶灰岩，间夹钙质泥页岩		
				53.97		灰色薄层状泥晶灰岩，偶夹灰绿色紫红色(钙质)页岩及钙质泥页岩		
				12.77		灰色薄-厚层状泥晶灰岩，间夹黄绿色极薄层状(钙质)泥页岩		
			一段	23.42		灰色略带灰绿色薄-中厚层状泥晶灰岩，夹极薄层钙质泥岩层，底部发育褐灰色薄-中层状泥质灰岩		
						出露较差，仅底部出露灰色中-厚层状钙质泥页岩		

四川省古蔺县芭蕉村三叠系夜郎组实测剖面沉积相综合柱状图

地层系统				层厚/m	岩性柱	岩性描述	沉积相	
系	统	组	段				亚相	相
三叠系	下统	夜郎组	嘉陵江组	3.16		灰色薄层状泥岩		
			四段	83.82		灰色中-厚层状泥晶灰岩，上部为灰色薄-中层状泥晶粉晶灰岩与灰色泥岩不等厚互层	滩间+浅滩	局限台地
				44.66		上部为灰、浅灰色薄层-中层状亮晶砂屑灰岩夹灰色中厚层状泥晶灰岩，下部为灰、浅灰色中-厚层状泥晶灰岩夹泥质条带灰岩	滩间	开阔台地
				52.63		灰色薄板状泥晶灰岩夹灰色薄层状亮晶砾屑灰岩	滩间夹浅滩	局限台地
				34.58		灰色薄-中层状泥粉晶灰岩		
				34.6		灰至深灰色薄-中层状泥粉晶灰岩夹灰色中层状生物碎屑灰岩		
				38.02		灰色薄-中层状泥粉晶灰岩		
				43		灰色薄板状泥灰岩及钙质泥岩不等厚互层		
			三段	19.69		灰色至黄绿色薄-中层状生物碎屑灰岩及黄绿色薄-中层状泥灰岩不等厚互层	潮坪	开阔台地
				24.23		紫红色灰色薄层状钙质泥岩夹灰色薄层状生物碎屑灰岩		
				22.83		紫红色、黄绿色薄层状钙质泥岩偶夹紫红色薄板状钙质粉-细砂岩，下部夹灰色薄板状生物碎屑灰岩		
				35.6		紫红色、黄绿色薄-中层状泥岩偶夹灰色薄-中层状生物碎屑灰岩，中部夹黄绿色薄层状泥质粉砂岩		
				52.12		紫红色中-厚层状含钙质粉砂质泥岩	潟湖	局限台地
				22.01		紫红色中层状粉砂岩	潮坪	开阔台地
				8.4		上部为紫红色厚层状粉砂岩，下部为土黄色厚层状粉砂岩		
				7.84		紫红色中-厚层状泥灰岩		
				13.1		紫红色中-厚层状泥质灰岩		
				7.97		紫红色中层状泥灰岩		
				6.83		紫红色块状泥质灰岩		
				1.17		紫红色厚层状含钙质泥岩		
				10.34		紫红色薄层状偶夹中层状泥质粉砂质泥岩		
				7.33		紫红色薄层状偶夹中层状泥质粉砂质泥岩		
				6.05		紫红色薄板状粉砂质泥岩		
			二段	12.54		灰色薄-中厚层状生物碎屑灰岩，中上部为薄-厚层状鲕粒灰岩	鲕粒滩	
				4.38		灰色薄层状泥晶灰岩夹黄绿色薄层状泥质粉晶灰岩、泥岩		
			一段	14.77		以灰色厚-巨厚层状含泥粉晶灰岩为主，夹浅灰黄色、浅紫红色薄层状钙质泥岩	浅水陆棚	陆棚
				46.33		以灰色薄-中层状钙质泥岩为主，夹含泥质粉晶灰岩、粉砂质泥岩。泥岩中可见少量生物化石，保存相对完整。水平层理发育		
				8.03		以灰色纹层状细粒硅质泥(含生物碎屑)晶灰岩为主，顶部为钙质泥岩。泥岩中见完整介壳生物化石		
				5		深灰色薄板状含生物碎屑泥晶灰岩夹灰黄色薄层状泥岩		
				1.49		深灰色生物钙质泥岩与(含)生物碎屑灰岩		

湖北省巴东县神农溪三叠系大冶组实测剖面沉积相综合柱状图

系	统	组	段	层厚/m	岩性柱	岩性描述	亚相	相
三叠系	下统	大冶组				嘉陵江组		
			四段	4.39		浅灰色、灰色厚层状细晶灰岩	潮坪	局限台地
				10.45		灰色、褐色中厚层状泥粉晶灰岩及砂屑灰岩	台内滩	
				17.64		灰色、灰褐色泥粉晶灰岩与含砂屑灰岩组合		
				42.34		灰色厚层状泥粉晶灰岩	潮坪	
				2.46		灰色、灰褐色及褐色中厚层状泥晶灰岩	台内滩	开阔台地
			三段	8.40		灰色薄-中厚层状泥晶-亮晶砂屑灰岩		
				10.30		灰色略带灰褐色薄-中厚层状亮晶鲕粒灰岩		
				7.78		灰色块状亮晶鲕粒灰岩		
				23.83		灰色块状泥粉晶灰岩		
				4.48		褐色、灰褐色厚层状泥晶灰岩		
				5.40		灰褐色、浅紫红色薄-中厚层状泥晶灰岩		
				14.51		灰色、浅灰褐色巨厚层状泥粉晶灰岩		
				11.55		灰、灰褐色中厚层状泥粉晶灰岩		
				9.70		灰略带灰褐色粉细晶灰岩,底部为砂屑泥晶灰岩		
				17.96		灰至浅褐色厚层状泥晶灰岩		
				19.54		灰色中厚层状泥晶灰岩,顶部见生物碎屑		
			二段	43.73		褐色、黄褐色、浅紫色中厚层状泥晶灰岩	潮坪	局限台地
				40.53		浅灰褐色及灰褐色薄-中厚层状泥晶灰岩		
				29.00		灰至灰褐色薄-中厚层状泥晶灰岩		
				19.52		灰褐色薄层状泥晶灰岩		
				55.85		褐色、灰褐色中厚层状泥粉晶灰岩		
				19.53		浅紫红色、灰褐色薄层状泥晶灰岩		
				25.71		浅紫红色薄-中厚层状泥粉晶灰岩		
			一段	19.52		浅紫红色、浅灰绿色厚层状泥粉晶灰岩		
				9.93		浅紫红色、浅灰绿色厚层状泥粉晶灰岩		
				29.15		浅紫色、紫红色□厚层状泥粉晶灰岩		
				54.66		灰紫色、黄绿色、灰色薄至中厚层状含泥粉细晶灰岩		
二叠系	上统	长兴组				浅灰色中-厚层状泥晶灰岩,局部重结晶		

陕西省西乡市堰口镇川洞子村三叠系大冶组实测剖面沉积相综合柱状图

地层系统				层厚 /m	岩性柱	岩性描述	沉积相	
系	统	组	段				亚相	相
三叠系	下统	大冶组	四段	23.71		紫红色薄-中层状泥晶灰岩夹紫红色钙质泥岩，发育纹层状构造，泥岩中可见脉状层理	潮下带	局限台地
			三段	86.02		紫红色中-厚层状泥质泥晶灰岩，上部可见少量溶蚀缝洞	潟湖	开阔台地
			二段	24.1		灰色、灰白色中厚层状泥晶鲕粒灰岩，鲕粒为毫米级，含量可达70%，亮晶胶结，内部边缘大部白云石化，存在溶蚀孔洞，残留有机质	浅滩	台地边缘
				52.61		灰色至乳白色薄-中层状、厚层状白云质灰岩，见缝合线构造，局部见团块状白云岩		
			一段	42.92		灰色中-厚层状泥晶灰岩，局部间夹薄层状泥岩	潮坪	开阔台地
				40.88		灰色薄-中层状泥微晶灰岩		
				10.06		灰色至深灰色厚层状微晶灰岩，向上单层厚度减薄		
				18.37		灰色至深灰色薄板状泥微晶灰岩，向上颜色变浅，可见少量水平层理发育		
				24.87		灰色-深灰色薄-中层状微晶灰岩，夹灰黑色-黑色薄层状钙质泥岩，泥晶灰岩中见缝合线构造，钙质泥岩中单层向上变薄	潟湖	
				56.19		灰色略带肉红色薄层状泥微晶灰岩	潮坪	
二叠系	上统	长兴组	二段	21.16		深灰色含生物碎屑泥晶灰岩，生物碎屑含量约为15%，以海百合茎为主，另可见少量燧石结核	中缓坡	缓坡

昌都盆地上三叠统沉积相综合柱状图

地层系统					层厚/m	岩性柱	沉积构造	岩性描述	沉积相	
界	系	统	组	段					亚相	相
中生界	三叠系	上统	夺盖拉组	二段	480.6		水平层理 板状交错层理	灰白色厚层状含砾钙质泥质粉砂岩，底部为岩屑杂砂岩	潮间·潮下	潮坪
								浅灰绿色厚层状细粒岩屑杂砂岩		
								灰白色极薄层状泥质粉砂岩		
								灰白色薄层状粉砂质泥岩		
							水平层理 板状交错层理 平行层理 板状交错层理 楔状交错层理 板状交错层理	灰黄色薄层状细粒长石岩屑杂砂岩、灰白色中层状细粒岩屑石英杂砂岩		
								灰黑色薄层状泥质粉砂岩与灰白色厚层状岩屑细砂岩互层		
								灰黑色极薄层状含碳质粉砂质泥岩		
								黄白色中层岩屑杂砂岩		
				一段	255.26		水平层理 楔状交错层理	深灰色薄-中层状粉砂质泥岩、黄褐色泥质粉砂岩（煤线出露）		
								灰色中层状岩屑长石细砂岩夹浅灰色-灰白色巨厚层状岩屑细砂岩		
							水平层理 板状交错层理 平行层理	灰黑色极薄层状粉砂质泥岩（煤线出露）		
								灰白色中层状细粒岩屑石英杂砂岩		
								灰褐色极薄层状泥质粉砂岩		
								灰白色薄-中层状岩屑石英细砂岩夹细粒岩屑石英杂砂岩	河口湾	
			阿堵拉组		835.6		板状交错层理 平行层理 板状交错层理	灰白色厚层状细粒岩屑杂砂岩		
								灰黑色极薄层-薄层状含碳质泥岩（煤线出露）	潮间-潮上	
								灰白色厚层状细粒岩屑砂岩		
								灰黑色含碳质页岩与极薄-中层状泥质粉砂岩互层，两者比为1：2～2：1		
							平行层理 板状交错层理	灰黄色中-厚层状泥质粉砂岩	河口湾	
								灰黑色薄层状含碳质泥岩		
							水平层理	灰黑色薄层状含碳质泥岩与灰色薄层状泥质粉砂岩互层，两者比为2：1		
								土黄色薄层状含粉砂岩		
							板状交错层理	灰黄色极薄层状泥质粉砂岩	潮间·潮上	
								灰黑色含碳质页岩夹黄褐色薄层状泥质粉砂岩，两者比为8：1		
							水平层理	灰褐色薄层状泥质粉砂岩		
								灰黑色含碳质页岩夹薄层状泥质粉砂岩，两者比为7：1		
							平行层理	灰褐色厚层状细粒长石岩屑杂砂岩		
								灰黑色薄层状含碳质页岩与灰色极薄层状泥质粉砂岩互层，两者比为3：1～4：1		
			波里拉组		121.61			深灰色厚层状-块状亮晶灰岩，局部见灰岩溶洞	开阔台地	碳酸盐台地
					103.35			深灰色中层状-厚层状泥晶灰岩，滴酸强烈起泡，局部含腹足类等生物碎屑化石		
								灰白色-浅灰色-白色中层状白云岩，滴酸不起泡		
			甲丕拉组	三段	399.18			灰黑色厚层状细粒岩屑长石砂岩	潮间·潮下	潮坪
								紫红色极薄层状泥岩夹紫红色薄层状泥质粉砂岩		
								灰紫色中层状含砾泥质粉砂岩，砾石主要为灰色灰岩砾岩		
								灰色薄层-厚层状细粒岩屑长石砂岩与紫红色薄层状泥岩互层，两者比例为1：2，向上泥岩含量增加；紫红色极薄层状泥岩与紫红色中-厚层状粗粉砂岩互层；灰色厚层状-块状细粒含钙质岩屑石英砂岩，滴酸微弱起泡		
								紫红色薄层状泥岩与浅紫红色厚层状泥质粉砂岩互层，两者比例为3：1，向上泥粉砂岩含量增加，两者比例变为2：1，厚层变薄，为中-厚层状	潮上	
				二段	173.62		板状交错层理	灰色厚层状细粒岩屑石英砂岩，钙质胶结，发育板状交错层理	潮间·潮下	
							楔状交错层理 水平层理	灰色薄-厚层状细粒岩屑长石砂岩夹紫红色极薄层状含钙质砂岩，砂岩层发育楔状交错层理		
								紫红色极薄层-薄层状泥岩，层厚2～7mm，泥岩劈理发育，岩石较破碎		
				一段	83.23			灰黑色厚层-块状砾岩，砾石成分主要为灰岩，钙质和砂质胶结	潮上	
								紫红色极薄层-厚层状含钙质泥岩，滴酸起泡，夹有灰色薄层状长石石英砂岩		
		中统	交嘎组		37.68			灰色厚层块状碎岩，砾石成分主要为深灰色亮晶灰岩；灰色-浅灰色中-厚层状亮晶灰岩		

四川省彭州市狮山剖面三叠系须家河组沉积相综合柱状图

地层系统				分层与厚度			岩性柱	岩性描述	沉积相		
系	统	组	段	层号	层厚/m	累计厚度/m			微相	亚相	相
侏罗系千佛崖组											
三叠系	上统	须家河组	五段	43	86.5	801		深灰色粉砂质泥岩	河漫湖	漫滩	曲流河
				42	22.8	714.5		灰白色细砂岩	边滩	河道	
				41	114.7	691.7		深灰色泥岩	河漫湖	漫滩	
				40	71	577		灰白色细砂岩夹深灰色泥岩	边滩+废弃河道	河道	
				39	68	506		底部为浅灰色细砂岩；中、上部为深灰色粉砂质泥岩	河漫湖	漫滩	
				38	15	438		下部为深灰色粉砂岩；中、上部为泥岩	边滩 / 泛滥平原	河道	辫状河
				37	43	423		浅灰色巨厚层岩屑长石石英细-中粒砂岩具大型斜层理	心滩	河道	
			四段	35-36	21	380		深灰色薄-中层粉砂岩与深灰色、灰黑色泥岩线成韵律层	片泛	扇缘	冲积扇
				34	21	359		浅灰色厚层细-中粒岩屑长石石英砂岩，中部夹一层砾岩透镜体，透镜体顶部含较多的硅化木及炭屑	辫状河道	扇中	
				33	11	338		下部为杂色砾岩，砾石分选性差，磨圆较好，基底式胶结，胶结物为浅灰色中粒砂岩，砾径大的10cm，小的有5mm，砾岩中含大量硅化木；中上部为杂色砾岩与浅灰色中粒砂岩互层，向上砾石层逐渐变薄	泥石流	扇根	
				32	10	327					
				31	20	317					
			三段	29-30	13	297		浅灰色厚层中粒砂岩，楔状层理及槽状层理发育，炭屑含量较高，底部夹含砾透镜体	辫状河道	平原-浅湖	辫状河三角洲湖泊
				28	9	284		深灰色粉砂岩夹少量泥岩，分布有煤线或煤块	天然堤		
				27	9	275		灰白色中-厚层中粒岩屑长石石英砂岩，每层岩底部含大量炭屑	辫状河道		
				25-26	11	266		深灰色厚层泥岩、粉砂质泥岩夹有断续分布的煤线	天然堤		
				24	12	255		底部为砾岩，向上变为灰白色中-粗粒砂岩，斜层理发育，砂岩中夹有煤线，粉砂岩中含大量炭屑	辫状河道充填泥炭沼泽		
				22-23	14	243		深灰色薄-中层粉砂岩与深灰色泥岩互层	决口扇充填决口间湾		
				21	6	229		浅灰色厚层含砾中粗粒岩屑长石石英砂岩，含大量炭屑			
				20	9	223		灰黄、灰绿色厚层细砂岩夹深灰色泥岩，细砂岩中斜层理发育，并含炭屑	辫状河道		
				19	10	214		深灰色泥岩夹灰黄色粉砂岩	分流间洼地		
				18	34	204		浅灰色厚层中粒岩屑长石石英砂岩，含炭屑	辫状河道		
								深灰色泥岩、粉砂质泥岩夹煤线	浅湖-沼泽		
				17	5	170		下部为黄褐色中层状粉砂岩夹黑色泥岩；上部为深灰色细砂岩，含大量炭屑，并含菱铁矿结核	砂坪	滨湖	
				16	6	165					
				15	6	159		深灰色薄层泥岩夹煤线	泥坪		
								掩盖(指连续沉积的泥岩)			
			二段	12-14	13	153		浅灰色中厚层状岩屑长石石英细砂岩	砂坪-沼泽		
				11	14	140		灰黑色泥岩，底部含煤线	水下分流河道	前缘	辫状河三角洲
				9-10	9	126		深灰色薄层岩屑长石石英砂岩，含泥砾和石英屑			
				8	10	117		灰白色薄层岩屑长石石英砂细砂岩，斜层理发育，剥离面发育，底部为含灰黑色泥砾的中-细粒砂岩	分流间湾		
				7	25	107		黑色页岩、泥岩夹深灰色粉砂岩			
								深灰色薄层细砂岩及粉砂岩互层	辫状河道	平原	
				6	16	82		深灰色厚层岩屑长石石英砂岩			
				4-5	7	66		浅灰色厚层岩屑长石石英砂岩，斜层理发育，剥离面上含大量白云母	水下辫状河道	前缘	
				3	12	59		深灰色厚层岩屑长石石英砂岩，局部滑动明显			
				2	7	47					
				1	40	40		浅灰色厚层岩屑长石石英砂岩，大型槽状层理发育，中、上部砂体呈明显的透镜状，砂体间呈冲刷截切接触关系，往往残留有薄层状和条带状暗色泥岩和煤线	辫状河道	平原	
		小塘子组						深灰色薄-中层细砂岩夹薄层粉砂岩，细砂岩中冲洗层理发育			

（据成都理工大学王昌勇团队修编）

羌塘盆地索布查（纳陇）地区上三叠统—下侏罗统综合柱状图

地层系统				深度/m	分层	层厚/m	自然伽马/API	岩性剖面	取样位置	岩性描述	相标志	沉积旋回	沉积相			油气地质条件			事件
界	系	统	组										次相	亚相		烃源岩	储层	盖层	

深度/m	分层	层厚/m	岩性描述	次相
50	42	108	浅灰色至黄灰色钙质泥岩呈薄—极薄层状，见水平层理	浅水陆棚
100	41	3	灰黑色薄层状泥灰岩	
150–200	40	135	灰色钙质泥页岩，发育水平层理	深水陆棚
250	39	8	灰黑色薄层状泥灰岩	
300	38	70	灰色含钙质泥页岩，发育水平层理	
	37	3.5	灰色中薄层状泥晶灰岩，节理发育	
350	36	56	灰色钙质泥页岩	
400	35	15		浅水陆棚
	34	12	灰色钙质泥页岩	
	33	4		
	32	8	灰色中薄层泥晶灰岩	
	31	28	灰色中薄层状泥晶灰岩	
500	30	85	灰色钙质泥页岩	
550	29	1.5	灰色中薄层状泥灰岩	
	28	35	灰色钙质泥页岩	
	27	8	灰色中薄层状泥灰岩	
600	26	70	灰色钙质泥页岩	
650	25	11	灰色中薄层状泥晶灰岩	深水陆棚
700	24	48	灰色钙质泥页岩	
	23	4	灰色中薄层泥晶灰岩	
750–800	22	127	灰色泥页岩	
850	21	5	灰色中薄层状泥晶灰岩	
	20	7	灰色钙质泥页岩	
	19	6	灰色中薄层状泥灰岩	
	18	40	灰色钙质泥页岩夹少量泥灰岩	
900–950	17	115	灰色钙质泥页岩	
1000	16	17	灰色中薄层状泥晶灰岩	浅水陆棚
1050	15	50	灰色钙质泥页岩	
1100	14	46	灰色中薄层状灰岩	
	13	4.5	灰色钙质泥页岩	
	12	5	灰色中薄层状泥灰岩	
1150	11	42	灰色钙质泥页岩	
	10	27	灰色中薄层状灰岩	
1200	9	30	灰色薄层状泥晶灰岩	浅滩
	8	45	灰色薄层状生物碎屑灰岩	
1250	7	1.5	灰色中薄层状钙质碎屑砂岩，夹少量生物砾石	潮坪
	6	1.2	灰色薄层状粉砂岩夹泥晶灰岩	
	5	6	灰色中薄层状泥灰岩	
	4	3	灰至深灰色中薄状层钙质细屑砂岩	
1300	3	17	灰色薄层状含钙质泥质粉砂岩	席状砂
	2	27	浅灰色中薄层状钙质泥岩夹灰绿色钙质粉砂岩	
1350	1	25	灰色中薄层状泥晶灰岩，含少量生物化石	潮坪

地层系统：中生界 / 侏罗系 / 下统 / 曲色组；三叠系 / 上统 / 日干配错组

沉积相：陆棚 / 局限台地

事件：卡尼期洪泛事件

四川盆地东部地区三叠系飞仙关组沉积相对比图

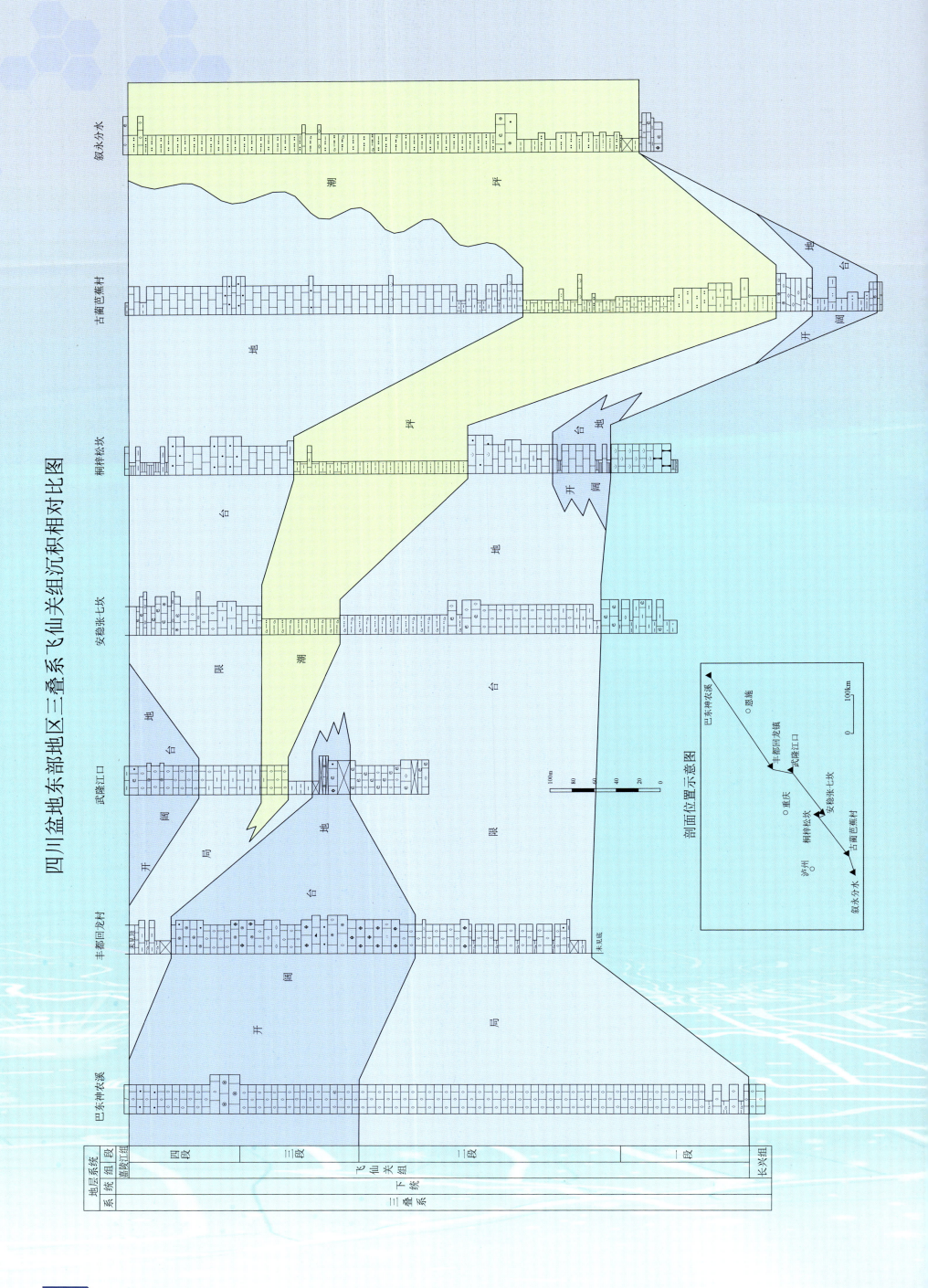

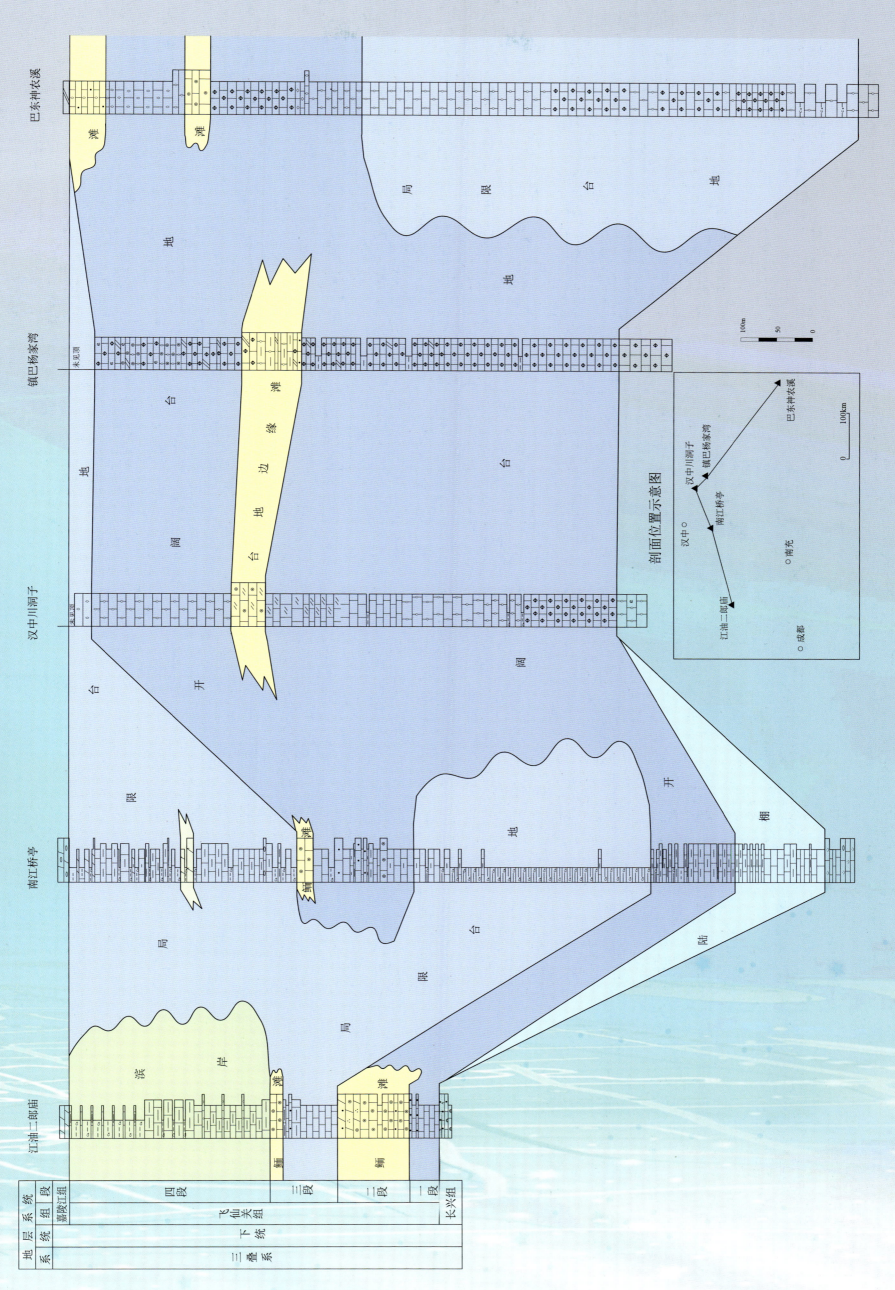

四川盆地北部地区三叠系飞仙关组沉积相对比图

剖面位置示意图

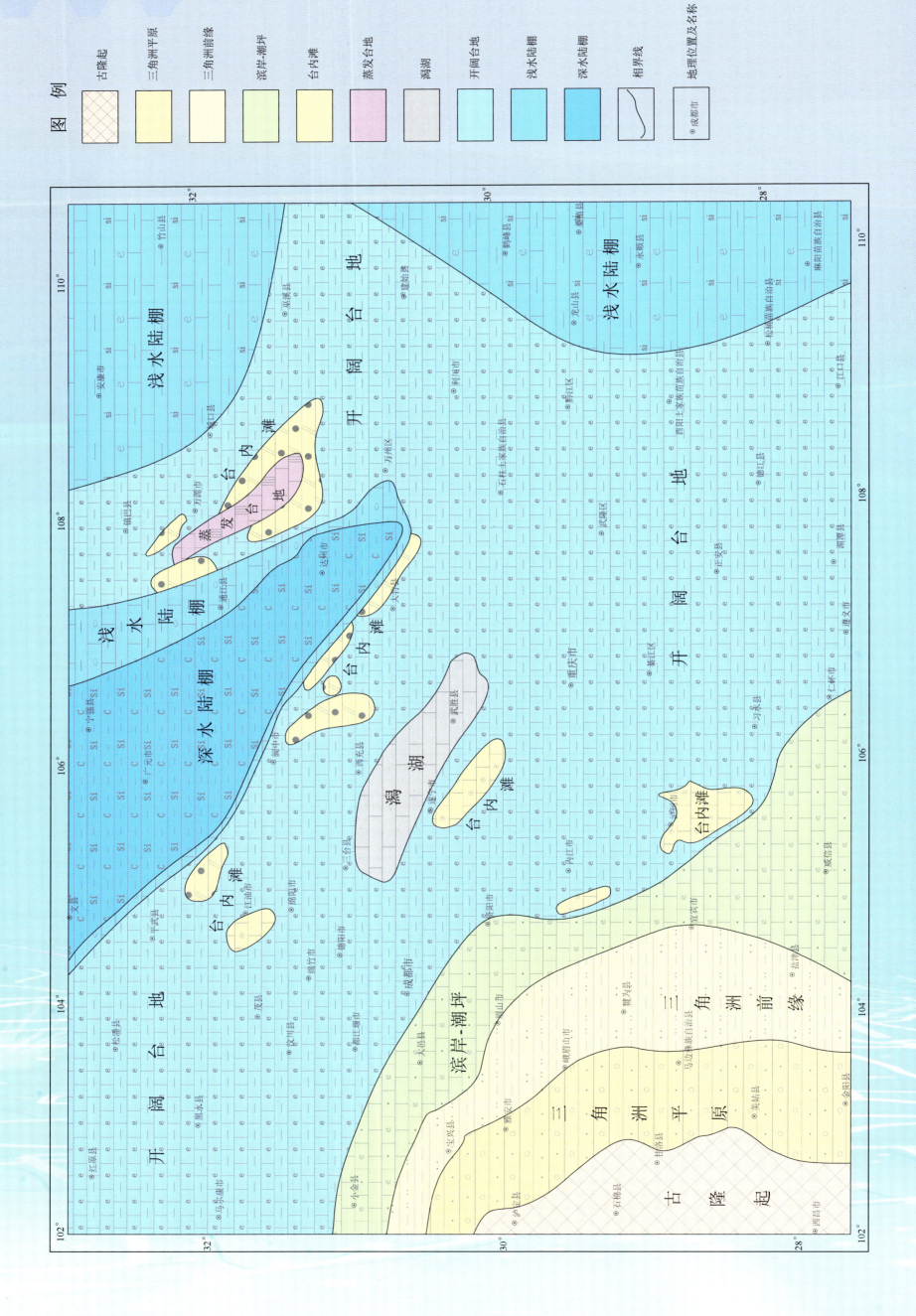

四川盆地及周缘三叠系飞仙关组一段岩相古地理图

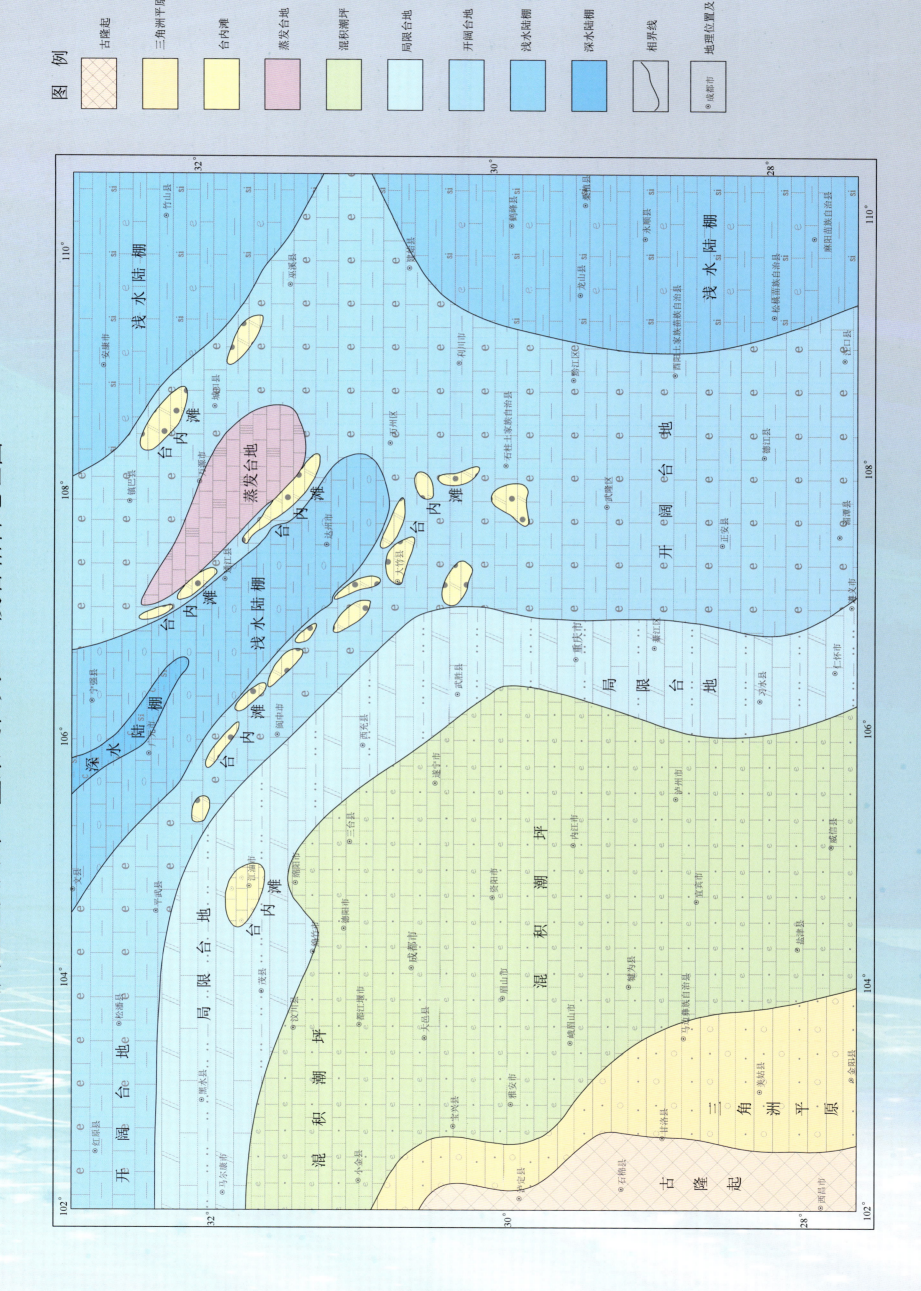

四川盆地及周缘三叠系飞仙关组二段岩相古地理图

图　例

古隆起　三角洲平原　台滩　蒸发台地　混积潮坪　局限台地　开阔台地　浅水陆棚　深水陆棚　相界线　地理位置及名称

⊙成都市

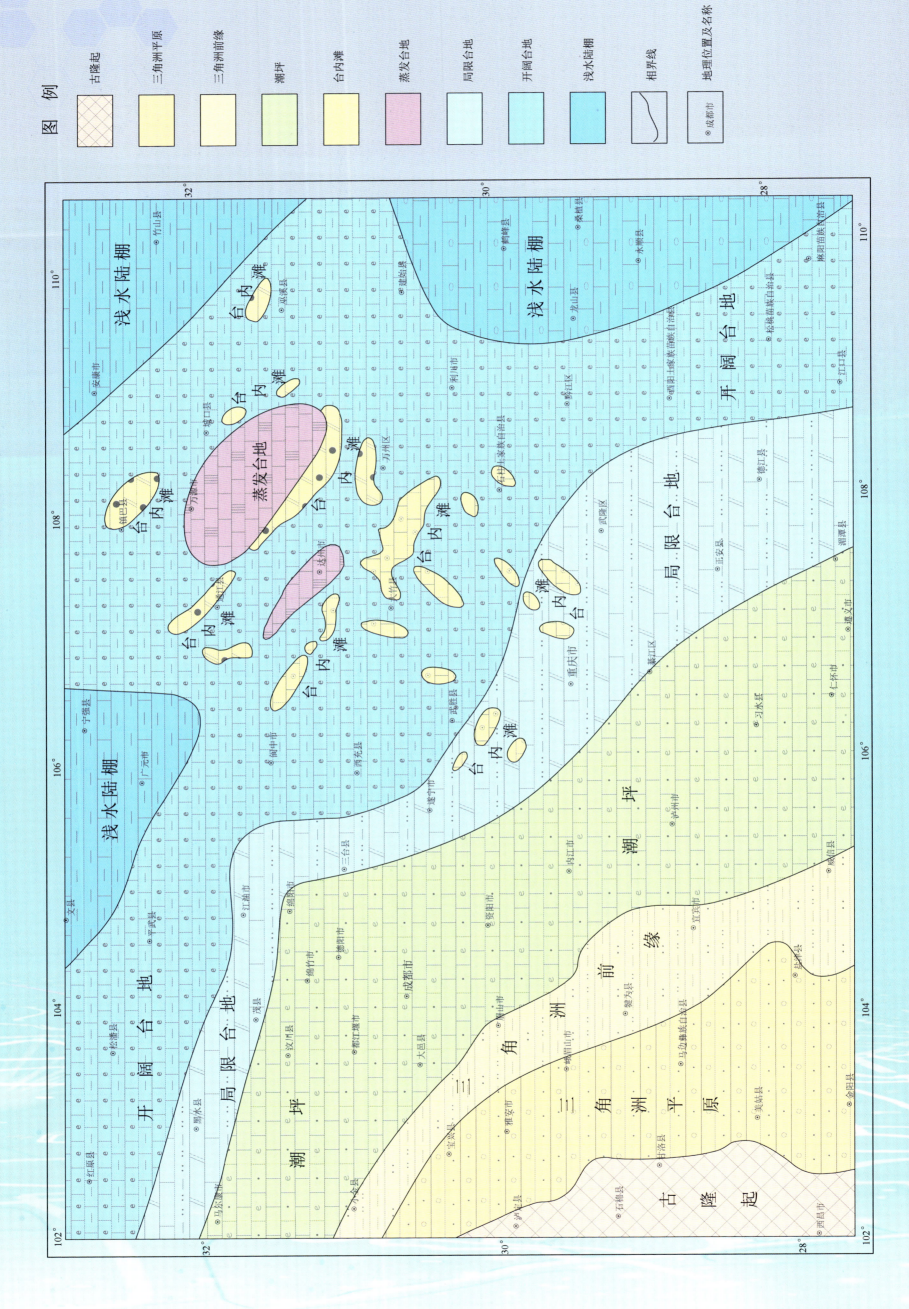

四川盆地及周缘三叠系飞仙关组三段岩相古地理图

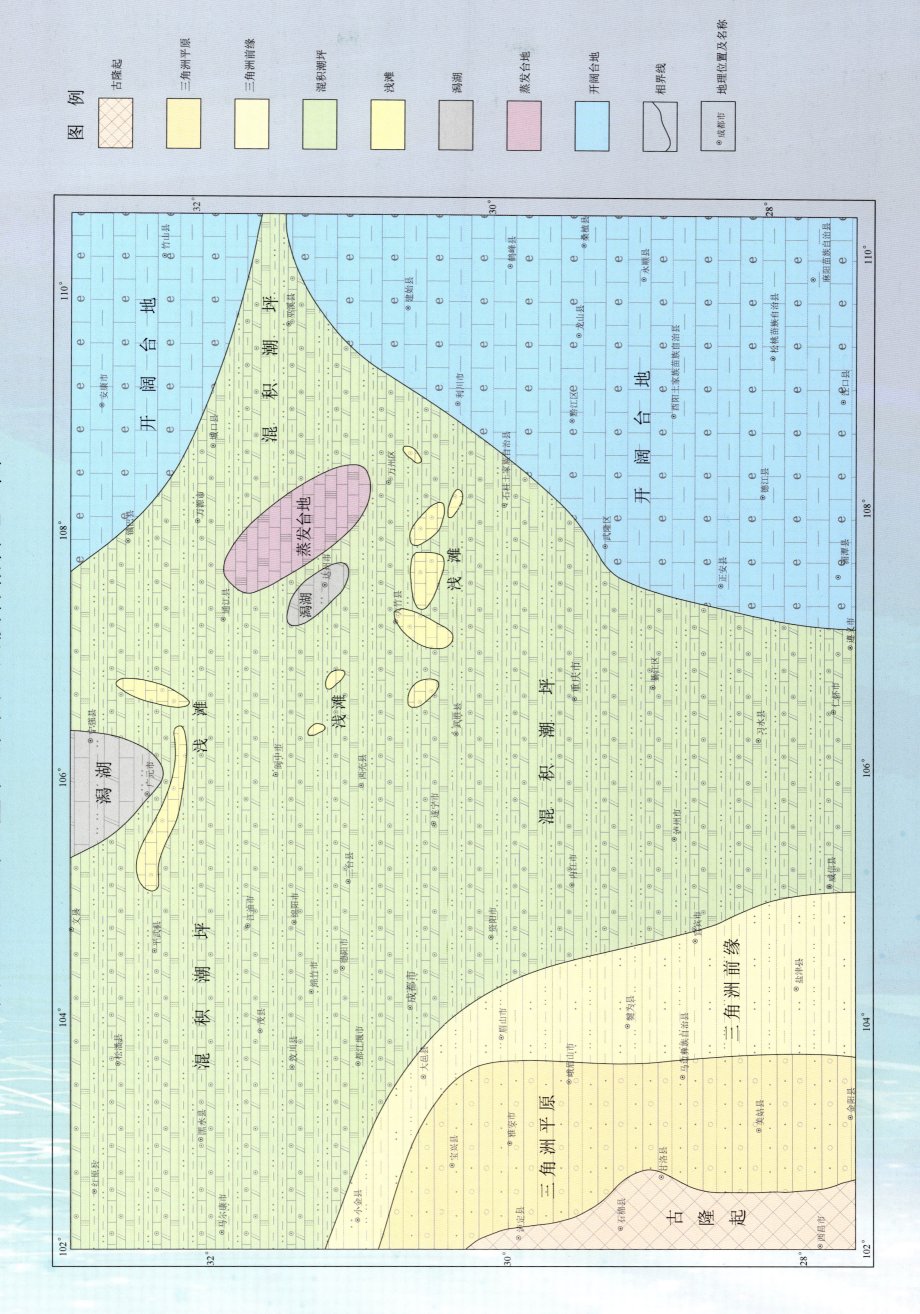

四川盆地及周缘三叠系飞仙关组四段岩相古地理图

图例

古隆起 三角洲平原 三角洲前缘 混积潮坪 浅滩 潟湖 蒸发台地 开阔台地 相界线 地理位置及名称

中国泥盆纪—三叠纪岩相古地理演化与油气基本地质条件

第一部分 中国泥盆纪 - 三叠纪构造格架与沉积盆地

一、基本思路

《中国岩相古地理图集（泥盆纪—三叠纪）》是中国岩相古地理研究系列成果之一。了解泥盆纪—三叠纪各时期构造格架、板块动力机制对主要沉积盆地的性质、发展过程的制约，一直是开展盆地岩相古地理分析的必要前提。与《中国岩相古地理图集（埃迪卡拉纪—志留纪）》类似，本图集依然围绕以下两个目标开展中国泥盆纪—三叠纪构造格架与沉积盆地类型分布研究与编图。

（1）阐明泥盆纪—三叠纪构造运动对沉积盆地的控制规律。按中国泥盆纪—三叠纪各个重大构造演化阶段分期，在主要参考潘桂棠等（2019）的中国大地构造断代图划分基础上，进一步查阅近年来各类调查资料和研究成果，厘清中国泥盆纪—中二叠世、晚二叠世—中三叠世、晚三叠世—早侏罗世3个关键阶段主要构造结合带所反映的板块运动机制及其所控制的主要沉积盆地类型与展布特征，揭示匹配沉积盆地岩相古地理演化背后的内在动因，为准确理解和恢复盆地沉积格局打下坚实基础。同时，对于前泥盆纪古老的地质构造运动所造成的对泥盆纪—三叠纪沉积盆地形态有明显控制的陆块（盆地）内部继承性构造，也予以一定总结。

（2）针对部分尚有争议的构造 - 盆地演化问题，通过"构造控盆"思想的逆向实践，利用对"盆""相"的沉积学研究进行反演，尝试恢复其可能的盆 - 山耦合过程与相应的构造 - 盆地格架，并将相关认识反映在图件中。其中，最为主要的实践就是"造山带岩相古地理研究与编图"，进一步的实践是祁连山地区志留纪—泥盆纪的关键构造转换时期的岩相古地理重建。

二、图件内容与形式

1. 构成单元与表现形式

每一期图件均由两大类单元构成，依然采用《中国岩相古地理图集（埃迪卡拉纪—志留纪）》一书中的划分思想和表达形式。

2. 盆地分类标准和术语

文中涉及的盆地分类标准与术语，以 Miall（1984）和 Dickinson（1976）的盆地分类方案为基础，结合中国沉积盆地演化的实际加以修编，主要参考潘桂棠等（2009）、张克信（2015）的相关研究成果。

3. 内容信息

图件地理信息以《中华人民共和国 1：1000 万数字地质图空间数据库》（2022 版）为基础，主要保留国界线、经纬线、省界、省会城市位置及名称等。构造格架与沉积盆地类型图以及岩相古地理图在比例尺为 1：1200 万的底图上进行编制，重点地区重点层系岩相古地理图在 1：500 万～1：150 万的底图

上进行编制；所有成图在 MapGIS 平台上完成。图中花纹、色块等信息详见"通用图例"和各图自带图例。

三、中国晚古生代构造格架与沉积盆地类型

1. 晚古生代—三叠纪中国大地构造演化及其对相关板块的控制

加里东褶皱造山运动后，中国的大地构造面貌发生了巨大变化。秦祁昆加里东褶皱造山带隆起，不仅拼贴于塔里木古陆块和华北古陆块南部边缘，并使两陆块连为一体，形成规模巨大、走向为东西向，横贯我国中北部的华北 - 秦祁昆 - 塔里木大型陆块区，简称中国北方陆块区。在我国南方，华南加里东褶皱造山带隆起，并拼贴增生于扬子古陆块东南缘，形成广布于我国南部的扬子 - 华南大型陆块区，简称中国南方陆块区。相应地，在陆块区的沉积盆地类型方面，出现了以增生的加里东褶皱带为基底的新克拉通盆地，堆积了以准稳定型为主的沉积，与以前南华纪 / 前震旦纪结晶岩系为基底的古克拉通盆地明显不同。上述两大陆块区之外的天山 - 兴蒙构造区和青藏特提斯构造区，其构造面貌也与早古生代明显不同，表现出若干新的特征。

1）天山 - 兴蒙构造区

晚古生代—三叠纪的天山 - 兴蒙构造区，南界为天山南缘 - 阿拉善地块北缘 - 华北陆块北缘深断裂带，与中奥陶世—志留纪的天山 - 兴蒙构造区界界基本一致。本区在晚古生代的主要特征是：散布于古亚洲洋中的各个洋盆，相继俯冲消亡，俯冲造山作用及相应的弧盆系发育是本区的突出特征，该时期全面完成了古亚洲洋主洋盆闭合与洋 - 陆转换。大致上，泥盆纪—早石炭世，俯冲造山作用广泛而强烈，出现阿尔泰、大兴安岭、北准噶尔、天山、内蒙古中部和吉林南部等多个弧盆系，早石炭世末的海西运动，形成大面积的早海西褶皱造山带及其间的地块构成的陆地。晚石炭世至二叠纪，在早海西褶皱形成的陆地上，广布裂陷，发育陆内火山裂谷盆地。洋盆仅残留在南天山、红石山、西拉木伦—图们一带，最终至晚二叠世—早三叠世全部洋盆闭合消亡，之后大陆碰撞，天山 - 兴蒙褶皱造山带或中亚造山带最终形成。碰撞作用还影响到毗邻的华北陆块，于阴山一带形成海西期—印支期中酸性侵入岩带。该构造带体现了古亚洲洋的闭合过程，还具有"西早东晚，北早南晚"的渐次特征。东部三叠纪以来受北部蒙古 - 鄂霍次克海、东部的古太平洋的分阶段制约，叠加了来自不同方向和不同阶段的陆缘岩浆弧与弧相关的裂陷盆地建造。

阿尔泰 - 兴蒙大致呈东—西向展布于额尔齐斯 - 西拉木伦对接带北侧，是古亚洲洋构造域的北带，属西伯利亚板块南部大陆边缘增生区。其中，额尔古纳 - 兴安地块与松嫩地块在泥盆纪前处于分隔状态；额尔古纳 - 兴安地块与松嫩地块陆间洋盆从早泥盆世开始向北西方向俯冲消减，至早石炭世晚期最终碰撞成陆，发育海相 - 海陆交互相 - 陆相沉积，并沿大兴安岭北东向展布年龄为 340～310Ma 的俯冲 - 碰撞型花岗岩。晚石炭世—二叠纪为洋 - 陆转化阶段，该时期随着古亚洲洋由北向南逐渐关

闭,至晚二叠世林西组沉积时期大兴安岭弧背盆地全部转为陆相沉积。构造带东段中生代向濒太平洋构造域转换,晚三叠世—早侏罗世,漠河地区受蒙古—鄂霍茨克海闭合的影响形成前陆盆地充填序列;完达山地区为弧前盆地;张广才岭、太平沟、三江盆地及兴凯湖等地受滨太平洋构造域的影响,开始进入裂陷盆地演化阶段。

额尔齐斯 - 布尔根蛇绿混杂岩带被视为西伯利亚板块和准噶尔地块所属的哈萨克斯坦板块的结合带。阿尔泰南缘断裂与其北的康布铁堡断裂之间的阿舍勒、阿泰勒、库尔提一带,为阿尔泰南缘弧前盆地。在阿舍勒中泥盆统阿舍勒组中发育有形成于洋内弧环境的富镁英安岩与富镁玄武岩。在东南的富蕴县库尔提河剖面的绿片岩和斜长角闪岩,原岩为玄武岩、玄武安山岩、辉长岩、辉绿岩,构成似蛇绿岩片。玄武岩具似洋中脊玄武岩和似岛弧火山岩的两种组分,显示出洋脊与岛弧过渡的特征,结合区域地质,应形成于弧前环境,但也可能为阿舍勒弧前盆地一侧的弧后盆地。康布铁堡断裂以北的阿尔泰山区是在晚加里东期陆缘弧基础上发育的晚古生代岩浆弧。在其北侧的诺尔特、红山嘴一带,分布有中泥盆世—早石炭世的海相中酸性火山 - 沉积岩系,火山岩以安山岩、英安岩、流纹岩为主,均属钙碱系列,形成于岛弧环境。

额尔齐斯断裂与巴音沟、红石山断裂之间的准噶尔地区,以准噶尔 - 吐鲁地块为核心,由南北两侧的晚古生代弧盆系、活动陆缘所组成。在时间上,泥盆纪—早石炭世以俯冲作用造山为主,弧盆系、活动陆缘发育,并于早石炭世末碰撞拼贴,形成早海西期褶皱造山带;晚石炭世—二叠纪,以造山带隆升、陆内火山裂谷盆地及局部的俯冲造山作用发育为特征。

处于准噶尔地块与塔里木地块之间的天山地区,在空间结构上,以伊犁地块为中心,向南、北依次为陆缘岩浆弧、板块结合带;在时间演化上,与阿尔泰、准噶尔地区相似,泥盆纪—早石炭世以洋盆扩张、俯冲造山作用为主,晚石炭世—二叠纪以同 / 后碰撞伸展构造为主。其中,南天山是古亚洲洋南支最终闭合消失的对接带。至晚石炭世—中二叠世,一套灰岩夹碎屑岩及薄层煤线组合与下伏克兹尔塔格组不整合接触,表明南天山洋完成了洋陆转换,进入陆内阶段。

康古尔塔格结合带,位于吐哈地块与中天山地块(喀拉塔格地块)之间,由康古尔塔格蛇绿混杂岩带(结合带)与其南侧阿齐山 - 满苏泉活动陆缘组成。康古尔塔格结合带是石炭纪—二叠纪安加拉植物群与华夏植物群的分界,只是早二叠世安加拉植物群局部已越过本带到达南侧的觉罗塔格、北山"中间隆起带"北侧地区。结合带南北两侧分别为白山 - 郎娃山 - 蓬勃山岛弧带和野马泉 - 绿条山 - 六驼山岛弧带,两带的石炭系均为岛弧钙碱系列中酸性、中性夹少量中基性火山 - 沉积岩系。大约在晚石炭世,向南北双向俯冲的洋盆逐渐消亡、萎缩、闭合,形成碰撞造山带,即活动陆缘 - 活动陆缘碰撞的高加索型碰撞造山带,位于康古尔塔格结合带南界墨山海沟断裂带以南,阿奇克库都克断裂以北地区。其北为康古尔塔格结合带的墨山海沟俯冲蛇绿混杂岩带,其南为属中天山的喀拉塔格地块。据已有研究,弧盆系发育于维宪中晚期到纳缪尔期。阿齐山 - 满苏泉弧盆系的演化,经历了早石炭世早—中期(杜内期—维宪早期)被动陆缘阶段,早石炭世中—晚期(维宪中晚期—纳缪尔期)至晚石炭世早期(巴什基尔期)弧盆系发育阶段,晚石炭世晚期碰撞造山阶段及二叠纪后碰撞走滑伸张阶段。后碰撞阶段,以二叠纪陆内断陷盆地发育和黄山一带沿结合带的镁铁 - 超镁铁岩浆侵入活动为特征。

大兴安岭沟 - 弧 - 盆体系,发育于泥盆纪—早石炭世。早石炭世末的早海西造山运动使其褶皱隆升。晚石炭世—二叠纪进入同 / 后碰撞造山时期,以陆相火山 - 沉积岩系发育和大面积海西晚期花岗岩发育为特征。

索伦山—西拉木伦—延吉一线曾经存在晚古生代大洋盆地。这个洋盆是在志留纪残洋盆地基础上,泥盆纪—石炭纪强烈扩张形成的。西段(内蒙古)扩张主要为早泥盆世—早石

炭世,东段(吉林)主要为早石炭世—晚石炭世。向南北两侧大规模的洋壳俯冲造山作用形成活动大陆边缘,主要发生在晚石炭世—早二叠世。锡林浩特 - 松嫩 - 佳木斯地块南缘和东缘的泥盆纪—早石炭世沉积广布,以滨海相、浅海相、海陆交互相及陆相的碎屑岩、碳酸盐岩及火山岩为主,普遍夹有中性及中酸性熔岩、火山碎屑岩,显示具活动大陆边缘沉积特征。早石炭世末,随着地块北侧贺根山 - 黑河洋盆消亡闭合,锡林浩特 - 松嫩 - 佳木斯地块与额尔古纳地块拼合形成统一的佳木斯 - 蒙古地块,本区为佳木斯 - 蒙古地块南部广阔的大陆边缘地区,相应于晚石炭世—早二叠世进入活动陆缘全面发展的新时期。晚石炭世—早二叠世阶段的特点是,与西拉木伦洋壳向北俯冲有关的活动陆缘火山 - 沉积岩系,不仅分布于毗邻西拉木伦结合带的地块南缘地区,而且遍及全区,进入活动陆缘全面发展的新时期。

2)华北 - 塔里木陆块区

泥盆纪是塔里木盆地周缘前陆盆地及内部前陆拗陷和克拉通拗陷发育时期。泥盆纪初,斋桑洋继续扩张,南阿尔泰开始出现火山型陆缘发育,北准噶尔由陆表海转入拉张盆地,哈尔里克进入拉张盛期,东西准噶尔进入广阔弧后盆地系阶段,南天山洋转入汇聚。泥盆纪末斋桑洋萎缩,扩张中心转移至天山北缘,觉罗塔格开始发育火山型陆缘。泥盆纪盆地南缘塔里木大陆板块继续向中昆仑岛弧俯冲,在甜水海地区见上泥盆统角度不整合于中泥盆统之上,中泥盆统角度不整合于中上志留统之上,盆地南缘东段为西古昆仑岛弧和西昆仑前陆盆地,东段为阿尔金 - 北山陆缘隆起。西北昆仑前陆盆地泥盆系发育巨厚复理石、磨拉石沉积。盆地北缘中晚泥盆世南天山洋向其北的中天山陆块俯冲消减,引起强烈的岛弧火山活动和弧后扩张,南天山上泥盆统发育潟湖相碎屑岩和碳酸盐岩。盆地北缘为南天山残余洋盆。南天山伊犁弧盆、中天山陆块岩浆弧和伊犁地块、南天山 - 萨阿尔明前陆边缘发育拗陷盆地。塔里木板块内部为稳定克拉通盆地。而泥盆纪—早石炭世时期,整个华北陆块整体抬升,经历了约140Ma的剥蚀夷平,从而缺失了泥盆纪—早石炭世的沉积。

石炭纪期间除博格达 - 伊连哈比尔尕 - 觉罗塔格等北天山洋域及西昆仑北缘裂谷处于拉张外,其余地区转入汇聚,晚石炭世北天山洋闭合,新疆大陆板块基本形成。石炭纪古亚洲洋俯冲作用达高峰,中天山微陆块之间发育蛇绿混杂岩和岛弧带。塔里木盆地北缘石炭纪处于活动大陆边缘环境。北部古大洋板块向南俯冲,南天山洋壳向北俯冲,中天山以南发生弧后扩张,形成拉张盆地。盆地北缘发育博罗科努岛弧、觉罗塔格岛弧、南伊犁岛弧、伊犁弧间盆地、南天山残余洋盆和南天山 - 萨阿尔明克拉通边缘拗陷盆地及北山裂陷盆地。伊犁弧间盆地发育巨厚的海陆交互相碎屑岩和中酸性 - 基性火山岩及基性超基性杂岩,显示拉张环境;南伊犁岛弧发育大量中酸性火山岩。盆地南缘为被动大陆边缘和阿尔金陆缘隆起。塔里木盆地石炭纪处于克拉通盆地环境,为稳定沉积区。华北地区早石炭世末期,在以拉张为主的作用和构造背景下,海水从北东方向侵入,向西南方向扩展,沉积了一套海陆交互陆表海含煤碎屑岩夹灰岩沉积建造。西缘早古生代未闭合的贺兰裂谷在来自古特提斯大洋板块推挤作用下发生纵张复活,形成再生拗拉槽或碰撞裂谷,其北缘和西北缘分别为阴山古陆和阿拉善地块,南缘有秦岭 - 中条山隆起。晚石炭世早期,中央古隆起与渭北隆起、伊盟隆起连成一体,分隔祁连与华北海。晚石炭世华北地区在以拉张为主的作用和构造背景下,整体缓慢下沉接受沉积。晚石炭世晚期华北地区持续下降,东西海域继续向中央古隆起超覆,最终沿保德—乌审旗—石咀一线华北海与祁连山海连为一体,中央古隆起成为水下隆起,华北地区基本处于海陆交互环境。

早二叠世塔里木外围重新开始拉张,准噶尔以北出现热点型非造山花岗岩侵入,巩乃斯、北山发生陆间及陆内裂谷,沿大陆板块内发生狭长断陷地堑,华南板块北缘、藏北板块北缘开始非火山型被动陆缘沉积。晚二叠系残留海水退出。早二叠

世古特提斯大洋板块沿康西瓦—玛沁一带向其北的塔里木板块俯冲消减，形成岛弧火山岩和增生俯冲杂岩，塔里木盆地南缘处于活动大陆边缘环境，发育喀喇昆仑陆缘岩浆弧、昆仑陆缘岩浆弧。早二叠世末，古特提斯洋沿塔什库尔干—康西瓦—玛沁一线向北塔里木大陆作 B 型俯冲，形成昆仑晚古生代岛弧，中天山岛对塔里木大陆作斜向 A 型俯冲，海水自东向西退却，塔里木盆地进入陆相盆地发展阶段；古天山造山带形成，盆地东北部大面积抬升剥蚀。南天山造山带南部和盆地北部发生了强烈逆冲 - 走滑构造变形。晚二叠世塔里木陆块沉积盆地萎缩，西南为盆地主体，沉降中心在和田—叶城一带，塔西北柯坪 - 库车凹陷，塔中巴楚隆起，塔东北隆起。另外，晚二叠世古特提斯洋向中昆仑地体（塔里木西南缘）下俯冲，甜水海 - 羌塘地块与塔里木陆块发生碰撞；南天山洋闭合，伊犁 - 中天山地块和塔里木陆块逐渐焊合，塔里木盆地及周边邻区整体处于挤压环境，塔里木盆地周缘山脉进一步抬升并向山前堆积巨厚的磨拉石建造，如在塔西南地区晚二叠世出现杜瓦组上千米的陆相粗碎屑沉积。华北地区早二叠世海陆交互陆表海含煤碎屑岩夹灰岩沉积建造，中二叠世初华北与西伯利亚对接碰撞和华北陆块南侧汇聚作用而抬升导致大规模海退，中二叠世华北陆块主体进入陆相沉积。晚二叠世，在华北北部兴蒙造山带形成，贺兰山—鄂尔多斯地区为前陆盆地，其他地区为拗陷盆地。

三叠纪塔里木总体以挤压背景为主，周缘均为陆缘隆起，形成一系列压陷盆地，以碎屑岩建造为主。盆地东北部三叠系—上二叠统与下伏地层广泛不整合。印支运动使巴楚、柯坪和塔西南拗陷大部分地区上升成为剥蚀区，塔里木盆地南部形成大量的逆冲断层，构成了盆地南缘三叠纪末—早侏罗世的逆冲带。华北地区早—中三叠世，随着古秦岭洋的俯冲消减和关闭，华北南缘挤压造山作用增强，华北地区自南向北逐步发育前陆盆地和拗陷盆地。晚三叠世扬子板块与华北板块呈"剪刀式"碰撞，形成了秦岭 - 大别山造山带，由于南北边界的挤压，华北主体陆内压陷 - 拗陷盆地发育，广泛接受河湖相沉积。

3）扬子 - 华夏板块区

中国南方海西期（D-P）处于弧后拉张 - 弧后盆地发育时期。经加里东运动，华夏陆块和扬子陆块焊接为统一的中国南方板块（华南板块）进入板内活动，以大陆裂谷作用占主导，形成一系列裂谷盆地。经过强烈的加里东褶皱运动后，海西期华南地区处于应力调整，随着古特提斯洋的扩张，中国南方呈现新的洋盆和地块。代表南方洋盆的蛇绿混杂岩带分布在秦岭造山带内的勉略带，三江造山带内的碧土 - 昌宁 - 孟连带、金沙江带、甘孜 - 理塘带、墨江带。

根据勉略带内深水浊积岩分析，泥盆纪为初始裂谷，石炭纪至中晚二叠世向北俯冲；金沙江洋与粤海洋于晚石炭世扩张，很快向东俯冲，晚三叠世向西俯冲，形成岛弧火山岩和中酸性岩浆弧，早三叠世开始向东俯冲；昌宁 - 孟连洋盆形成于晚泥盆世，蛇绿岩中辉长岩年龄为 385Ma，石炭纪达全盛，晚石炭世—早二叠世发生向东俯冲，形成景洪火山岛弧和思茅弧后盆地；甘孜 - 理塘洋于石炭纪裂陷深海基础上发展，洋盆开始于晚二叠世—早三叠世，中三叠世开始向西俯冲，晚三叠世结束俯冲，形成中 - 基性岛弧火山岩；粤海洋于晚石炭世曾短暂扩张，之后于早二叠世很快发生俯冲，中三叠世向南俯冲，形成酸性火山岩。

海西期，扬子板块及其周边再次处于拉张环境，从泥盆纪开始发生大范围拉伸运动。在志留纪—泥盆纪初，随着祁连山发生了特提斯造山作用，商丹断裂也由斜向俯冲转为左行走滑，扬子板块向东运动，在海西早期南秦岭带再次发生拉张，形成新的秦昆海槽，扬子板块北缘出现阿尼玛卿 - 勉略 - 大别小洋盆，南秦岭再次成为被动大陆边缘；西缘横断山发育多支裂谷，特别是哀牢山 - 黑水河裂谷和甘孜 - 理塘裂谷规模较大，后者延至木里附近转向南西，形成康定木里三联点，南缘可能沿南盘江断裂向南扩展，出现南盘江裂谷槽，其后形成早中三叠世裂陷槽；扬子板块内部出现攀枝花裂谷带，沿攀西地区及华蓥山晚二叠世发生玄武岩喷发和侵入。

泥盆纪—二叠纪，华夏褶皱区发生拉张运动，广西、湖南出现众多裂陷槽，位于华夏古陆后缘，具弧后拉张盆地性质。中国南方板块的东南部从晚泥盆世开始，发生古西太平洋裂谷作用，形成古西太平洋。石炭纪—三叠世中国大陆沿海和台湾岛中、东部成为古西太平洋的被动大陆边缘，从侏罗纪开始，古西太平洋向中国大陆俯冲，在我国东南地区形成陆缘弧带，晚中生代，古西太平洋封闭，形成台东缝合带。华南板块主体由于加里东碰撞造山作用的滞后效应而隆升，原华南造山带地区也发生拉张运动，受北东、北西向断裂控制，形成台盆相间断陷盆地，西部湘桂地区发生强烈裂陷，泥盆纪开始形成边缘海盆，碳酸盐台地与台间盆地相间分布。

早三叠世起，勉略 - 东昆仑洋向华北和华南俯冲碰撞，华南与其西侧和北侧古大陆进入聚合阶段，古特提斯洋体系为消减碰撞过程。中三叠世末，中秦岭板块与华南板块最终碰撞拼合，形成秦岭造山带；华南与"三江"构造域中的各小块体也为汇聚过程，下扬子裂陷盆地克拉通化，并与上扬子连为一体，成为统一的克拉通盆地。晚三叠世后，甘孜 - 理塘洋闭合，金沙江洋闭合，中国古大陆大规模形成，绝大部分地区进入陆内演化阶段，上扬子陆块古隆区域不断扩大，构造上主要受到古亚洲、特提斯、古太平洋三大构造域相互作用的影响，总体处于挤压 - 走滑构造体制。中国华南古地理环境由海相向陆相转化。

4）青藏构造区

志留纪末至泥盆纪初，由于加里东运动影响，青藏高原泥盆纪只在喜马拉雅山脉及其以北的冈底斯 - 念青唐古拉地区发育较为完整，其余地区均发育不全，且缺失下泥盆统。

石炭纪时受海侵海西运动影响，青藏高原演化进入一个新的阶段。早石炭世后期地壳活动性加剧，显示"泛裂谷化"特征。许多地区出现不同程度拉张、快速沉降和火山活动。形成次活动或次稳定多种类型沉积。石炭纪羌塘海和冈底斯 - 喜马拉雅海基本相通。在羌塘 - 昌都地区的沱沱河地区、羌中查桑 - 双湖地区发育裂谷，羌塘地区处于陆内裂陷盆地环境，沉积碎屑岩 - 碳酸盐岩海进沉积旋回；夹中酸性 - 中基性火山岩，岩石富 Na 贫 K，为碱性拉张构造环境产物，为次稳定型沉积，显示裂谷作用。冈底斯 - 念青唐古拉地区石炭纪时处于冈瓦纳大陆北部边缘克拉通盆地环境。旁多地区石炭纪裂谷急剧拉张，为陆内裂陷盆地，沉积与冰川作用有关的以含砾板岩为主的碎屑岩夹碳酸盐岩，其间伴有中酸性火山岩及火山砾岩。喜马拉雅区石炭纪基本处于稳定克拉通盆地环境。综上表明，青藏高原自石炭纪开始地壳活动性加剧，显示了初始"裂谷"特征，而且这种裂谷作用有由北向南推进的趋势。

早二叠世时，青藏高原除北昆仑地区已并入北方较稳定地块外，其余多数地区裂谷活动加剧，泛裂谷化进入了鼎盛时期，高原北部石炭纪出现的裂谷，包括金沙江裂谷、查布 - 查桑裂谷等，此时多数已达陆间裂谷，甚至大洋裂谷；昆南、昆北及巴颜喀拉地区均沉积了浅海碎屑 - 碳酸盐岩相，以砂岩、页岩及灰岩为主，具复理石特征，并来中基性 - 中酸性火山岩；属活动或较活动型沉积，暗示裂谷化程度较高，早二叠世金沙江洋开始向北俯冲，高原中部此时除沱沱河地区、昌都地区沿金沙江西岸，羌中查桑 - 双湖一带继续保持裂谷并活动性加强外，沿雅鲁藏布江带的扎达 - 普兰、仲巴 - 定日一带也相继出现东西向裂谷。雅鲁藏布江洋开始打开，但就整体而言，冈瓦纳大陆北部尚未完全分裂。

羌塘 - 昌都地区早二叠世地壳活动性较强，沱沱河地区早二叠世沉积厚层砂岩、灰岩夹中性火山岩及石膏，显示拉张背景下的滨 - 浅海快速堆积；囊谦一带沉积灰岩、粉砂岩，局部出现碧玉硅质岩、放射虫硅质岩，表明拉张剧烈，海水深；羌中查布 - 双湖一带沉积碳酸盐岩夹硅质岩、泥质岩、粉砂岩，伴有厚层基性火山岩，表明裂谷进一步发展，出现深水 - 浅海沉积环境；昌都金沙江西岸沉积砂页岩及灰岩，为浅海砂滨、页岩 - 碳酸盐岩相，其间中基性火山岩较发育，伴部分酸性火山岩，厚度达 7300m，表明金沙江裂谷已达鼎盛时期。冈底斯 - 念青唐古拉地区早二叠世为广阔的冈底斯 - 喜马拉雅海域，处于被动陆缘盆地环境，沉积碳酸盐岩夹碎屑岩。喜马拉雅地区早二叠世处于克拉通盆地环境，为一套海进沉积体系，以次稳定型沉积类型为主，显示陆内断陷盆地特征。定日 - 岗巴以滨海碎屑岩为主，向北灰岩增多，变为页岩 - 碳酸盐岩相；普兰 - 扎达一带沉积碎屑成分增多，表明裂陷幅度较大；沿雅鲁藏布江拉孜 - 萨嘎一线发现玄武岩和细碧岩等火山岩，表明这一带有裂谷活动。

晚二叠世 - 早三叠世早期金沙江岸已经闭合，加之晚海西运动影响，青藏高原广大地区发生海西期褶皱造山作用，隆起为陆，北昆仑晚二叠世隆升成剥蚀区。

晚二叠世冈底斯褶皱造山作用加强，古隆规模扩大，措勤盆地、比如盆地缺失上二叠统和下三叠统，仅羌塘 - 昌都地区处于裂陷盆地环境。林周地区为被动陆缘盆地，以泥质岩为主夹中性火山岩。喜马拉雅地区晚二叠世处于稳定环境。

5）秦祁昆构造区

阿尔金地区奥陶纪之后与祁连和华北焊接为一体，进入陆内稳定发展阶段。晚石炭世 - 三叠纪为混composed陆表海。祁连地区志留纪在北部全面完成了洋陆转换进入陆相，与华北焊接为一体，南部边缘在晚古生代仍持海相，至三叠纪晚期进入陆相，在南缘的宗务隆—同仁算务峡—夏河甘加一线，石炭纪出现裂谷，二叠纪发育为小洋盆，晚二叠世晚期关闭。柴达木地区志留纪 - 中泥盆世全区隆起。晚泥盆世在伸展构造背景下沿滩间山和柴北缘一带形成含中酸性火山岩的裂陷盆地砂砾岩建造（牦牛山组）。石炭纪为碳酸盐岩 - 碎屑岩混积陆表海；晚石炭世 - 二叠纪为碳酸盐岩陆表海。晚三叠世受控于鄂拉山弧后陆缘裂陷影响，在柴达木及其北缘分区发育了陆内裂陷盆地。东昆仑总体上经历了新元古代 - 早三叠世洋盆和与活动陆缘演化相关的多岛弧盆系阶段以及中三叠世以后的陆内演化阶段。

西昆仑地区从泥盆纪开始，康西瓦 - 苏巴什洋壳开始向南向北发生双向俯冲。在石炭纪，由于西昆仑再一次的强烈扩张，在西昆仑地区形成了石炭纪陆缘裂谷。康西瓦 - 苏巴什洋壳在中二叠世晚期闭合，晚二叠世 - 中三叠世碰撞造山，形成西昆仑地区弧后盆地和弧前前陆盆地紫红色陆相粗碎屑岩建造。中三叠世以后，西昆仑地区进入陆内演化阶段，开始陆相沉积，形成断陷盆地和拗陷盆地。沉积了叶尔羌群（$J_{1-2}y$）、库孜贡苏组（J_3kz）和克孜勒苏群（K_1k）碎屑岩。

秦岭—大别山地区自泥盆纪开始，随着古特提斯洋的逐步扩张，勉略洋盆开启，南秦岭 - 大别成为游离于商丹洋和勉略洋之间的微陆块，商丹洋俯冲速率减慢，秦岭 - 大别造山带成为华北板块南缘（北秦岭）、秦岭微陆块（南秦岭 - 大别）、扬子板块北缘沿商丹和勉略两个俯冲带相互作用的新的板块构造格局。南秦岭沿商丹带与北秦岭初始碰撞的同时，南部勉略带依据带内的蛇绿岩与沉积岩表明处于早期扩张状态，并已从初始裂谷向有限洋盆演化。由于商丹洋向北俯冲过程中，南秦岭北缘俯冲边界不一致，不同块体沿缝合带先后发生碰撞，在碰撞带边缘形成复杂的盆山系统。在先期接触地带发育残余海盆的同时，未接触地带继续发育碳酸盐岩台地和以陆壳为基底的弧后陆棚。勉略洋于早石炭世开始俯冲、消减，至三叠纪闭合。三叠纪，秦岭 - 大别陆陆碰撞造山发生于早 - 中三叠世，沿商丹和勉略带向北俯冲碰撞，最终形成统一的造山带。由于上述陆陆碰撞造成了南秦岭和北秦岭与秦岭 - 大别造山带南北两侧的前陆盆地，构造环境转化为陆内盆地演化发展阶段。

2. 主要沉积盆地类型与分布

1）天山 - 兴蒙构造区

总结前面论述，不难发现天山 - 兴蒙构造区晚古生代—三叠纪主要沉积盆地类型有：活动大陆边缘陆缘弧盆地、消减大洋盆地、陆内裂谷盆地及断陷盆地，其所代表的古亚洲洋构造域和相关沉积盆地在晚古生代—三叠纪具有以下特征。

（1）洋盆与弧盆系、地块在空间上相互间列，具多岛（弧）洋分布特征：主要的大洋盆地有额尔齐斯 - 贺根山 - 黑河洋盆（泥盆纪—早石炭世）、达尔布特 - 卡拉麦里世洋盆（泥盆纪—早石炭）、艾比湖 - 巴音沟 - 康古尔塔格 - 红石山 - 索伦山 - 西拉木伦 - 延吉洋盆（泥盆纪—二叠纪）、南天山北缘（巴鲁布依 - 乌瓦门 - 库米什）洋盆（泥盆纪—早石炭世）、南天山南缘（阔克萨勒 - 库勒湖）洋盆（泥盆纪—石炭纪）。盆地中代表大洋岩石圈的蛇绿岩套及深海相沉积岩发育，并于后期俯冲、碰撞造山过程中转变为蛇绿混杂岩带。这些样品组成了广阔的古亚洲大洋，其中散布有阿尔泰 - 额尔古纳地块、准噶尔 - 吐哈盆地、锡 - 松 - 佳地块、伊犁地块、哈克 - 额尔宾台块，地块周缘为弧盆系或活动大陆边缘，构成多岛洋的分布格局。在额尔齐斯 - 贺根山 - 黑河洋盆以北的北部区，发育有泥盆纪—早石炭世阿尔泰陆盆系和大兴安岭弧盆系；额尔齐斯 - 贺根山 - 黑河洋盆与巴音沟 - 康古尔塔格 - 西拉木伦洋盆之间的中部区，围绕准噶尔 - 吐哈地块发育有东 - 西准噶尔弧盆系、吐哈南缘包山活动陆缘以及发育于锡 - 松 - 佳地块南缘和东缘的活动陆缘；巴音沟 - 康古尔塔格 - 西拉木伦洋盆以南地区，伊犁地块北缘和南缘的博罗科努陆缘弧、那拉提 - 中天山陆缘弧，中天山地块北缘阿齐山 - 满苏尔陆缘弧、华北板块北缘的宝音图 - 呼兰弧盆系。

（2）在数量众多的大洋盆地中，代表扩张的洋中脊、大洋岛及洋内岛弧岩石圈的蛇绿岩套及深海、半深海浊积碎屑岩广泛发育，并于后期俯冲、碰撞造山过程中转变为蛇绿混杂岩带或板块间的结合带。其中，主要的结合带有：①额尔齐斯 - 贺根山 - 黑河结合带，导致准噶尔 - 吐哈地块、锡 - 松 - 佳地块于早石炭世末拼贴于西伯利亚板块南缘；②南天山结合带，导致伊犁 - 中天山地块与塔里木陆块于石炭纪拼贴为一体；③巴音沟 - 康古尔塔格 - 西拉木伦结合带，是区内规模最大，闭合时代最晚的结合带，也是古亚洲构造域中西伯利亚 - 哈萨克斯坦 - 锡松佳板块与塔里木 - 华北板块间的主结合带，也是西伯利亚生物区系与南方生物区系的天然分界。从艾比湖至延吉，东西长达2000km，洋盆闭合时代各段不同，巴音沟结合带为早石炭世末，康古尔塔格 - 红石山为晚石炭世，索伦山 - 西拉木伦为早二叠世，长春 - 延吉为晚二叠世—早中三叠世，具有西早东晚剪刀式闭合特征。

2）华北 - 塔里木陆块区

（1）塔里木克拉通盆地。

①泥盆纪是塔里木盆地周缘前陆盆地及内部前陆拗陷和克拉通拗陷发育时期。盆地南缘塔里木大陆板块向中昆仑岛弧俯冲，在甜水海地区见上泥盆统角度不整合于中泥盆统之上，中泥盆统角度不整合于中上志留统之上；北昆仑地区上泥盆统与中（下）泥盆统岩性、岩相差异明显。上泥盆统为巨厚陆相红色碎屑岩建造，以紫红、褐红、灰绿色砾岩、石英砂岩、钙质砂岩、粉砂岩、泥质粉灰岩为主；中下泥盆统主要为海相碎屑岩夹薄层碳酸盐岩。盆地南缘西段为西古昆仑岛弧和西北昆仑前陆盆地，东段为阿尔金 - 北山陆缘隆起。西北昆仑前陆盆地泥盆系发育巨厚复理石、磨拉石沉积。

塔里木板块内部为稳定克拉通盆地，沉积红色粗碎屑岩，底部为含砾砂岩、长石砂岩，向上变粗，由陆相至海相再转为陆相。东西向隆拗相间构造格局较明显，据其沉积相和沉积厚度变化特征，可划分为北部边缘拗陷、北部前缘隆起、北部拗陷（阿瓦提 - 满加尔拗陷）、中部隆起和南部拗陷。

② 石炭纪盆地周缘扩张与内部克拉通稳定环境。石炭纪，除博格达 - 伊连哈比尔尕尔 - 觉罗塔格等北天山洋域及西昆仑北缘裂谷处于拉张外，其余地区转入汇聚，晚石炭世北天山洋闭合，新疆大陆板块基本形成。塔里木盆地南缘处于被动大陆边缘环境，发育被动大陆边缘沉积。盆地西南处于拉张构造背景，莎车县石炭系厚1878m，以碳酸盐岩、页岩、砂岩为主；麦盖地区钻揭石炭系为台地相碳酸盐岩和碎屑岩，阿克陶县石炭系厚2057m，为深水斜坡相复理石沉积，显示盆地自东向西，沿台地 - 陆棚 - 深水盆地相变化。

盆地北缘石炭纪处于活动大陆边缘环境。北部古大洋板块向南俯冲，南天山洋壳向北俯冲，中天山以南发生弧后扩张，形成拉张盆地。盆地北缘发育博罗科努岛弧、觉罗塔格岛弧、南伊犁岛弧、伊犁弧间盆地、南天山残余洋盆和南天山 - 萨阿尔明克拉通边缘拗陷盆地及北山裂陷盆地。

塔里木盆地石炭纪处于克拉通盆地环境，为稳定沉积区。盆地内为滨海 - 陆棚碳酸盐岩、碎屑岩沉积，以灰色灰岩、绿灰色、暗紫色砂泥岩夹部分蒸发岩为主，厚 200 ～ 1400m；盆地西南边缘为浅海陆棚和开阔台地相沉积。据钻井及地球物理资料，在北部拗陷、塔中、巴楚、麦盖提斜坡均发育，其中巴楚地区最厚，总体呈东薄西厚趋势。根据石炭纪沉积相、地层发育及厚度特征，塔里木盆地可被进一步划分为北部边缘拗陷、北部隆起、北部（阿瓦提-满加尔）拗陷、中部隆起和南部拗陷。

③二叠纪克拉通裂谷发育。早二叠世，古特提斯大洋板块沿康西瓦—玛沁一带向其北的塔里木板块俯冲消减，形成岛弧火山岩和增生俯冲杂岩，塔里木盆地南缘处于活动大陆边缘环境，发育喀喇昆仑陆缘岩浆弧，昆仑陆缘岩浆弧。盆地北缘为古天山隆起，其东段为北山裂陷。北山裂陷为中基性和酸性火山岩、滨浅海相碎屑岩夹灰岩沉积。

早二叠世塔里木板块内发育塔里木克拉通裂谷盆地和塔西南克拉通拗陷盆地。裂谷盆地位于板块北部，为一套河流 - 滨浅湖相和大陆裂谷沉积碎屑岩和中酸性、基性火山岩沉积，厚度为 200 ～ 1800m，沉积中心位于盆地北部阿瓦提地区。塔西南克拉通拗陷盆地位于塔里木西南部，主要为一开阔台地 - 湖坪、潟湖相沉积，厚 600 ～ 1400m，沉积中心位于叶城。总体显示由东向西北，厚度逐渐加大。岩性下部主要为厚层灰岩，上部主要为海相砂泥岩夹生物灰岩、泥灰岩、玄武岩和河湖红色、杂色碎屑岩，显示由开阔台地相向海陆过渡变化。

早二叠世末，古特提斯洋沿塔什库尔干—康西瓦—玛沁一线向北塔里木大陆作 B 型俯冲，形成昆仑晚古生代岛弧，中天山岛对塔里木大陆作斜向 A 型俯冲，海水自东向西退却，塔里木盆地进入陆相盆地发展阶段。古天山造山带形成，盆地东北部大面积抬升剥蚀。南天山造山带南部和盆地北部发生了强烈逆冲 - 走滑构造变形。盆地东北部三叠系—上二叠统与下伏地层广泛不整合。

晚二叠世塔里木盆地沉积范围大为缩小，塔西克拉通盆地接受沉积。盆地北缘为古天山陆缘隆起，东部为塔东北隆起，南缘为喀喇昆仑陆缘隆起和昆仑 - 阿尔金陆缘隆起。

④三叠纪拗陷盆地发育。塔里木盆地三叠纪主要受到周缘挤压作用影响，形成了一系列拗陷盆地，周缘为古隆起。拗陷盆地中主要为一套陆相湖泊、河流和三角洲沉积，以碎屑岩为主。

（2）华北克拉通拗陷盆地（鄂尔多斯拗陷盆地）。加里东期中晚奥陶世后，秦岭 - 大巴洋开始汇聚收缩，扬子板块向北俯冲，主俯冲带位于商丹缝合带。中亚 - 蒙古海槽向南俯冲，在南北向对挤作用下，华北陆块整体抬升，缺失上奥陶系 - 下石炭统沉积，中奥陶统峰峰组与上覆上石炭统之间缺失了 1.5 亿年的沉积地层。自晚石炭世开始，华北地区缓慢接受沉积，主要在华北克拉通盆地的西缘地区（鄂尔多斯盆地），在整体性的拉张背景下，形成拗陷盆地，沉积三角洲、潟湖海湾砂岩、泥岩，并向中央隆起超覆。早二叠世随北隆南倾构造体制，海侵进一步扩大，形成统一陆表海盆地，沉积碳酸盐岩与陆源碎屑岩混合含煤沉积。晚二叠世秦岭海槽再度发生向北俯冲消减，北缘兴蒙海槽西侧西伯利亚板块与华北板块对接而消亡，华北地台整体抬升，海水撤出华北地区，沉积盆地演化为内陆湖盆，进一步演化为断陷 - 拗陷盆地，沉积环境完全转化为大陆体制，以河流、湖泊沉积为主体。

3）华南陆块区

经加里东运动，华夏陆块和扬子陆块演化为统一的中国南方板块（华南板块）进入板内活动，总体以大陆裂谷作用占主导，形成一系列裂谷盆地。但各个时期依然具有其独特的构造背景和盆地类型。

对于扬子板块及周缘，海西期大都处于拉张背景，从泥盆纪开始发生大范围拉伸运动，主要表现在其周缘各个洋盆的进一步演化：在志留纪末—泥盆纪初，随着祁连山发生了特提斯造山作用，商丹断裂也由斜向俯冲转为左行走滑，扬子板块向东运动，在海西早期南秦岭带再次发生拉张，形成新的秦昆海，扬子板块北缘出现阿尼玛卿 - 勉略 - 大别小洋盆，扬子陆块北缘的南秦岭地区再次成为被动大陆边缘盆地，陆块内部依然为稳定的克拉通盆地；西缘横断山发育多支裂谷，特别是哀牢山 - 黑水河裂谷和甘孜 - 理塘裂谷规模较大，后者延至木里附近转向南西，形成康定木里三联点，南缘可能沿南盘江断裂向南扩张，出现南盘江裂谷盆地，延续至早 - 中三叠世；扬子板块西部出现攀枝花裂谷作用，沿攀西地区及华蓥山晚二叠世发生玄武岩喷发和侵入，发育盐源被动大陆边缘盆地和下扬子裂谷盆地。中 - 晚盆世—石炭纪在滇黔桂和湘中南及湘北、鄂中等地发育陆缘盆地、陆缘裂谷盆地、陆内拗陷盆地，中上扬子发育克拉通盆地，接受沉积。早二叠世进入克拉通盆地碳酸盐岩稳定沉积阶段，中上扬子克拉通发育西缘陆缘盆地、右江陆缘裂陷盆地、湘桂边缘裂陷盆地，发育碳酸盐沉积。中 - 晚二叠世中上扬子仍保持克拉通盆地环境，扬子西缘和北缘为陆缘盆地。克拉通盆地西侧上二叠统为陆相和海陆过渡相煤系沉积，覆盖于玄武岩之上；滇黔南桂西地区为边缘裂陷盆地（右江边缘裂陷盆地），火山活动强烈，台盆内沉积陆源碎屑岩、钙质浊积岩夹玄武岩，碳酸盐台地边缘发育生物礁。扬子板块东南缘为湘桂陆内裂陷盆地，沉积粉砂岩、硅质页岩和泥岩。

对于华夏陆块区，泥盆纪—二叠纪时期发生拉张运动，广西、湖南出现众多裂陷槽，位于华夏古陆后缘具弧后拉张盆地性质。中国南方板块的东南部从晚泥盆世开始，发生古西太平洋裂谷作用，形成古西太平洋。石炭纪—三叠世中国沿海和台湾岛中、东部成为古西太平洋的被动大陆边缘。华夏板块钦防海槽早泥盆世沉积浅海砂岩、粉砂岩，中晚期沉积深海硅质粉砂岩，赣南粤北地区为克拉通盆地。早二叠世，整体进入相对稳定环境，浙赣闽粤大部为克拉通盆地（华夏克拉通盆地），为浅海陆源碎屑岩沉积和碳酸盐岩沉积，其西北缘为边缘裂陷盆地。中晚二叠世为海陆过渡相、沉积滨岸相和三角洲相含煤碎屑岩，东侧发育大量生物礁。

早三叠世起，勉略 - 东昆仑洋向华北和华南俯冲碰撞，华南与其西侧和北侧古大陆进入聚合阶段，古特提斯洋体系为消减碰撞过程。中三叠世末秦岭板块与华南板块最终碰撞拼合，形成秦岭造山带；华南与"三江"构造域中的各小块体也为汇聚过程，下扬子裂陷盆地克拉通化，并与上扬子连为一体，成为统一的克拉通盆地。晚三叠世后，理塘洋闭合，金沙江洋闭合，中国古大陆大规模形成，绝大部分地区进入陆内演化阶段，上扬子陆块古隆起区域不断扩大，构造上主要受到古亚洲、特提斯、古太平洋三大构造域相互作用的影响，总体处于挤压 - 走滑构造体制。中国华南地区岩相古地理环境由海相向陆相转化。

4）青藏陆块区

羌塘—三江地区从泥盆纪开始，直至三叠纪，进入"三江"构造演化期。特提斯洋该时段强烈的俯冲作用在羌塘—三江地区形成大量火山弧和弧后洋，为典型的特提斯多岛弧盆体系。区内主要发育混积浅海、碳酸盐台地和大量岛弧，地层中开始出现大量火山岩，随着大洋消减关闭，开始发育残余海盆和前陆盆地，总体为双向弧后盆地类型。

晚古生代—三叠纪时期，青藏陆地的主洋盆为班公湖—怒江洋盆，是泛华夏大陆南侧与冈瓦纳大陆北侧之间广阔的古特提斯大洋。在班怒带内，龙木错—双湖和昌宁—孟连地层分区承接了早古生代延续过来的洋盆沉积环境。近年来陆续在托和平错—查多岗日、嘉玉桥以及班公湖—怒江地层分区内发现了石炭纪具有洋中脊玄武岩（mid-ocean ridge basalt，MORB）型地球化学性质的蛇绿岩和大量的古生物证据，表明这三个地层分区从石炭纪开始已经有了洋壳的存在并持续演化到二叠纪末。多玛、扎普—多不扎、南羌塘、吉塘、类乌齐、聂荣 6 个地层分区均属活动陆缘陆坡沉积，由此说明从晚古生代石炭纪开始，由于古特提斯洋向南的俯冲消减作用，使冈瓦纳大陆北部边缘由早古生代至泥盆纪较为稳定的被动边缘转化为安第斯型活动大陆边缘盆地沉积，其间由蛇绿混杂岩组合恢复出的小洋盆可能为特提斯大洋向南俯冲消减诱导出的弧后或弧间小洋盆。

泥盆纪—二叠纪时期的冈底斯地区，由于原特提斯洋从泥盆纪开始萎缩而发展为冈瓦纳大陆北部陆缘海盆地，表现为被动边缘向活动边缘转换的过渡性质。总体具有中部为（半）深海-浅海沉积，以碎屑岩、碳酸盐岩为主的沉积特征，如冈底斯的中部狮泉河—申扎-嘉黎以及措勤—申扎分区仍持续上一阶段的稳定沉积，从以深海相硅泥岩质为主夹碎屑岩的台盆相演化为浅水相的碳酸盐台地相，较西藏冈底斯边缘发展稳定；而向南、向北夹有少量火山岩，表明构造环境渐趋活动，具有弧后扩展（裂谷）作用，表现为陆缘裂谷盆地性质，挤压的同时伴随明显的扩张作用。例如，冈底斯的东北部班戈—腾冲分区以及南部隆格尔—工布江达和冈底斯—下察隅分区都发育陆缘裂谷。在嘉黎以北—波密—然乌一带，主要发育一套含大量中基性—中酸性系列火山岩的碎屑岩-碳酸盐岩组合，且发现有含冰水砾石的复成分砾石层，部分砾石有明显的冰压剪裂隙。在当雄—羊八井北东向断裂以西至隆格尔一带，隆格尔—工布江达具有粗碎屑岩-含砾细碎屑岩组合，夹大量火山碎屑岩的火山沉积序列。在冈底斯—下察隅分区具有深水硅质岩的复理石夹中基性火山岩建造，同样表现陆缘裂谷中的火山—沉积序列。进入三叠纪时期，随着北侧古特提斯洋向南的进一步俯冲消减，冈底斯从冈瓦纳大陆北缘裂离。整体上为弧后盆地性质。措勤

—申扎分区仍为稳定的碳酸盐台地沉积，其从奥陶纪到三叠纪末期，一贯处于持续稳定的发展阶段。而北部的班戈—腾冲和那曲—洛隆分区演化为弧前盆地（岩浆弧）。

雅鲁藏布—喜马拉雅地区，泥盆纪—三叠纪时期整体处于被动大陆边缘盆地发育阶段。泥盆纪时期，喜马拉雅滨浅海碎屑岩相总体处于伸展构造背景，与冈底斯浅海碳酸盐台地相共同构成冈瓦纳大陆北部被动大陆边缘。喜马拉雅滨浅海碎屑岩相处于近陆一侧，冈底斯浅海碳酸盐台地相为近洋的一侧。区内未见该时期岩浆活动的物质记录。石炭纪，喜马拉雅大陆边缘裂谷盆地总体处于弧后伸展构造背景，沉积相带呈近东西向展布，由南至北依次出现陆相冰水河湖沉积、三角洲相、碎屑岩滨岸相、碳酸盐台地、碎屑岩和碳酸盐岩混积陆棚相等相带。陆相冰水河湖沉积主要沿着印度古陆北部边缘分布，在印度古陆内部低洼地带也有分布。早-中二叠世，喜马拉雅被动大陆边缘区南部隆起，北部倾覆，海水自北向南由深变浅，然后为陆地河湖相沉积，再向南为印度陆块古陆剥蚀区。在三叠纪，喜马拉雅地区由于受北侧雅鲁藏布江弧后盆地扩张、新特提斯洋开启的影响，南部喜马拉雅特提斯由于地壳的强烈伸展而进一步演化为被动大陆边缘盆地，在定日—岗巴地区形成了同沉积伸展断层，发育一套较稳定被动边缘盆地中的滨浅海相碳酸盐岩-碎屑岩沉积序列，盆地内各相带呈东西向展布，北部雅鲁藏布向北逐渐加深，由南部高喜马拉雅古陆向北可划分为喜马拉雅北坡滨浅海→曲松—普兰碳酸盐台地→喜马拉雅—特提斯浅海三个相带，与北侧雅鲁藏布洋盆相连。

第二部分 中国泥盆纪—三叠纪地层划分对比与岩相古地理编图单元

一、泥盆纪

1. 准噶尔—兴安区

泥盆系在准噶尔—兴安区分布广泛，厚度巨大，岩性多变，主要为碎屑岩，局部发育礁灰岩和火山喷发岩。该区泥盆纪底栖生物群与华南区差异明显，发育 Odontochilids 类三叶虫、腕足动物 Paraspirifer 等，与华南的 Proetuids 类三叶虫、腕足动物 Acrospirifer、Otospirifer、Euryspirifer 等动物群明显不同。欧洲、华南等地中泥盆统上部常见的腕足动物 Stringocephalus（鹗头贝），至今没在准噶尔—兴安区发现过。黑龙江省黑台县和甘肃省敦煌附近曾有过 Stringocephalus 的报道，后来的研究证实，这些所谓的鹗头贝是一些腹足类化石。

西准噶尔盆地乌吐布拉克组以凝灰质粉砂岩为主，以往分为上志留统。经过笔者的研究证实，该组的时代应为晚志留世末期普里多利期。曼格尔组与下伏乌吐布拉克组呈整合接触，时代为洛赫考夫期至布拉格期，芒克鲁组的时代是埃姆斯期。和丰组建立的时间早于查干山组，腕足动物 Kymatothyris simplex 等十分丰富，时代为艾菲尔期。上泥盆统洪古勒楞组盛产大量腕足动物、珊瑚、三叶虫等化石，灰岩夹层中牙形刺化石十分丰富。这个组的时代一直被视为法门期，近些年对牙形刺详细研究后证实，洪古勒楞组也包括部分弗拉斯期的地层，此组下界的确切位置，有待对牙形刺进行进一步研究后划定。

内蒙古西部额济纳旗珠斯楞—卧驼山、单面山剖面珠斯楞组大致相当于埃姆斯阶，依克乌苏组为艾菲尔阶，卧驼山组的时代是吉维特期，西屏山组的时代为晚泥盆世。经过对内蒙古东乌珠穆沁旗下泥盆统下部巴润特花组腕足动物、珊瑚、三叶虫、腹足类等化石研究证实，该组的主体时代为布拉格期。敖包亭浑迪组含大量扭月贝类腕足动物化石 Megastrophia、Leptaenopyxis，较多的腔螺贝类和石燕类，时代为早泥盆世晚期，大致相当于埃姆斯期。温都尔敖包特组和塔尔巴格特组的时

代分别是艾菲尔期和吉维特期，才伦郭少组大致与弗拉斯阶相当。

大兴安岭乌奴尔地区下泥盆统骆驼山组时代为洛赫考夫阶至下布拉格阶，乌奴耳组相当于埃姆斯阶。北矿组的时代大致为艾菲尔期，霍博山组和下大民山组分别属吉维特期和弗拉斯阶。法门阶包括了上大民山组、对孤山组和安清泰河组。小兴安岭罕达气地区泥盆系与下伏志留系呈整合接触，下泥盆统西古兰组和泥鳅河组分别与洛赫考夫阶和布拉格阶相当，罕达气组、金水组和霍龙门组大致与埃姆斯阶相当。德安组、根里河组、大河里河组和小河里河组分别与艾菲尔阶、吉维特阶、弗拉斯阶和法门阶相当。

2. 塔里木及周缘区

该区主要包括塔里木盆地、盆地西南缘及南天山。自1996年起，塔里木盆地上泥盆统东河塘组孢子和疑源类化石的研究有了明显的进展。尤其是塔北隆起东部草2井东河塘组孢子化石 Apiculiretusispora hunanensis-Ancyrospora furcula（HF）组合带的建立，对巴楚小海子地表剖面东河塘组时代确定为法门期提供了重要的生物依据。盆地西南缘达木斯乡奇自拉夫组下部孢子 Leiotriletes microthelis-Punctatisporites irrasus（MI）组合带和上部 Apiculiretusispora rarissima-Retispora lepidophyta（RL）组合带的建立，为奇自拉夫组和东河塘组提供了对比的依据。奇自拉夫组疑源类 Gorgonisphaeridium ohioense 组合的识别，都证实了该组的时代为法门期。南天山属于塔里木板块的边缘地区，南天山东部下泥盆统阿尔皮什麦布拉克组是近岸、富氧、温暖的浅海沉积环境。据珊瑚、介形类、牙形刺的综合研究证明，阿尔皮什麦布拉克组的时代是早泥盆世洛赫考夫期。和硕地区砂石山组产丰富的腕足动物 Nayunnella-Yunannella 组合，时代是法门早、中期。但是，南天山觉罗塔格南坡阿尔皮什麦布拉克组上部地层、和硕地区砂石山组下伏层位的发育和出露情况目前仍不清楚。

3. 青藏地区

青海柴达木盆地西南缘海陆交互相地层发育，主要分布在祁漫塔格东段。陈旭等（2007）暂时把青海茫崖哈尔扎剖面与西藏 3 条剖面放在一个区内，组成青藏区。哈尔扎剖面上泥盆统下部哈尔扎组与下伏上奥陶统为明显的角度不整合接触，含腕足动物 Cyrtospirifer sinensis-Tenticospirifer tenticulum 组合，时代为晚泥盆世早期。黑山沟组产腕足动物 Camarotoechia hsikuangshancensis-Schizophoria heishangensis 组合，时代相当于法门早、中期。西藏地区泥盆系研究程度较低，藏北申扎县泥盆系发育，下泥盆统达尔东组与下伏德悟卡下组呈平行不整合接触，达尔东组大部分腕足动物呈现布拉格期的特征，产少量布拉格期和洛赫考夫期的珊瑚。郎玛组为厚层灰质白云岩，化石含量少，时代为中泥盆世，与上部产弗拉斯期 Pseudozaphrentis 珊瑚群的地层呈连续沉积。查果罗玛组产弗拉斯期珊瑚 Pseudozaphrentis，腕足动物 Cyrtspirifer、Yunnanella，牙形刺 Palmatolepis gracilis gracilis，时代为晚泥盆世。西藏聂拉木剖面先穷组产竹节石 Paranowakia bohemica，牙形刺 Icriodus w. woschmidti、Ozarkodina r. remscheidensis，时代为洛赫考夫期。凉泉组产竹节石 Nowakia acuaria，笔石 Neomonograptus 等，时代为布拉格期。嘎弄组产典型的早泥盆世晚期牙形刺 Polygnathus gronbergi，P. serotinus，竹节石 Nowakia barrandei 等，与埃姆斯阶大致相当。波曲组化石稀少，时代大致相当于中泥盆世至晚泥盆世早期。亚里组下部产典型的晚泥盆世牙形刺 Palmatolepis m. marginifera，P. glabra distorta，P g. gracilis，亚里组上部产早石炭世牙形刺 Siphonodella sulcata，S. cooperi 和菊石 Imitoceras 等，时代为法门期至早石炭世。藏东昌都剖面泥盆系与下伏上奥陶统呈平行不整合接触，海通组珊瑚和腕足动物化石显示的时代主要是中泥盆世早期，丁宗龙组产 Stringocephalus dorsalis，卓戈洞组产 Cyrtospirifer sinensis，分别与吉维特阶和弗拉斯阶对比。羌格组产腕足动物 Nayunnella abrupta-N. hsikuangshanensis 组合，与下中法门阶大致相当。

4. 华南区

华南区泥盆系底部为陆相、滨岸相碎屑岩，与下伏地层多呈平行或角度不整合的接触关系。泥盆系中、上部一般为台地或台凹型浅海或斜坡相沉积，产浅海底栖生物，台凹和远岸沉积中有大量浮游生物。下泥盆统底栖生物化石具明显的地方性，埃姆斯阶下部郁江组腕足动物 Dicoelostrophia、Guistrophia、Xenostrophia 和珊瑚化石 Xystriphylloides 都是华南区特有的生物。从中泥盆世开始，世界范围生物地理分区程度明显降低，华南地区土著生物的数量随之减少，世界性分布或地域分布广的类型越来越多，如中泥盆世的 Stringocephalus 和 Temnophyllum，晚泥盆世的 Cyrtospirifer 和 Disphyllum 等。

西秦岭碌曲、迭部地区泥盆系剖面发育良好，从古生物群面貌和沉积特征看，将它们置于华南区较合理。甘肃迭部当多沟剖面下泥盆统到上泥盆统发育齐全，各组之间界线清楚，化石群研究程度高。甘肃下吾那沟和四川若尔盖普通沟剖面下泥盆统地层发育好，泥盆系与下伏志留系界线清楚。下普通沟组与下伏志留系羊路沟组呈整合接触关系，下普通沟组、上普通沟组、尕拉组和当多沟组的时代为早泥盆世。当多沟组上部、鲁热组、下吾那组和蒲莱组下部归属中泥盆统。蒲莱组上部和擦阔合组与弗拉斯期相当，陡石山组和益哇组的大部分时代应为法门期，益哇组是一个穿时的岩石地层单位。

四川龙门山剖面位于北川县桂溪镇（桂溪—甘溪—沙窝子）附近，泥盆系厚四千余米，底部与茂县群呈角度不整合接触。下泥盆统下部有两千多米厚的碎屑岩，过去统称平驿铺群，现在细分为桂溪组、木耳厂组、观音庙组、关山坡组，大致相当于洛赫考夫阶和布拉格阶。白柳坪组的上部、甘溪组、谢家湾组、二台子组和养马坝组的一部分大致相当于埃姆斯阶。养马坝组上部和

金宝石组的一部分属于艾菲尔阶，金宝石组上部为早吉维特期，观雾山组的主体时代为吉维特期，中、上泥盆统的界线可能靠近观雾山组的顶部。土桥子组、小岭坡组和沙窝子组均属弗拉阶。

云南、贵州、广西等地泥盆系发育，海相地层分为含底栖生物为主的象州型和含浮游生物为主的南丹型。广西象州中平马鞍山，贵州独山，湖南棋梓桥、锡矿山、新化炉观等剖面属象州型沉积类型。广西南丹、德保、杨堤，贵州紫云、罐子窑等剖面属南丹型沉积类型。六景剖面下泥盆统属象州型，上泥盆统是南丹型，中泥盆统为过渡相或斜坡相。除了海相地层以外，华南区中、上泥盆统还有一些陆相或滨海相地层，如长江中游的云台观组、黄家磴组和下游的五通组。

二、石炭纪

1. 准噶尔—兴安区

石炭纪是准噶尔盆地及周缘地质历史演化重要的过渡时期，地层发育受到洋陆转换及后期频繁构造变动的控制和影响，其岩相建造类型复杂，尤以火山岩相地层发育，从而对地层的划分与对比带来了较大的困难，造成目前研究区石炭系划分方案颇多，争议较大。本图集遵循"构造控盆、盆控相、相控油气基本地质条件"的思路，在构造演化及其格架分析的基础上，综合笔者对石炭系地层发育及其沉积充填特征的认识，对准噶尔盆地及周缘石炭系地层进行了划分与对比。

阿尔泰区：石炭系地层发育不完整，下石炭统只见于库尔木图地区，为库玛苏组中厚层状细-中粒石英砂岩，见灰岩透镜体。之上为红山嘴组，两者之间断层接触。上石炭统只发育格舍尔期喀拉额尔齐斯组地层，为片理化粉砂岩、石英片岩、变质绢云母粉砂岩、凝灰砂岩、细砂岩。额尔齐斯区：缺失下石炭统底部地层，自下而上分为下石炭统塔格尔组、那林卡拉组，上石炭统吉木乃组（含安加拉植物化石）、恰其海组及喀喇额尔齐斯群。克拉玛依区：自下而上为下石炭统希贝库拉斯组、包古图组（底部见少量海底底栖生物化石）、太勒古拉组及莫老坝组。克拉麦里区：地层自下而上为下石炭统塔木岗组、松喀尔苏组（含少量安加拉植物群分子），上石炭统巴塔玛依内山组。博格达山区：大部分地区缺失下石炭统，上石炭统代表地层自下而上分为柳树沟组、祁家沟组和奥尔吐组。伊林黑比尔根山北麓分区：包含安集海组、巴音沟组、沙大王组、奇尔古斯套组。吐哈—雅满苏区：包含小热泉子组、白鱼山组。温泉—博罗霍洛—科古琴山区：下统为大哈拉将军组，上统为东图津河组。伊宁地区：下统为大哈拉将军组、阿克沙克组，上统为伊什基里克组。

内蒙古—吉林区的石炭系以巨厚硅质碎屑和碳酸盐碎屑浊流沉积占优势，整个石炭纪为深海槽。此区包括内蒙古、吉中和延边等地区。兴安区与阿尔泰—北准噶尔处于同一构造带上，两者具有相近的石炭系序列。

2. 塔里木区

北缘的南天山地区的石炭系以浅海台地相或近岸潟湖相沉积为主，含大量蒸发岩。科克萨勒岭存在深水浊积相，柯坪地区为台缘稳定狭窄陆棚和斜坡沉积；在其西南部的叶城地区发育了碳酸盐台地沉积，近盆地中心地区的巴楚小海子、卡拉沙依一带为近岸浅滩相沉积夹有大量膏泥岩类。阿克苏和柯坪地区的石炭系仅见上部地层，上覆于紫红色志留系的不整合面之上，发育有较为完整的宾夕法尼亚纪底栖华南型的动物群。整体上时代争议较小。

3. 华南地区

华南广大地区的石炭系发育齐全。西北和西部边缘的秦岭—

龙门山地区的石炭系，代表台地边缘裂陷带的沉积，层序较为复杂；其西南侧滇黔桂则发育了开阔台地与局限台地相碳酸盐与深水碳酸盐间或出现的沉积；其余沉积盆地的层序基本上为下石炭亚系形成碎屑岩为主的沉积旋回，上石炭亚系形成碳酸盐岩为主的沉积旋回。华南一直是中国石炭纪年代地层和生物地层学研究的中心，其中贵州罗甸纳庆剖面产有丰富而连续的石炭纪牙形刺动物群，具备从维宪阶到早二叠世所有的阶份以划分界线的标准化石带，为地层确立的国际标准奠定了基础。贵州紫云宗地剖面产有丰富的宾夕法尼亚亚纪的蜓类化石，建立可与国际对比的中国区域性浅水相底栖生物标准。石炭纪地层单元中有两个组有强烈的穿时现象，一个是大浦组白云岩（或老虎洞组白云岩），位于上、下石炭亚系之间，广布于华南的浅水相。另一个是船山组（或马平组），跨越了石炭系和二叠系界线，其大部分是属于二叠系的。

4. 华北地区

华北及周边地区，到晚石炭世中期才重新接受沉积，上石炭统直接平行不整合覆盖在下奥陶统马家沟组侵蚀面之上。仅发育有达拉期和小独山期海陆交互相含煤沉积，由灰色、黑色砂岩、页岩、碳质页岩夹煤层及灰岩组成，是中国北方重要含煤地层，厚度变化大，为50～250m，化石丰富，页岩中含植物 *Neuropteris pseudovata*、*Lepidodendron posthumii* 植物群；灰岩中含 *Triticites* 和 *Pseudoschwagerian* 等；腕足类也很多，如 *Dictyoclostus taiyuanfuensis* 等；此外还有头足类、双壳类和海百合等。北缘的阴山为同期山间盆地沉积。

5. 青藏地区

羌塘一横断山区只有少数的石炭系露头点，其层序与华南的基本一致。在华南、西北和西部边缘的秦岭一龙门山地区的石炭系，代表台地边缘裂陷带的沉积，层序较为复杂；其西南侧滇黔桂拉槽区则发育了深水碳酸盐复理石沉积。其余沉积盆地的层序基本上为：下石炭亚系形成碎屑岩为主的沉积旋回，上石炭亚系形成碳酸盐岩为主的沉积旋回。藏南的喜马拉雅地区，属于冈瓦纳大陆东北缘沉积区。下石炭统以陆棚碳酸盐或碎屑沉积为主，上石炭统至二叠系船山组以杂砾岩和火山岩发育为特征。冈底斯地区的下石炭统为碳酸盐台地沉积，上石炭统主要为碎屑岩，并含火山岩。藏南区的石炭系以内陆棚碎屑沉积为主。

三、二叠纪

1. 准噶尔—兴安区

1）盆地腹部

准噶尔盆地腹部二叠纪地层从下至上主要发育佳木河组、风城组、夏子街组、下乌尔禾组以及上乌尔禾组。佳木河组下部含有苔藓虫；中部有水螅化石，孢粉 *Protohaploxypinus*、*Striatoabietites*、*Striatopodocarpites*、*Hamiapollenites*、*Taeniaesporites*、*Vittatina* 等。本组下部为大陆喷发碎屑岩，上部为山麓洪积沉积。下与太勒古拉组不整合接触；上与乌尔禾群整合接触（？）。风城组含孢粉：该组孢粉主要特征为裸子植物花粉占90%～100%，以具肋二囊粉 *Protohaploxypinus*、*Hamiapollenites*、*Striatopodocarpites*，*Striatobietites* 为主；少量 *Vittatina* 等。无肋纹具气囊花粉以双囊类占优势，单囊类次之。前者又以无缝类居多，主要有 *Pityosporites*，还有 *Abiespollenites*、*Limitisporites* 等；单囊类花粉主要为 *Cordaitina*，次为 *Florinites*、*Parasaccites*，蕨类植物孢子含量小于10%，主要分子为 *Grandisporites*。此组合的具肋纹花粉含量较高，都超过50%，二叠纪较繁盛的 *Hamiapollenites* 占全组合的12%～53%。与下伏佳木河组为平

行不整合接触。夏子街组与下伏佳木河组平行不整合接触；与上覆下乌尔禾组为连续过渡。下乌尔禾组与下伏夏子街组和上覆上乌尔禾组整合接触。含孢粉化石组合。为洪积相粗碎屑沉积；上乌尔禾组为偏碱性淡水湖泊沉积，与下伏下乌尔禾组整合接触，与上覆三叠系百口泉组不整接合触。

2）盆地南缘

准噶尔盆地南缘二叠系地层发育完整，下统为下芨芨槽群，包括石人子沟组及塔什库拉组；中统为上芨芨槽群，包括乌拉泊组、井井子沟组、芦草沟组及红雁池组；上统为下仓房沟群，包括泉子街组及梧桐沟组。石人子沟组分布于乌鲁木齐以东博格达山南北两侧。塔什库拉组分布于新疆博格达山西北坡和南坡的芨芨槽一白杨沟门口一带，与下伏石人子沟组和上覆乌拉泊组均呈整合接触。乌拉泊组分布于新疆乌鲁木齐至吉木萨尔一带。与上覆井井子沟组和下伏塔什库拉组均为整合接触。岩性较稳定，孢粉化石以具肋双囊粉占绝对优势，属于 *Hamiapollenites*、*Striatoabietites*、*Striatoparvisaccites* 组合，还产双壳类 *Palaeanodonta pseudolaongissima* 等和叶肢介化石。井井子沟组分布于乌鲁木齐东山、井井子沟、石人子沟，向东至三工河、甘河子、大龙口等地区。与下伏乌拉泊组及上覆芦草沟组均呈整合接触。芦草沟组主要分布于乌鲁木齐南郊，东延至吉木萨尔东南，为近海湖泊相沉积后形成的。本组以油页岩为标志，与下伏井井子沟组以及上覆红雁池组均呈整合接触。红雁池组为湖相沉积，与下伏芦草沟组呈整合接触。泉子街组与下伏红雁池组及上覆梧桐沟组均呈整合接触。下部为山前、山麓地带洪积物；上部为河床、河漫滩及沼泽相堆积。梧桐沟组分布于新疆乌鲁木齐至吉木萨尔一线，向西至玛纳斯及沙湾以南均有出露；吐鲁番盆地也有小面积分布。梧桐沟组与下伏泉子街组和上覆锅底坑组均呈整合接触。

3）盆地东缘

准噶尔盆地东缘二叠纪地层发育也较完整，发育下统金沟组，中统将军庙组及平地泉组，上统泉子街组及梧桐沟组。金沟组下部为灰紫色、灰白色钙质细砂岩、粉砂岩互层，呈条带状，夹大理岩；中部为灰白色中粗粒含砾混合砂岩；上部为灰白色厚层状大理岩、条带状大理岩、细砂岩砂岩夹中酸性熔岩。将军庙组为紫红、棕红及灰绿色砾岩夹粉砂岩、砂质泥岩及泥岩。为河流相沉积。不整合在胜利沟组或超覆于弧形梁组、石钱滩组之上；上与平地泉组整合接触。平地泉组主要岩性为黄绿与灰绿色砂岩、砂质泥岩、砾岩夹碳质泥岩、泥灰岩、叠锥灰岩等。泉子街组中下部为深灰、黄灰、褐紫色砾岩、砂岩夹泥岩，上部为深灰色泥岩、细砂岩夹薄层泥灰岩。梧桐沟组为灰绿色厚层块状细砾岩，棕红色、灰绿色中厚层状细粒砂岩、泥岩夹黑色碳质泥岩、团块状泥灰岩。

2. 华南区

二叠纪沉积和动物群的分布在西侧和北侧上扬子、康滇和江南隆起，在东侧受华夏隆起的构造控制，形成两大陆棚海区。紫松期沉积属于缓坡陆棚碳酸盐岩，在西南部称马平组，在东南部称船山组。中上扬子区二叠系自而上出露二叠系梁山组、龙潭组、吴家坪组、大隆组、长兴组；下扬子区二叠系分布于湖北东南部边缘地区，安徽中南部地区和江苏南京地区。自下而上出露二叠系船山组、梁山组、栖霞组、茅口组、孤峰组、龙潭组、吴家坪组、大隆组；华夏大区二叠系分布广泛，如广西东南部、广东西部、江西西南部、湖南东南部等。岩石按地层接触关系主要有4套地层层序，自下而上出露二叠系梁山组、栖霞组、小江边组、车头组、茅口组、乐平组（见江绍一金华分区）、龙潭组（见长江中下游分区）、七宝山组（见江南分区）、大隆组（见长江中下游分区）、长兴组。

由于隆林期晚期发生全球性海退，华南广大的碳酸盐岩浅海地区都不同程度地缺失隆林期的地层，而与上覆的栖霞亚统

的地层呈平行不整合接触。在研究程度较高的贵州普安龙吟、晴隆花贡、六枝郎岱等地，沉积了一套碎屑岩，分为上下两部分。上部称包磨山组，产蜓类 *Robustoschwagerina*。该组在贵州六枝、盘州、水城一带由梁山组代替，往西、南两个方向灰岩增多，渐变为洒志组。下部称龙吟组，产 *Sphaeroschwagerina glomerosa*、*Pseudofusulina moelleri* 蜓类动物群和以 *Popanoceras* 为代表的菊石动物群。

阳新世早期的海侵形成了分布广泛的梁山组含煤岩系沉积和栖霞组。梁山组有两种岩类组合，一种是由黏土岩、页岩和煤层构成的沉积，另一种是由石英砂岩、粉砂岩和煤层多个旋回构成的沉积。与之相当的地层有阳新石灰岩底部煤层、栖霞底部煤系。梁山组与上覆栖霞组整合接触，与下伏地层以假整合、整合接触或以不整合接触，超覆于寒武系至石炭系不同层位之上。梁山组的同义名有鄂西的马鞍山煤系或马鞍煤系，鄂东南的麻土坡煤系，赣北的王家铺煤系，川南、黔北的铜矿溪层，华蓥山的阎王沟煤系，湘西的黔阳煤系，黔西南的晴隆组，黔西的歪头山煤系等。其层位相当 *Stylidophyllum volzi* 带或 *Misellina claudiae* 带，时代主要为阳新世罗甸期。栖霞组自下而上分为碎屑岩段、臭灰岩段、下硅质岩段、本部灰岩段、上硅质岩段和顶部灰岩段。碎屑岩段主要为海侵初期滨海沉积，在华南大部分地区，碎屑岩段层位相当于蜓类 *Brevaxina* 带，对应于罗甸阶最底部的蜓带。臭灰岩段为沥青质灰岩，产蜓 *Misellina claudiae* 带。在标准地点（南京栖霞山），*Misellina claudiae* 带之上还有 *Nankinella orbicularia* 带、*Schwagerina chihsiaensis* 带和 *Parafusulina multiseptata* 带。根据蜓类化石带，栖霞组的地层年代为罗甸期早期至祥播期末期。阳新世晚期在东南部出现碎屑岩沉积，盆地相和前三角洲相的孤峰组和文笔山组等；在西南部形成巨厚层的茅口组碳酸盐岩。阳新期末峨眉山玄武岩在华南西缘喷溢形成新的高地，乐平世海侵其周缘沉积了宣威组的近岸含煤沉积，并逐渐过渡为碳酸盐台地的吴家坪组和盆地相的大隆组，在华夏古陆两侧形成由翠屏山组和龙潭组构成的碎屑沉积。

吴家坪组是茅口组之上、长兴组之下含 *Codonofusiella* 动物群的灰岩，代表滨海 - 浅海相沉积，在甘青迤部称迤山组，其底部为王坡页岩段，与下伏茅口组顶部灰岩整合或假整合接触。下扬子区吴家坪期至长兴期的三角洲体系沉积称为龙潭组，与吴家坪组层位相当，二者为同期异相。龙潭组分布于湖北南部和东南部、安徽南部、江苏南部和浙江北部。该组与下伏堰桥组和上覆大隆组皆为整合接触。在华南西部康滇古陆一带，即川滇东部及黔西地区茅口组之上为峨眉山玄武岩假整合，该套玄武岩在湖北建始，贵州织金、晴隆等地的时代始于阳新统冷坞期，在分布区的东部延续时间较短，仅至吴家坪期初期，在西部的延续时间稍晚。这一地区吴家坪期的河流冲积相和滨海沼泽相沉积为宣威组，该组与下伏峨眉山玄武岩假整合或整合接触，与上覆飞仙关组或凉风坡组整合接触。大隆组与长兴组在不同地区或为相变关系，或为上下关系。长兴组通常指华南龙潭组与下三叠统之间局限台地相和台地斜坡相的以碳酸盐岩为主的地层，广泛分布于扬子分区。大隆组是指华南台洼相含菊石硅质岩、蒙脱石化玻屑凝灰岩夹泥灰岩的岩层，其时代变化于吴家坪中部至长兴阶顶部之间。

3. 华北 - 东北区

华北区二叠纪沉积序列的底部一般为滨海至海相细粒碎屑岩夹灰岩层，中部为滨岸沉积，上部为冲积相和湖相沉积。太原组上部由于含有 *Pseudoschwagerina* 等蜓类动物群而划归二叠系，含多层灰岩和大量海相动物化石。太原组以上华北地区则基本以陆相沉积为主。内蒙古至吉林一带的岩石地层序列大致为：下二叠统以含有蜓类动物群的阿木山组为特征，中二叠统以含有瓜德鲁普世牙形刺和丰富腕足动物群的呼格特组、哲斯组

和义和乌苏组为特征，晚二叠世为陆相碎屑岩沉积。

4. 塔里木区

海相二叠系主要分布在塔里木盆地西缘的柯坪、叶城至和田一带，属于船山世和阳新世早甸期。在塔里木盆地西北部，石炭系——二叠系的康克林组向东超覆于泥盆系或更老的地层之上，隆林期的全球性海退以后，先前的陆棚边缘和斜坡带被钙质细碎屑沉积为主的海湾代替，原先的陆棚区则形成三角洲。在塔西南地区，分别为中 - 下二叠统小提坎力克组火山岩及火山碎屑岩、中二叠统库尔干组碎屑岩夹煤线、上二叠统比尤勒包谷孜组紫红色、灰绿色含砾粗砂岩、砂岩，灰黑色泥岩，含圆饼状菱铁矿结核。含孢粉 *Piceaepollenites-Gardenasporite* 组合；植物 *Callipteris-Comia-Iniopteris* 组合和 *Callipteris-Shizoneura* 组合；双壳类 *Anthraconauta duwaensis* 组合。

在塔里木盆地内分别为上石炭统—下二叠统康克林组灰至灰白色中层块状泥晶、亮晶生物碎屑灰岩；下二叠统库普库兹满组砂质泥岩不均匀互层夹钙质泥岩、硅质泥岩及含砾泥岩组合，与塔拉奇组整合或假整合接触，上与杜瓦组整合；中二叠统开派兹雷克组杂色碎屑岩夹火山岩、火山碎屑岩组合，下与库普库兹满组整合，上与沙井子组整合或平行不整合；中上二叠统阿恰群碎屑岩以及上二叠统沙井子组粉砂质泥岩夹砂岩及含生物碎屑灰岩。

柯坪地区为卡仑达尔组，为黄灰、灰绿、灰、紫红、棕红色等杂色中 - 厚层块状钙质泥岩、粉砂质泥岩与厚层状钙质粉 - 细砂、中 - 粗粒砂岩不等厚互层，近底部夹中 - 薄层状灰褐色生物泥晶灰岩。下与巴立克立克组整合接触，顶部多为新近系和第四系覆盖。含介形虫：*Sulcella* sp.，*Geisina* sp.；双壳类：*Sanguinolites* sp. 及腹足类化石。

库鲁克塔格地区缺失二叠系地层。

铁克里克地区为棋盘组灰、灰黑、紫红、灰绿色泥岩、生物碎屑灰岩与砂岩、粉砂岩互层组合，下与塔哈奇组整合或平行不整合接触，上与达里约尔组整合接触。含腕足类 *Orthotetina* sp.，*Orthotetes* sp.，*Cancrinella truncate*，*Pseudoavonia lopingensiformis*，*P. cylindrical*，*Stenoscisma superstes*，*Schizophoria* cf. *juresanensis*；双壳类 *Aviculopecten culunensis* 等；另外还有苔藓虫及介形虫等。达里约尔组，以紫红、紫灰、灰绿色粉砂岩和泥岩为主夹砂岩和含砾砂岩及砾岩。下与棋盘组整合，上与叶尔羌群平行不整合接触，或与克孜勒苏群不整合接触。含介形虫：*Darwinula* cf. *pergusta*，*Darwinuloides dobrinkaensis* 等。杜瓦组以粗碎屑岩为主夹粉砂岩、碳酸盐岩组合。东薄西厚。下与普司咯组整合或不整合，上与叶尔羌群不整合接触。含孢粉 *Piceaepollenites-Gardensproites* 组合；顶部含双壳类 *Anthraconauta duwaensis* 组合和介形虫 *Panxiania-Volganella-Darwinuloides* 组合等。

5. 西藏—滇西区

二叠纪沉积是在冈瓦纳古陆北缘广阔的陆表海形成的，在西藏南部地区船山世地层以碎屑岩为主，含冰海相杂砾岩。阳新世地层基本缺失。乐平世地层广泛分布，以含有大量冈瓦纳型生物群的色龙群为特征，该组在早期划归瓜德鲁普统。滇西地区二叠系下统同样含有冰海相杂砾岩，往上瓜德鲁普统地层则以含有特提斯型生物群的沉积为主，乐平统则没有可靠记录。

在昌都—兰坪—思茅地区，里查组（P_1l）为碳酸盐岩夹板岩、砂岩夹硅质岩组合，局部夹灰绿色凝灰岩。产蜓 *Triticites-Rugosofusulina-Quasifusulina* 组合化石带。拉竹河组（P_2l）为碳酸盐岩夹碎屑岩，产蜓 *Ozawainella* sp. 和珊瑚 *Sinopora dendroides* 等化石。莽错组（P_2m）为碳酸盐岩夹碎屑岩，产蜓类、腕足类、苔藓虫、牙形石、珊瑚等化石，其中蜓以 *Misellina-Chubertella-Nankinella* 组合带内化石为主。坝溜组（P_2b）为碳酸盐岩、硅质岩和碎屑岩互层组合，产蜓 *Neoschwagerina* sp.、*Sumatrina* sp. 等化

石。交嘎组（P₂j）为碳酸盐岩，产螆 Cancellina-Neoschwagerina-Neomisellina 组合带分子及腕足、珊瑚等化石。羊八寨组（P₃y）为碎屑岩夹煤层、煤线。产植物 Gigantopteris nicotianaefolia、Lepidodendron acutangula；腕足类：Leptodus tenuis、L. nobilis、Dictyoclostus margaritatus；三叶虫 Pseudophillipsia chongqingensis；菊石 Leptogyroceras cf. dongshanglinense 等及苔藓虫等化石。上与歪古村组不整合或与那酶组为平行不整合接触，下与拉丁合组等呈平行不整合接触。妥坝组（P₃t）为碎屑岩夹灰岩及煤线组合，产 Gigantopteris-Lobatannularia-Lepidodendron 植物组合带分子。夏牙村组（P₃x）为火山碎屑岩组合，平行不整合于妥坝组之上，其上与甲丕拉组呈不整合接触。

羌塘盆地为先遣组（P₂x），含鲕粒灰岩、泥晶灰岩及少量的碎屑岩，灰岩中产大量生物碎屑，产大量腕足类及双壳类化石 Palaeolima fasciulicosta Lin、Psendolongissima sp. Lee、Palaeanodonta cf. Schizodus pinguis Gan 等化石，以及螆类 Parafusulina shaksgamensis、P. yunnanica、Neoschwagerina colaniae 和珊瑚 Szechuanophyllum szechuanense、Iranophyllum sp.、Waagenophyllum sp. 等化石。热角茶卡组（P₃r），下部为薄层石英砂岩、粉砂岩夹碳质页岩；中部为薄层状细粒长石砂岩夹砂屑灰岩；上部为中层中细粒砂岩和产砾粗砂岩夹碳质页岩和煤线。灰岩中产丰富的螆类、腹足类、腕足类等化石。上与下三叠统康鲁组呈整合接触。

冈底斯地区以拉嘎组（C₂-P₁l）和昂杰组（P₁a）为代表。拉嘎组为岩屑石英砂岩，产砾砂岩、粉砂岩，夹页岩、粉砂质页岩和少量薄层泥岩灰岩或微晶灰岩，产火山岩夹层。该组产冰水型 Lytvolasma sp. 珊瑚动物群和 Neospirifer sp.、Stepanoviella sp. 等腕足类动物群，火山岩夹层产异海扇 Heteropecten sp.，华氏三角海扇 Deltopecten cf. waterfordi Dickins、小花蛤 Astartella sp. 等。拉嘎组与永珠组连续沉积。昂杰组（P₁a）为灰绿、深灰色钙质粉砂岩、钙质页岩、碳质页岩、石英细砂岩。该组化石产腕足类 Neospirifer fasciger paucicostulata、Neochonetes sp.、Spiriferella cristata 和珊瑚 Lophophyllidium sp.、Wannerophyllum sp.、Amplexocarinia sp.、螆 Nankinella cf. inflata、N. oribicularia、N. sp.，有孔虫 Glomospira regularis Lipina 等，及苔藓虫 Fenestella perelegans。昂杰组与下伏拉嘎组碎屑岩呈整合接触（石和等，2001；卢书炜等，2010；安显银等，2015）。

藏南地区以基龙组（P₁j）和色龙群（P₂-₃s）为代表。基龙组者可分为两段：下段称扎达日段，为深灰色、墨绿色产砾（砂质）板岩、产砾砂岩，夹页岩、砂岩和玄武岩，产少量腕足化石碎片；上段亦称查雅段，以灰白色石英（岩状）砂岩为主，夹粉砂岩、砂质页岩，岩性较稳定。上段产冷水动物群的腕足类 Stepanoviella 和双壳类 Eurydesma、单体珊瑚、三叶虫等化石。基龙组与下伏石炭系为平行不整合接触。色龙群（P₂-₃s），可以分为下部的曲布组和上部的曲布日嘎组。

四、三叠纪

下三叠统分为印度阶和奥列尼克阶。印度阶底界的国际标准在我国长兴煤山，以牙形刺 Hindeodus parvus 首现为标志。相应的菊石二叠系—三叠系界线在国际上划在 Otoceras boreale 带内（上、下亚带之间），我国西藏有对应化石带（O. woodwardi 和 O. latilobatum 带）。西南地区的飞仙关组和大冶组为不同相区的印度阶地层单元，夜郎组代表二者之间的过渡相。我国的巢湖阶大致相当于奥列尼克阶，取名于安徽巢湖市马家山，包括和龙山组及南陵湖组。西南地区奥列尼克阶以嘉陵江组、永宁镇组、安顺组为代表，其顶界常用"绿豆岩"作为标志。我国的安尼阶代表地层是贵州贵阳南青岩镇附近的青岩组（位于盆地与台地交界区）。安尼阶分出 4 个牙形刺带、4 个菊石带、1 个台地相双壳类组合和 2 个盆地相带。安尼阶下部菊石 Paracrochordiceras-Japonites-Lenotropites 带（或 Leiophyllites-

Ussurites 层）大致与国际上 Japonites welteri 带或 Lenotropites caurus 带对比；向上分别为 Nicomedites yohi 带、"Paraceratites" binodosus 带和 Paraceratites trinodosus 带。安尼阶 3 至 4 个牙形刺带分布比较广泛，可作划分标准。四川的雷口坡组，贵州台地相的关岭组和杨柳井组，黔北的松子坎组和狮子山组，青海的闹仓坚沟组、郡子河组，四川盐源的盐塘组，云南丽江、宁蒗的北衙组，广西的果化组，湖北的陆水河组和巴东群下部，以及下扬子的周冲村组和仙鹤门组等，都产此双壳类组合，时代均为安尼期。拉丁阶包括 Fassan 和 Longobard 两个地方性亚阶。我国南方的拉丁阶很特殊，是海退期的产物。海退导致台地相海相沉积严重缺失或很不完整，如四川盆地大部分地区，安尼期雷口坡组之上直接覆盖晚三叠世诺利期须家河组或小塘子组，缺失拉丁期甚至晚三叠世早期沉积；仅个别地区（龙门山山前凹陷）有少量拉丁阶的地层，即原天井山组下部（现名黄莲桥组），其时代据有孔虫确定。另在云南宁蒗、丽江和四川盐源的白山组或相当地层，以及贵州的垄头组和改茶组等，以白云岩和白云质灰岩为主，产双壳类 Entolium、腕足类、海百合茎等，可能都是拉丁期局限性的残留蒸发海湾沉积。上三叠统华南分化为东西两部分，西部地区生物继续出现特提斯区系特征；东部地区（及黑龙江东北外来地体区）的生物呈现北极—太平洋区系特征，与日本、俄罗斯滨海地区，甚至北极区关系密切。我国卡尼阶内牙形刺 Neogondolella polygnathiformis 带分布广泛，被视为特征化石；菊石分 6 个带；双壳类分 2 个带（组合）。我国的亚智梁阶命名地在西藏聂拉木县土隆村亚智梁，包括赖布西组顶部至扎木热组，以牙形刺 Neogondolella polygnathiformis 首现为标志。台地相卡尼早期地层代表有四川舍木笼组下部、马鞍塘组，云南中窝组下部，青海玉树地区肖怡错组下部等，产菊石 Trachyceras aon、Sirenites、Australotrachyceras 等。南盘江盆地的主体部分（广西和黔西南大部分地区）在中三叠世末已"回返"，卡尼早期只在原盆地的边缘形成沉积（以浊流碎屑岩为主），如贵州西南部贞丰以西的赖石科组，及云南东南部罗平、广南一带的菜子塘组，产菊石 Trachyceras multituberculatum 带及双壳类 Halobia rugosoides-H. subcomata 带。卡尼晚期台地相生物群发现于四川盐源舍木笼组上部、峨眉跨洪洞组下部、贵州把南组和三桥组下部、云南罗家大山组下部等，产菊石 Tropites 类群；其中双壳类以 Burmesia multiformis 种类（亦称 Pseudoburmesia）为特征化石（此组合尚待进一步研究）。盆地相或断隆区的卡尼晚期地层以滇中云南驿组为代表，产 Halobia pluriradiata-H. yunnanensis 带；此带在滇西（歪古村组上部）及川西-藏东区（图姆沟组下部）也较普遍。我国的"土隆阶"被认为大致相当于诺利阶和瑞替阶。土隆阶命名于西藏聂拉木县土隆村，包括达沙隆组、曲龙共巴组和德日荣组，可分 5 个菊石带，其中，最低为 Nodotibetites nodosus 带，最高为 Mesohimavatites columbianus 带。双壳类 Burmesia lirata-Costatoria napengensis-Pergamidia 组合在我国特提斯海区分布很广，时代为早-中诺利期，可以作为无或少菊石地层划分对比的重要依据；此组合之上的 Halobia plicosa 带，属中诺利期。华南西部三叠系最高层位的双壳类是 Yunnanophorus 组合，组合内均为非海相或半咸水相的属，如 Yunnanophorus、Tulongcardium、Indosinion 等，属晚诺利期至瑞替期。华南广大地区及青藏大部分地区三叠纪最高地层是非海相沉积（含煤地层），普遍产植物（Dictyophyllum-Clathropteris 群）、双壳类（Yunnanophorus 组合）及叶肢介、介形类等，如唐古拉区的土门格拉组，藏东的夺盖拉组，川西的喇嘛垭组和格底村组，川滇交界区的冬瓜岭组或新营村组，滇中的白土田组和一平浪组，四川的须家河组，鄂西南的沙镇溪组，鄂东南的鸡公山组，湖北远安、南漳等地的王龙滩组和九里岗组，贵州的二桥组，下扬子的范家塘组和拉犁尖组，浙江的乌灶组，福建的文宾山组，江西、湖南、广东的三垅田组、头木冲组等。

第三部分　中国泥盆纪—三叠纪岩相古地理特征

整个海西—印支期，不同阶段、不同地区的盆地性质不同，因而沉积盆地演化和岩相古地理变迁也有区别。中国南方沉积地壳经历了板内拉张—被动边缘（或者克拉通盆地）—弧后盆地—前陆盆地的演化过程；华北沉积体整体为一个克拉通，海西期末北部经历了与西伯利亚板块碰撞拼合的演化过程，在南部边缘，古秦岭洋板块的俯冲碰撞活动向东西两端迁移，西端迁移至西秦岭，东端迁移到大别地块北侧的北淮阳。鄂尔多斯盆地晚古生代沉积模式的演化转变、空间展布受控于华北板块与西伯利亚板块碰撞过程中构造体制的转变，同时与板块碰撞形式的转变引发了区域古构造体制的重组、物源区差异性隆升、沉积盆地古地貌特征的演变和基底断裂间歇性的拉张复活和碰撞过程中华北板块伴随的逆时针旋转等因素有关。塔里木板块经历了长期复杂的漂移演化，晚古生代它拼贴在欧亚大陆南缘成为大陆边缘增生活动带的一部分，在晚古生代末期到中生代，塔里木板块受特提斯构造带控制，由于羌塘地块、印度板块等与欧亚大陆碰撞，随着特提斯洋闭合，塔里木成为大陆内部稳定地块及沉降的山间盆地。

一、中国泥盆纪岩相古地理特征

1. 华北陆块及其周缘

华北地区的泥盆纪岩相古地理和早古生代相比发生了较大改变。加里东构造运动的发生，使中国北方尤其是华北地区主要为陆地，仅在东北地区存在沉积，东北地区存在额尔古纳古陆和松嫩古陆，古陆周缘主要为浅海 - 半深海沉积，其沉积类型主要是海相活动型含火山物质的碎屑沉积组合和碳酸盐组合，稳定型海相浅水沉积，以及半深海 - 深海泥质、硅质、碳酸盐组合。早泥盆世晚期（埃姆斯期）—中泥盆世早期（艾菲尔期），在伊春等地短暂出现了滨浅海相砂泥沉积。

2. 塔里木、准噶尔地区及其周缘

志留纪伊始，塔里木盆地整个泥盆纪时期沉积环境较为稳定，主要在塔中—塔西地区沉积一套滨浅海相砾岩、砂岩以及浅海陆棚相碎屑岩与碳酸盐岩组合。塔西南—塔南地区在中晚志留世，中昆仑弧与塔里木板块碰撞并焊接，使岩石圈挠曲变形，一方面形成周缘前陆盆地，另一方面使早期的西南隆起急剧沉降，导致盆地内部形成了三隆两拗的构造格架；西南拗陷的沉积范围很大，泥盆系直接不整合在盆地边缘的前寒武系之上，主要为一套滨海 - 陆棚相的紫红色砂岩夹薄层灰岩，残厚300～700m。而盆地北缘的南天山洋的发育与消亡过程，控制着整个泥盆纪沉积环境的演化，早一中泥盆世发育一套浅海陆棚相砂泥岩组合以及半深海泥质、硅质岩组合。直到晚泥盆世，塔里木东端与中天山碰撞，继而形成塔里木向北的 A 型俯冲，致使在盆地南缘形成了规模宏大的周缘隆起，只在南天山一线可能残留台地相碳酸盐岩沉积。

泥盆纪准噶尔古陆及阿尔泰山北部与俄罗斯山区阿尔泰一起组成的阿尔泰古陆已经存在，其间为残余准噶尔洋，表现为半深海沉积环境。盆地腹部自中泥盆世晚期（吉维特期）演化为滨浅海砂泥岩组合环境。东准噶尔北部晚泥盆世主要为一套砂岩、粉砂岩沉积，从西准噶尔的克拉玛依地区一直延伸至额尔古纳地区，为浅海陆棚沉积环境；在老君庙地区大量沉积一套火山岩沉积。西部温泉县上泥盆统托斯库尔他乌组冲积扇 - 滨浅海三角洲沉积不整合。科克森套山地区泥盆纪沉积是在地块拼贴过程中形成的深水重力流。科克森套山地区的晚泥盆世，由于准噶尔洋逐渐俯冲、消亡，此时北天山海槽也俯冲并褶皱抬

隆起，使得吐哈和准噶尔连为一体。此时期，东准噶尔南部与北天山晚泥盆世为岩相沉积，发育一套以滨浅海相为主的绿色硬砂岩。其东西部差异明显。精河县以西以冲积扇 - 浅海相沉积为主。精河县以东以枕状玄武岩、硅质岩、浊积岩等有限洋盆（未分海）的沉积为特征，其中以巴音沟蛇绿岩为代表。西部上泥盆统托斯库尔他乌组底部为冲积扇相底砾岩，分别不整合在早元古代温泉群、奥陶系呼独克达坂组、中泥盆统汗吉尕组等不同层位之上，其上为稳定的滨浅海相沉积，其中以浅水型三角洲沉积为特征，分期分流河道叠加，河口坝较不发育。

3. 华南板块及其周缘

加里东构造运动后，扬子与华夏、湘赣桂黔成为统一的华南大陆。原上、中、下扬子主体沉积区转为隆升剥蚀区，早泥盆世早期仅在钦防保留一个狭长的海域，向南西可能与三江地区的古特提斯洋相通。该区域早泥盆世埃姆斯期至中泥盆世早期，属于沉积充填和向碳酸盐海转换的过程，混积潮坪→碳酸盐台地交互发育。中泥盆世吉维特期至晚泥盆世基本继承了之前的古地理演化趋势，逐渐演化为较为稳定的碳酸盐台地沉积；仅晚泥盆世海域略有收缩。右江盆地受同生断裂影响，台、盆相间的格局进一步发展，可分解为多个地堑式台盆和孤立台地。台盆沉积低能的硅灰泥和黑色页岩，台地则发育礁滩和滑塌堆积。桂中一湘中浅海扩大，发育低能细粒沉积物。在赣西、粤北的近陆地区，发育河流、冲洪积相沉积物。下扬子则为碎屑滨岸相区，其东南与钱塘裂陷盆地相连，构成较统一的滨浅海盆地。闽浙地区为碎屑滨浅海，在长沙一带与湘中南、湘桂浅海相连。另外，在上扬子地区的西北缘地区由于受到勉略洋盆演化的控制，早一中泥盆世发育一套碳酸盐台地边缘相沉积，晚泥盆世由于东段的陆陆碰撞演化为滨岸相砂泥岩沉积。

4. 青藏—秦祁昆地区

泥盆纪，原特提斯洋开始萎缩，随着西冈瓦纳的南欧与原始美洲（波罗的大陆与北美大陆碰撞后的大陆）的碰撞，被分割为西部的瑞亚克（Rheic）洋和东部的古特提斯洋。古特提斯洋东、西边缘均转化为活动大陆边缘。而整个青藏—秦祁昆地区为东部的古特提斯洋演化的中心，洋陆格局对于沉积环境的控制十分明显。在此构造背景下，祁连山以及昆仑山北部的前陆盆地，早一中泥盆世大部分隆起，只在南缘昆仑一带发育潮坪 - 台地相，沉积布拉克巴什组、库山河组等碎屑岩、灰岩组合；晚泥盆世早期转化为山间盆地，局部发育河流相砂泥岩沉积。晚泥盆世晚期，昆仑地区趋向边缘裂解，沉积了牦牛山组上部海相沉积，并具有向上水体变深的退积型充填序列。此时的北羌塘—三江地块与裂谷（初始海盆）间的格局孕育，位于赤道附近，其中北羌塘、昌都地块、中咱 - 香格里拉地块以浅海相碎屑岩、碳酸盐岩沉积为主；垂向上具有下部滨岸相碎屑岩、上部碳酸盐岩的向上水体变深的沉积序列。沿金沙江—哀牢山带、乌兰乌拉湖—北澜沧江带有放射虫硅质岩沉积，表明已发育了半深海 - 深海盆地沉积，局部地段已准洋盆化冈底斯—喜马拉雅属于冈瓦纳大陆北部陆缘海，位于南纬20°以南地区。总体来说，该区具有南部以碎屑岩沉积为主、北部以碳酸盐岩沉积为主的特点，岩浆岩不发育，代表稳定的沉积构造背景。

二、中国石炭纪岩相古地理特征

1. 华北陆块及其周缘

早石炭世华北板块整体为陆，东北地区存在着海相沉积，

总体上是一个海退过程。整个华北板块都隆升成陆地，成为剥蚀区。东北地区，最北部的额尔古纳古陆为南部沉积区的主要物源区，发育粉砂岩、砂岩及泥页岩的潮坪沉积环境与粉砂岩夹泥页岩的浅海陆棚沉积环境，沉积相带的展布呈东西向。而巴彦淖尔—锡林浩特—兴安盟一线的广大地区由于受到古亚洲洋盆俯冲的影响，普遍发育一套较深水的粉砂岩夹泥页岩的沉积环境。东部地区，至早石炭世维宪期—谢尔普霍夫期，松嫩古陆为主要的物源区提供，沿此古陆河流沉积较为发育，岩性主要为一套砂岩沉积。在更为东部的长春市及其以东地区，则主要发育一套砂岩、粉砂岩夹泥页岩的浅海陆棚沉积环境。

晚石炭世东北地区则继续发生海退，且陆地面积加大，在黑河—齐齐哈尔一线发育河流砂泥岩组合。华北广大地区开始接受海侵，海侵方向由北东向南西方向侵入，开始了包括鄂尔多斯地区在内的华北晚古生代沉积盆地的充填，盆地性质为受限陆表海，东部地区海水主要由东及北东方向侵入。该时期的沉积特点表现为，基底的不均匀沉降，沉积受中央古隆起阻隔，东部地区主要为碳酸盐潮坪—障壁砂坝—潟湖—浅水三角洲沉积，西缘地区主要表现为海湾（潟湖）—潮坪沉积的古地理格局。南部地区的盆地基本消亡，主要发育潮坪、浅海相沉积，岩性以碳酸盐岩和泥岩、粉砂岩混合沉积。辽东及鲁中地区发育潮坪相灰岩夹泥岩、砂岩组合；在北部阴山古隆起附近发育河流及三角洲相砂岩、泥岩组合，局部地区发育冲积扇相砂砾岩组合；华北板块南部靠近秦岭构造带地区发育残积相铝土质泥岩；秦岭构造带北部的商城—金寨地区发育深水浊积扇相砂砾岩与泥岩；整体表现出南北分带、东西展布的特点。

2. 塔里木、准噶尔地区及其周缘

构造隆升形成的古构造地貌格局制约着塔里木盆地晚泥盆世和早石炭世的沉积古地理的分布，石炭纪是继奥陶纪之后的又一次大海侵，海水由西向东推进，部分隆起被海水淹没，盆地东北部—东部依然是古隆起。早石炭世，塔中地区主要为一套台地相沉积，发育开阔台地和局限台地相沉积。西南拗陷与西昆仑北部边缘海相连，接受了一套浅海陆棚—台地边缘浅滩-斜坡碳酸盐岩为主夹砂泥岩的沉积，厚600～1400m。东南隆起缺失石炭系。西北缘以西的半深海斜坡相区发育了巨厚的浊积碎屑岩体系。总之，石炭系形成了东薄西厚的沉积特征，这是由于塔里木西北侧的石炭系残余洋盆在二叠纪初向塔里木俯冲，残余洋自北东向南西呈剪刀式闭合所致，这与塔里木盆地早古生代伸展裂谷造成的下古生界东厚西薄形成了鲜明的对照。晚石炭世，古隆起范围有所扩大，但依然延续了早石炭世时期的沉积古地理。塔中地区主要为一套局限台地相沉积。西南拗陷与西昆仑北部边缘海相连，接受了一套浅海陆棚夹泥岩的沉积，厚600～1100m。东南隆起缺失石炭系。西北缘以西的开阔台地相区发育了较厚的灰岩。晚石炭世依然具有东薄西厚的沉积特征。

早石炭世，准噶尔盆地及周缘整体进入软碰撞-主碰撞造山阶段，构造活动加剧，致使海陆分布发生重大变化，同时海侵继续，古陆的范围有所缩小。虽然其总体古地理格局仍围绕准噶尔—吐哈、阿尔泰、伊宁以及中天山等古陆、隆起区展布，但相对于前期出现显著变化。准噶尔—吐哈古陆仍连为一体，但其范围已有所缩小，北部塔城古陆、阿尔泰隆起范围无变化，伊犁地区温泉古陆淹没于水体之下，接受沉积。这些古陆及隆起为周缘盆地的沉积提供了丰富的物源，围绕准噶尔—吐哈古陆周缘发育砂岩、粉砂岩及泥岩的滨浅海沉积环境。阿尔泰南缘则发育滨岸、浅海陆棚相等滨浅海沉积环境。准噶尔西北缘达拉布特地区、南缘巴音沟地区以及康古尔塔格地区发育次深海-深海相粉砂岩、粉砂质泥岩及火山碎屑浊积岩沉积。克拉玛依—乌尔禾—夏子街—托里一线发育海相火山岩、火山碎屑岩沉积相，表现为滨浅海沉积环境。伊犁地区整体上发育碎屑岩及火山碎屑岩的滨浅海相沉积。晚石炭世，天山洋盆、

康古尔洋盆俯冲消亡关闭，整个地区进入陆内盆地演化阶段，准噶尔—吐哈微板块与周缘各大板块开始拼贴为一个过渡型陆壳，陆内发生较大规模的弱伸展运动（裂谷裂陷—断陷—拗陷阶段），陆间残余海盆发育。在此构造环境下，准噶尔—吐哈地块发育砂岩、粉砂岩及泥岩滨浅海相沉积。整个准噶尔盆地东北缘发育陆相火山岩及火山碎屑岩相带。北部的阿尔泰隆起南缘发育哈巴河—富蕴以及库玛苏正常碎屑岩夹火山岩河湖相沉积，在吉木乃县地区为湖相三角洲沉积环境，发育中-酸性火山熔岩及火山碎屑岩、正常碎屑岩夹碳质泥岩和煤层。准噶尔及准噶尔南缘仍然发育次深海相沉积。在伊犁黑比尔根山北缘—博格达山地区（西至精河地区，东至七角井地区）发育浅海相碎屑岩—碳酸盐岩混积陆棚沉积环境，乌鲁木齐以及七角井等局部地区发育次深海相沉积。伊宁、霍城等地区发育陆相火山岩及火山碎屑岩相沉积环境，向外展布发育滨岸三角洲及滨浅海相碎屑岩及碳酸盐岩沉积；在昭苏—特克斯一带发育次深海相泥岩、粉砂岩等复理石沉积。

3. 华南板块及其周缘

华南石炭纪的盆地展布与泥盆纪无本质区别，仍以右江、黔湘桂为主要沉积区。由于晚泥盆世和早石炭世初的海退，海域范围缩小。早石炭世晚期海域再度扩大，并与下扬子连通。早石炭世，右江地区保留台、盆间格局，除陆地边缘沉积碎屑物，基本以潮坪、局限台地相的白云岩、泥灰岩、生物灰岩为主，台盆则为硅质岩和泥灰岩互层。钦防盆地面积缩小，水体相对变浅，沉积硅质岩与泥岩互层，并来少量火山岩。桂东北地区为局限台地白云岩和台盆硅质岩沉积。晚石炭世全为碳酸盐岩沉积，台、盆格局不明显，浅水沉积区占据主体，仅钦防地区仍为深水。该时期，华南构造活动相对稳定，以克拉通盆地发育为主要特征。中扬子、下扬子向南与华南连为统一海域。右江地区为碳酸盐台地-台盆相间，沉积碳酸盐岩夹硅质灰泥岩，钦防地区仍为欠补偿的深水硅质岩夹火山沉积。下扬子克拉通的南京等地，发育台内核形石滩和白云石化，向西在鄂中地区与上扬子台地相连。湘赣地区均为灰岩或白云岩的局限台地-开阔台地。在闽浙隆起相附近则为碎屑岩边缘相带，包括滨岸相、潮坪相等，岩相复杂。而上扬子地区西北缘一线，呈狭长状发育潮坪-局限台地环境，主要为一套灰岩夹碎屑岩沉积。

4. 青藏—秦祁昆地区

青藏—秦祁昆地区石炭纪地质体零星出露，研究程度较低，故把该地区的整个石炭系作为整体一起进行研究与论述。石炭纪，非洲、南美和原始欧美陆块持续碰撞，海西造山带向东、西扩展，西部的瑞亚克拉通消减殆尽。洋-陆俯冲作用发生在环古特提斯洋的大部。塔里木陆块群以及华北陆块位于古特提斯洋与外围泛大洋之间。石炭纪，海侵范围扩大，除阿尔金、塔里木东南和阿拉善为隆起剥蚀区外，主体为浅海相碎屑岩、碳酸盐岩沉积。青海宗务隆山和西昆仑库尔良—恰尔隆—奥秋塔格一带出现断续相连的半深海盆地碎屑岩、基性火山岩沉积。垂向上碎屑粒度由粗到细变化明显，表现为海侵序列。南昆仑多处发育蛇绿岩组合，玄武岩中获得早二叠世的K-Ar、Ar-Ar法年龄，表明早中二叠世依然存在俯冲。甘孜理塘带的竹庆镇含有早石炭世—晚三叠世放射虫。南昆仑与甘孜理塘之间的巴颜喀拉山群分布区，推测为洋盆。北羌塘-三江地块与小洋盆间杂的格局形成。其中，扬子本部和若尔盖地块总体为浅海相碎屑岩、碳酸盐岩沉积，岩浆岩不发育，反映稳定沉积环境。北羌塘-三江地块表现为堑垒相间的沉积格局。北羌塘、昌都、中咱地块上，主体为浅海相碎屑岩、碳酸盐岩沉积，岩浆岩不发育；而金沙江—哀牢山、乌兰乌拉湖—北澜沧江地块主体为斜坡到深海盆地相沉积，断续出露蛇绿岩组合，表明已发育成洋盆。冈底斯—喜马拉雅地区，受龙木错—双湖蛇绿岩代表

的古特提斯洋大洋岩石圈板块向南俯冲作用控制，石炭纪东部地区转换为陆缘弧。其中，北冈底斯以浅海碎屑岩沉积为主，局部发育碳酸盐台地，东部来姑组夹有中-基性火山岩，并有零星闪长岩体侵入。南冈底斯-喜马拉雅总体具有浅海沉积特征，以碎屑岩、碳酸盐岩为主的沉积特征，间夹有少量火山岩，表明构造环境渐趋活动。

三、中国二叠纪岩相古地理特征

1. 华北陆块及其周缘

早中二叠世，华北地区海侵主要发生在东南地区，形成了沉积相带具"南北分带、东西展布"特色，且由南向北，沉积相由陆相向海相过渡，北部地区以冲积扇、河流、三角洲沉积体系为主，向南过渡到以潮坪、障壁-潟湖沉积体系，并与台地共生，在盆地西部鄂尔多斯地区则形成了局限海沉积，其与潟湖、潮坪等共生。该时期东北地区呈现出主体为陆相沉积区、周边为古陆的格局；结合带处则以滨海浅海沉积为主。

中二叠世空谷期，华北地区的沉积体系以过渡相为主，北部发育了陆相河流相沉积，向南发育了河控浅水三角洲相沉积体系；南部则以障壁海岸（潮坪）沉积体系为主，反映了海水由北向南逐渐退出。东北地区呈现出主体为浅海相沉积，局部发育海陆过渡相沉积，周边为古陆的格局；本区古陆主要为三大块：西北部的额尔古纳—东乌珠穆沁旗古陆，面积最大，为其东部海区的物源；东侧佳木斯古陆，为其西、东、南三方沉积区物源；西南侧多伦—赤峰古陆，为其周边沉积区的丰富物源区。沃德期—卡匹敦期开始（即茅口晚期），华北地区从北而南依次分布着：河流沉积体系、三角洲沉积体系、湖泊沉积体系。显著特征为河流沉积体系广泛发育，分布于北京—银川一带，呈东西向展布。三角洲沉积环境更为发育，占据了华北板块的大部分地区。湖泊沉积体系萎缩于平顶山、太康一带以及济南等地。东北地区的古地理格局在该时期无太大变化，在其周缘依然为隆起剥蚀区，在巴彦淖尔—兴安岭一线的广大地区发育砂砾岩、砂岩的河流相沉积环境，哈尔滨—长春等地为该时期的沉积沉降中心，发育泥板岩、粉砂岩等湖泊沉积环境。

晚二叠世吴家坪期，阴山古隆起与秦岭构造带中间的华北地区中部主要发育河流、湖泊等沉积环境。东部天津—邢台—邯郸—藤州等区域发育泛滥湖盆沉积环境，德州—肥城—新汶等地同样如此。华北板块中部的广大地区发育深水湖盆相沉积环境，发育粉砂岩、粉砂质泥页岩、泥页岩沉积。沉积相的平面组合特征及展布规律，揭示了该时期的湖水仍然来自东南方向，南华北多次受到海泛的影响。银川—北京一线依然广泛发育河流相沉积环境，岩性无变化。而华北板块往北的东北地区，呼和浩特—沈阳一线隆升成陆，长春等地区广泛发育砂砾岩、砂岩等河流相沉积环境。哈尔滨等地区为沉积沉降中心，发育湖泊沉积环境，为一套砂岩为主的沉积。长兴期，华北地区进一步演化为陆内拗陷盆地沉积，海水仍然来自东南方向，盆地腹部以南北古陆为物源，从古陆向腹部依次发育河流和湖泊三角洲环境，湖泊分布在济南—天津—沈阳一线以东。东北地区依然是三大古陆围限的河流和湖泊沉积。

2. 塔里木、准噶尔地区及其周缘

塔里木地区，早-中二叠世栖霞期南天山弧后盆地和北部古大洋消亡，塔里木板块与中天山地块、哈萨克斯坦—准噶尔板块最终碰撞拼贴，古天山造山带相继形成，与准噶尔盆地、北山等地连为一体成为隆起区。盆地内部区域抬升，海水从东向西逐渐退出。北部拗陷早中二叠世主要为一套潮坪-台地沉积，残厚600～1500m；局部地区发育小型的河流相沉积。西南拗

陷在早-中二叠世为一套潮坪相的碎屑岩沉积环境。准噶尔及周缘地区，早-中二叠世地层出露较广泛但极为零星，地层厚度在各区块差异也较大。随着碰撞造山作用，准噶尔盆地及周缘海水逐渐向东南方向退去。盆地北部沉积以河流-三角洲相沉积体系为主，盆地西缘和南缘以冲积扇-扇三角洲相沉积体系为主。东北缘地区首先隆起为陆，并伴有强烈的火山活动，在火山活动停息阶段局部曾出现小规模的湖泊，但广大地区则以冲积扇-河流环境为主。该时期水体迅速扩大加深，接近海水特点，风城组可能形成于陆缘近海湖泊环境。盆地腹部地区早二叠世发育一个古隆起，凸起顶部缺失下二叠统地层，其范围大致与现今莫索湾凸起一致，长轴方向在平面上呈北西西方向展布。盆地南缘早-中二叠世以扇三角洲及陆源近海湖泊为主，以石人子沟期至塔什库拉期局部层段表现出短暂的海进海退过程，塔什库拉组中下部的浊积岩代表了最大海侵面，其上部白云岩的出现及长石岩屑砂岩的增多则反映了大规模海退。三塘湖地区的卡拉岗组岩性组合特征为大套褐红色中酸性火山岩夹火山碎屑岩和少量碎屑岩，表明本组为陆相喷发相火山岩相间或滨岸带沉积环境。

至中二叠世空谷期，塔里木盆地海水进一步退出，滨海相沉积环境消失。沉积与沉降中心依然在塔中及塔西南一带，发育河流相砂岩、粉砂岩及粉砂质泥岩沉积环境，沉积水体进一步变浅。只在塔西南外围昆仑地区发育浅海陆棚相沉积。准噶尔及周缘地区，全面发育陆内陆相沉积，为河流-湖泊沉积，主要在乌鲁木齐及周缘地区。沃德期—卡匹敦期开始（即茅口晚期），准噶尔南缘和博格达地区在继承早二叠世裂谷型盆地的基础上，逐渐向深水湖盆演化。在整个新疆北部地区形成了弥散型的中二叠世裂谷-拗陷型的沉积盆地群。中二叠世晚期伊林哈比尔尕尔和博格达山抬升隆起成为物源区，准噶尔盆地作为独立且统一的内陆盆地开始了自身的演化历史。

晚二叠世吴家坪期，塔里木结束了克拉通原型盆地的发育历史，开始进入碰撞期后陆内造山-前期前陆盆地演化、后期大型内陆盆地发展阶段。从此，古生代所形成的隆拗构造格局消失，塔里木逐渐演化成为现今完整统一的内陆盆地体系。该时期主要在盆地的西南缘发育冲积扇、河流、辫状河三角洲以及湖泊相沉积环境。物源主要来自北东部的隆起区以及西南缘的隆起区，古地理单元呈西南—北东向展布。准噶尔盆地及周缘，上乌尔禾组沉积范围超过下乌尔禾组沉积范围，腹部地区除陆梁隆起以上的石西地区、夏盐地区缺失上乌尔禾组外，在陆梁凸起以南、西北缘皆有分布。陆梁隆起的东部及乌伦古拗陷沉积了一定厚度的上乌尔禾组，东部隆起区沉积范围较下乌尔禾组明显扩大。博格达山地区下仓房沟群为一套海西运动之后，在地形差异较大、气候较为干燥炎热环境下的山麓冲积物和河湖相沉积。其中，泉子街组的突出特征是一套紫红色、棕红色的山麓冲积物，主要由砾岩、砂砾岩和砾状砂岩组成。南北两麓的岩性和相序特征均可类比，其中以北麓吉木萨尔县大龙口和南麓吐鲁番大河沿地区为典型。大龙口地区的泉子街组与下伏红雁池组浅湖相灰色泥岩为假整合冲刷接触，为扇顶和扇中亚相泥石流沉积产物和扇缘具间歇性辫状水道的沉积产物。晚二叠世长兴期，塔里木盆地及周缘延续了吴家坪期的沉积格局，以冲积扇、河流、辫状河三角洲以及湖泊相沉积环境为主，主要在塔中—塔西南地区。准噶尔盆地及周缘同样以冲积扇、河流以及湖泊相沉积环境为主，断续分布。

3. 华南板块及其周缘

早-中二叠世上扬子大部成为陆地，滇黔桂是主要沉积区。中二叠世是挤压构造演化的成熟阶段，出现一次最大海侵，海水几乎将早古生代的隆起区全部淹没，形成最大范围的华南统一克拉通盆地，并向北与南秦岭海盆、向南与右江海盆相连。但在华南东南部仍有小范围的闽浙隆起和边缘相带存在。从构造演化的角度，中、晚二叠世间的东吴运动十分重要，导致华

南进入印支构造演化的新阶段和造山过程。岩相古地理上，该时期受石炭纪末的滇黔桂运动影响，除右江盆地、钦防海槽等地区，华南大部成为隆起剥蚀区。上述沉积区以硅质页岩、砂泥岩为主。其余地区则以隆起为物源发育潮坪相及碳酸盐台地相沉积，在钦防等地发育半深海相沉积。东南部总体为开阔台地环境，沉积生物碎屑灰岩，在闽西南为灰岩、白云岩、砂泥岩灰岩。浙赣湘桂地区为深水陆棚环境，沉积灰黑色泥晶灰岩、泥质灰岩夹黑色页岩。扬子地区为自西向东倾的碳酸盐大台地。中上扬子发育开阔台地和风暴沉积，台内有一些高能浅滩。围绕川滇古陆、黔中等地区，为局限台地白云岩、生物碎屑灰岩。遵义、毕节等地发育台盆硅质岩和锰矿沉积。在下扬子，由北向南依次为潮坪－潟湖、局限台地、开阔台地。右江地区再次成为台、盆相间，并发育狭窄的台缘斜坡相带。钦防地区仍为半深海相硅质岩。

中二叠世沃德期—卡匹敦期（茅口期）海平面稳定，属东吴运动的前奏，扬子北缘、西北缘已有拉张伸展。东部地壳抬升引发陆进海退，东南部自隆起以外，发育三角洲沉积环境，沉积砂泥岩和煤层沉积物。中上扬子碳酸盐台地向东迁移，大面积发育碳酸盐台地沉积环境，沉积生物碎屑灰岩和泥晶灰岩，局部地区发育浅滩相沉积、台缘斜坡相以及相对深水的台盆相沉积。川东北地区发育拉张伸展背景下的孤峰组黑色岩、硅质岩沉积。右江地区再次成为台、盆相间，并发育狭窄的台缘斜坡相带和孤立台地相沉积。

晚二叠世吴家坪期的古地理面貌变化较大。中上扬子康滇古陆地区及周缘发育河流相及海陆过渡相沉积，发育一套碎屑岩沉积。河流沉积环境主要沿康滇古陆发育一套粉砂岩、泥岩等沉积；向东发育三角洲相－潮坪相沉积环境，为典型的碎屑岩沉积。扬子其他地区依然发育一套碳酸盐岩沉积，发育局限台地及开阔台地相沉积，北缘则发育浅水陆棚－浅滩相沉积。华夏地区则以一套海陆过渡相沉积为主，发育潮坪相及三角洲相砂岩、粉砂岩，泥岩等沉积。华夏与扬子过渡区则依次展布滨浅海相和台缘斜坡相沉积，右江盆地等地区依然以发育台盆相沉积为主。随后进入海侵阶段，但海侵范围较中二叠世有明显缩小。中上扬子沉积相带呈东西分带、南北分异，仍以开阔台地、局限台地（缓坡型台地）为主，沉积含生物碎屑灰岩。长兴期海平面持续上升，出现边缘礁、滩相，向外侧进入硅质岩相对深水盆地。长兴期，扬子北东缘进一步演化为深水陆棚－浅水陆棚－台缘礁滩相沉积，腹部广泛发育开阔台地及点礁群。右江盆地等地区依然以发育台盆相沉积为主。华夏地区则以一套海陆过渡相沉积为主。

4. 青藏—秦祁昆地区

早－中二叠世，古特提斯洋进一步萎缩，此时的大洋岩石圈板块东缘俯冲带向内（西）跳跃于昌都、北羌塘地块群的西侧。扬子西缘普遍转换为主动大陆边缘，陆缘弧－盆系发展至顶峰。从北羌塘地块、北澜沧江结合带、昌都地块、金沙江结合带到香格里拉地块，总体表现为浅、深相间的沉积格局。其中，地块内部以浅海碎屑岩、碳酸盐岩沉积为主，少量海陆过渡相碎屑岩，火山岩以基性为主。地块边缘，沿走向沉积相变大，陆相、浅海相、斜坡相交替出现，火山岩既有基性岩又有安山岩、流纹岩，表现出典型的岛弧岩相特点。冈底斯－喜马拉雅地区受龙木错－双湖蛇绿岩代表的古特提斯洋洋壳残片向南持续俯冲作用控制，总体具有中间深、南北浅的沉积格局，表现为北冈底斯为线状岛链，主体以浅海沉积为主，并不同程度地夹有火山碎屑岩，南冈底斯和喜马拉雅北部地区为半深海相碎屑岩夹玄武岩沉积，具有向上变浅退积型沉积充填序列。需要强调的是早二叠世冰期在石炭纪基础上加强，冰盖面积最大。冈底斯及其以南地区下二叠统冰水杂砾岩发育，表明其邻近印度大陆，中二叠世起主要转为暖水型浅海陆棚沉积，而北羌塘－三江、昆仑地区同层位中生物灰岩发育，扬子、阿拉善等地

普遍夹有煤线（层）表明早二叠世冈底斯仍然位于中高纬度地区，与印度大陆邻近。

晚二叠世吴家坪期—长兴期，周缘众多陆块相继碰撞拼贴，古特提斯洋盆继续消减萎缩。古特提斯洋盆洋壳残片向北俯冲的宏观标志是沿龙木错－双湖－澜沧江－昌宁－孟连一带残留有断续延伸2000余公里的高压变质带。位于其北侧的北羌塘－三江地块群隆升为古陆呈链状延伸，其间陆缘小洋盆俯冲、消减，保留了早中二叠世的沟－弧－盆体系，保山地块与扬子西缘开始碰撞。三江地区表现为碳酸盐岩和碎屑岩组成浅海相沉积与以细碎屑岩、泥岩、硅质岩、玄武岩为主的斜坡、深海盆地沉积带状并列。浅海沉积区或隆起区发育中酸性火山岩，深海沉积物发生蓝片岩相变质。介于北羌塘－三江弧盆系与塔里木陆块群之间的昆南－巴颜喀拉洋盆，继续向北俯冲，至晚二叠世晚期，东、西两端封闭，成为狭长的残留洋盆。西段羊湖一带的黄羊岭群浅海碎屑岩沉积，表明西段洋盆规模大大缩小，陆缘物质可大量进入。冈底斯以北地区演化为滨浅海碎屑岩沉积；而以南及喜马拉雅地区主要为稳定的滨岸、浅水陆棚－半深海环境。

四、中国三叠纪岩相古地理特征

1. 华北陆块及其周缘

华北早－中三叠世地理继承了晚古生代基本格局。西伯利亚板块和中朝－塔里木板块的碰撞，形成了中国北方大陆，使昆仑—秦岭以北的广大地区隆起抬升，形成了统一的陆地。物源剥蚀区扩大，沉积区缩小，且以相互分隔的内陆沉积盆地为主，其南侧为海盆。陆内盆地发育大面积的河流相、冲积扇以及浅湖相沉积，东北地区也有小面积的冲积扇与河湖相发育。

晚三叠世卡尼期，修沟－玛沁及山阳－桐城地壳消减带在早印支期对接碰撞后，中国境内自昆仑山—秦岭一线以北的广阔大陆，出现了内陆盆地、山间盆地以及陆缘带不同类型的沉积组合。华北盆地太行山以东部分可能抬升，缩小为鄂尔多斯（晋陕）盆地，不再与海域发生联系。盆地内环形相带分异明显，以湖泊沉质沉积为主。沉积中心位于盆地西南侧环县、庆阳、富县一带，有较大河流自北往南注入湖盆。盆地西缘六盘山前地带发育2000余米厚边缘洪积砾岩，显示西南陡东北缓的不对称轮廓。北方大陆南缘尚残留南祁连和迭部海湾。完达山区虎林方山林场的南双鸭山组厚近2000m，以底砾岩不整合于晚海西期花岗岩之上，属海陆交互相并普遍含火山凝灰质。汪清至东宁一带的滨海低地则见到一套陆相中酸性火山喷发岩系，厚逾3000m，局部夹薄煤层。在哈尔滨—长春一线以东由于受到东部张裂作用，发育浅海陆棚碎屑岩沉积。

晚三叠世诺利期—瑞替期华北地区的古地理格局依然继承了卡尼期的主要特点，主要由内陆盆地、山间盆地组成主要的沉积区，主要的分布范围也仅限于鄂尔多斯地区，以河流相、湖泊相沉积为主要特征；鄂尔多斯盆地内部为极不对称的西陡东缓由北西向南东倾伏的箕状拗陷盆地，盆地周边为高地剥蚀区环绕，水系网发育，延伸入湖盆，形成一系列向盆地中心发育的河湖三角洲群。盆地的沉降中心及沉积中心均位于盆地的西南，盆地西部沉积厚度大、相带较窄、变化较快，岩相带从盆地边缘向盆地内部分别为冲积相、河湖三角洲相和深湖相，大致呈带状分布。除此之外，在豫西南地区也发育有河流－浅湖相沉积。该时期华北地区的主要沉积盆地基本上已与外部的海域隔绝开来；此时的东北完达山地区的陆棚相－深海相沉积的范围亦不断缩小，该海域也开始逐步退出中国东北地区。

2. 塔里木、准噶尔地区及其周缘

整个三叠纪，塔里木板块进入陆内拗隆相间的古地理发展

阶段。板块南缘古特提斯洋向北强烈俯冲，秦祁昆大洋关闭。北缘中亚 - 蒙古大洋关闭，结束了海相沉积，进入了陆内盆地演化阶段。塔里木盆地中北部，如库尔勒地区，发育湖相沉积，砂岩、泥岩多为灰色，局部发育深灰色厚层泥岩，湖盆水体具较大规模。湖盆周缘发育辫状河三角洲相沉积，结合沉积亚相、微相组成及垂向演化特点，表现为浅水三角洲特征。东南、南部及北部辫状河三角洲物源供给丰富，其他地区物源供给少，砂体厚度小。

准噶尔盆地南缘、东部、博格达山地区、西北缘及盆地腹部均发育克拉玛依组，沉积厚度大，分布范围广。湖盆沉积中心主要分布在盆地北部及中部索索泉凹陷和沙湾凹陷地区。受印支运动的影响，中三叠统的滨浅湖由于水体继续退却而变得更加局限，边缘的陆梁隆起，中拐地区发育冲积扇相和扇三角洲相。东部、南部以河流相沉积为主，向盆地中心则发育湖泊三角洲相沉积。伊犁地区也主要发育湖泊三角洲及浅湖。至晚三叠世卡尼期，准噶尔盆地的沉积环境变化范围不大，延续沉积厚达千米以上。沿古天山、古祁连山至古秦岭一线，早印支运动后发生继承性断裂变动，导致一系列零星山间盆地出现。例如，南天山与民和盆地等可见 500～1000m 山麓含砾粗碎屑堆积超覆于更老地层之上；陕西周至、商州等地见中基性至酸性陆相火山岩。诺利期 - 瑞替期西北地区的古地理格局依然继承了卡尼期的主要特点，依然在准噶尔盆地及吐哈盆地地区发育一套粉砂岩、泥页岩湖泊相沉积环境。在其周缘的局部地区发育湖泊三角洲相及冲积扇相沉积。在三塘湖地区，伊吾以南地区以及北缘的塔城等地区发育粉砂岩、粉砂质泥岩及泥页岩湖泊相沉积。

3. 华南板块及其周缘

早三叠世，华南地区整体处于拉张构造背景，华夏广州 - 福州一线为古隆起 - 潮坪沉积环境，向西发育一套潮坪 - 浅海陆棚相组合环境，南昌 - 长沙 - 桂林一线为缓坡环境，其边缘发育有台地边缘浅滩相沉积。扬子地区整体处于被动大陆边缘浅海环境，自西向东为古隆起 - 海陆过渡相 - 海相沉积环境。西侧康滇 - 乐山、峨眉等地为河流沉积，发育紫红色砾岩、岩屑砂岩夹泥岩，交错层理、冲刷构造、泄水构造发育，生物化石稀少。在昆明 - 成都一线，过渡为潮坪砂泥坪沉积，岩石组合为紫红色含砾岩屑砂岩、粉砂岩、泥岩、灰色泥晶灰岩及生物碎屑灰岩，由西向东，碎屑岩减少，灰岩增多，具鸟眼、干裂等构造和典型潮汐层序，顶部有盐溶角砾岩，含双壳类、菊石、腕足、海百合等。在川中地区，则主要为以碳酸盐岩夹碎屑岩建造，总体反映闭塞低能蒸发性局限台地相沉积特征。间夹萨布哈环境，岩石组合为紫红色、灰绿色、青灰色粉砂岩、凝灰质砂岩、砂质泥岩、泥岩与灰色、淡粉红色泥晶灰岩、砂质白云岩、白云岩互层，具鲕状、假鲕状、角砾状、干裂、针孔等结构，顶部含石膏透镜体或瘤状石膏，含白云岩、双壳类及菊石等；局部为潮间砂泥坪沉积，岩石组合为紫红色砂泥岩夹泥晶灰岩、介屑灰岩，砂泥质条带、层纹十分发育，含丰富的菊石、双壳类和牙形刺，虫迹发育。海域南部丽江一带沉积的中下三叠统的地层分别为下三叠统青天堡组、中三叠统北衙组和白山组，以滨浅海相碳酸盐岩和砂岩、泥质岩石为主，沉积环境为混积潮坪或滨岸相。

中三叠世是印支构造运动的初始阶段，对应于全球性的海平面下降。华南除三江地区外，以扬子为中心，海水陆续向周边退出。原碳酸盐台地暴露，并与上三叠统形成不整合。中上扬子以局限台地白云岩和蒸发岩为主，自西向东形成 3 个走向呈 S 形的相带。湘西北和鄂东为潮坪 - 蒸发岩潟湖相。下扬子以局限台地为主，中心为蒸发潟湖，边缘为潮坪。右江地区由于强烈拗陷作用，形成厚层的碎屑浊积岩积。赣湘一带的浅海收缩，并与十万大山盆地连为一体，向潮坪环境演化。

晚三叠世卡尼期，沿雪峰山两侧开始出现不同性质的沉积盆地和生物体系。西部为连续的陆相 - 海相沉积，东部以陆相为主。晚三叠世海侵来自特提斯海域，早期碳酸盐及泥质沉积仅限于龙门山前及黔滇海湾的拉丁期海水残留地段。海湾西缘绵竹至安州一带出现以海绵为主的生物礁（点礁），代表与西侧松潘 - 甘孜边缘海间的水下隆起带，总体为潮坪 - 浅海沉积。至川中 — 川东南大部分地区由于构造挤压隆升为古陆。至晚三叠世诺利期 — 瑞替期，演化为海陆过渡相和冲积扇沉积，海陆相互含煤沉积普遍不整合于更老地层之上。在华夏地区，如闽西南、粤西北、湘西南和赣中一带，曲折的海湾轮廓以及迅速的岩相、生物相横变，可能显示了早印支运动后北东向断裂的影响。海域来自环太平洋海域，在粤东河源、紫金一带出现类复理石特征的陆屑沉积，厚逾 2700m，含海相双壳类和腕足类化石，可能代表近海陆缘湖的沉降中心。长江中下游的鄂西荆当盆地和鄂东黄石，均已发现类贝荚蛤，南京范家塘组和安徽怀宁拉犁尖组也见到半咸水蛤化石，推测中下扬子近海盆地与赣湘粤海湾可能在九江附近沟通。湘西北怀化一带的小江口组厚仅 120m，未见海相或半咸水化石，代表湘黔桂高地内部的小型盆地。金沙江带卡尼期仍处于两侧反向俯冲的扩张阶段，东侧依次出现义敦 - 香格里拉火山岛弧带和松潘 - 甘孜边缘海。前者的曲嘎寺组岩相厚度变化剧烈，以出现富含六射珊瑚、水螅、厚壳底栖动物群的碳酸盐岩和大量安山岩为特征。后者可以侏倭组和新都桥组的砂泥质复理石沉积为代表，厚度也较小，代表非补偿的较深海域。

4. 青藏 - 秦祁昆地区

早中三叠世，康西瓦—木孜塔格—玛沁地区保留着残余洋盆，南侧泉水沟、巴颜喀拉地区仍保持着被动大陆边缘盆地性质。西端泉水沟一带夹持于金沙江断裂和康西瓦断裂之间，残留区块为浅海特征（泉水沟浅海）。该盆地主体具北深南浅特征。在东部康滇古陆西缘由浅海碎屑陆棚向西变为深水陆棚 - 斜坡相。中三叠世开始在盆地东南部发生拉张事件，炉霍—道孚形成北西—南东走向的裂谷海槽，分布有基性火山岩和硅、泥质沉积，总体反映深海相特征。甘孜 - 理塘洋盆位于巴颜喀拉被动大陆边缘盆地的南西侧，总体为半深海 - 深海环境，中间水体较深，向东西两侧逐渐变浅。北羌塘盆地从南到北依次为隆起剥蚀区（龙木错 - 双湖）→滨浅海（热觉察卡 - 江爱达日那潮坪）→碳酸盐台地（万泉河 - 硬水泉碳酸盐台地）→浅海 - 半深海（藏色岗日 - 普若岗日浅海、鲤鱼山 - 祖尔肯乌拉山半深海）的古地理分布格局。各古地理单元近东西或东偏北走向，总体呈南高北低，向北水体加深的趋势明显。对应沉积充填物为南侧陆相河流向北→海陆交互相三角洲相→潮坪相→台地相→陆棚→斜坡相带展布特征。南羌塘残留盆地总体呈北西—南东走向，以浅水碳酸盐台地相为主。冈底斯 - 藏南地区则呈现出海相火山碎屑岩→浅水陆棚→碳酸盐台地→三角洲 - 滨岸依次向南展布的岩相古地理格局。

至晚三叠世，贺兰山以西的走廊地区，湖盆地范围有所扩大，沉积中心在盆地东南侧古浪—景泰一带，总的沉积性质与鄂尔多斯地区相似。珠穆朗玛峰北坡土隆地区三叠系砂岩所指示的南纬 24° 古纬度位置，证明喜马拉雅地区晚三叠世已北移接近亚热带范围，与特提斯北缘海生动物群之间的差别依然存在，但也出现缅甸蛤及西藏菊石科等共有分子。藏南海槽的羊卓雍错地区，以朗杰学组为代表的砂泥质复理石沉积下部含硅质放射虫和细碧角斑岩，产薄壳海燕蛤和深水遗迹化石，代表冈瓦纳大陆北侧大陆斜坡下部的深水环境。消减带北侧的冈底斯低地，仍为漂移于两个大陆之间的微板块。班戈江错地区的类复理石沉积组合（学曲组）可能代表该地块北侧斜坡带。整个藏北地区总体表现出浅海陆棚沉积环境，局部见中酸性火山岩沉积。

第四部分 中国泥盆纪—三叠纪沉积盆地的油气基本地质条件

晚古生代—三叠纪的塔里木、鄂尔多斯和四川盆地中，油气资源十分丰富，储量和产量占有举足轻重的地位。羌塘盆地的油气前景也普遍看好，受到广泛的关注。但是它们的油气地质特征，生、储、盖组合特点，含油气系统和成藏特点并不完全一致，而是各具特色、有异有同。

一、塔里木板块重点油气层系沉积分布特征

在塔里木盆地及周缘，泥盆纪—二叠纪时期主要烃源岩有石炭系卡拉沙依组砂泥岩段和含灰岩段，由暗色泥岩、碳质泥岩、煤岩组成，通常出现于海侵体系域中。巴楚组生物碎屑灰岩段中的泥质泥晶灰岩中，有机质含量也较高，下二叠统南闸组中的烃源岩分布较有限。上三叠统的湖相暗色泥岩和煤岩也是重要的烃源岩。主要储层有东河塘砂岩、巴楚组生物碎屑灰岩段、卡拉沙依组砂泥岩段和小海子组灰岩，三叠系砂岩也是主要储层之一。石炭系中上部膏泥岩和三叠系泥岩为主要盖层。主要的含油气系统有以上石炭统膏泥岩和下二叠统泥岩为盖层、下泥盆统 - 上泥叠统砂岩和生物碎屑灰岩为储层、寒武系 - 下奥陶统为主要烃源岩的古生新储式成藏组合；以及侏罗系 - 三叠系泥岩为盖层、三叠系砂岩为储层、上三叠统或寒武系 - 下奥陶统为烃源层的自生自储式或古生新储式成藏组合。也就是说，在塔里木盆地，寒武系—下奥陶统烃源岩，无论对下组合，还是对上组合，都是重要的源岩，而石炭纪、二叠纪源岩，尚未发现形成商业油气聚集的可靠证据。三叠纪时期，主要烃源岩有上三叠统的湖相暗色泥岩和煤岩，也是重要的烃源岩。三叠纪砂岩也是主要储层之一。

二、鄂尔多斯盆地重点油气层系沉积分布特征

在鄂尔多斯盆地及周缘，泥盆纪—三叠纪时期主要烃源岩为上石炭统、二叠系、中上三叠统湖沼相暗色泥岩和煤岩，主要储层以山西组、上下石盒子组以及延长群下部的三角洲相砂岩为主，上石炭统的海相障壁岛石英砂岩也是重要的储层，河湖相的泥岩是主要的盖层。已知的含油气系统为以下石炭统 - 中二叠统三角洲相及障壁岛相砂岩为储层，同层泥岩及煤层为盖层及烃源层的自生自储式油气藏，以及以中上三叠统砂、泥岩及煤层为生、储、盖层的自生自储式油气藏。圈闭类型以岩相、岩性圈闭为主。

三、四川盆地重点油气层系沉积分布特征

在四川盆地及周缘，泥盆纪—三叠纪烃源岩以海相为主，包括碳酸盐缓坡环境中的暗色泥质灰岩（栖霞组）和深水槽盆中的黑色硅质泥岩（大隆组），上三叠统须家河组海陆过渡相中的暗色泥岩和煤岩，也是重要的烃源岩。储层类型多样，以海相碳酸盐岩为主，重要的有石炭系黄龙组、中三叠统雷口坡组白云岩，下三叠统飞仙关组鲕粒灰岩，上二叠统长兴组礁滩相生物碎屑灰岩等。须家河组砂岩也是重要储层之一。重要盖层包括膏盐岩、致密灰岩、泥岩等。

以往关于川东北通江—南江—巴中地区长兴组、飞仙关组沉积模式及其空间分布的研究相对较少，认为该区发育开阔台地、缓坡和盆地等沉积相，但对缓坡相未进行详细划分，而是否存在台地边缘礁滩相带也未有明确认识。本图集以最新钻井、地震反射剖面、露头资料为依据，识别出 7 种沉积相（亚相），分别为盆地（台盆）相、陆棚（台棚）相、缓斜坡相、台地边缘浅滩相、台地边缘生物礁相、开阔台地相、局限台地相。其中台地边缘浅滩相岩性主要为鲕粒灰岩、鲕粒白云岩和白云岩，具有良好的储集性。地震反射剖面上，位于生物礁上部的浅滩多数为弱反射或无反射结构，位于生物礁前端的浅滩叠置在前积层的最顶部。台地边缘生物礁相是一种特殊沉积

体，生长在台地边缘或台地内部，外形呈透镜状，内部具块状构造。地震剖面上，生物礁形态呈向上突起的丘状或透镜状，内部具不连续、弱振幅、中低频、杂乱影像特征。据此建立了通南巴地区长兴组—飞仙关组台缘礁滩相沉积模式，并编制了主力储层层系岩相古地理图，为开展该地区油气勘探提供了依据。

四、青藏地区重点油气层系

在羌塘盆地，优质烃源岩为上三叠统肖茶卡组和阿堵拉组。肖茶卡组包括泥质岩和碳酸盐岩两类，具有厚度大、有机质含量较高的特点，在北羌盆地，肖茶卡组泥质烃源岩最大厚度为374m，平均有机碳含量为0.52%，南羌盆地中肖茶卡组泥质烃源岩最大厚度为518m，有机碳平均含量为4.03%；碳酸盐岩烃源岩最大厚度为1090m，有机碳平均含量为0.13%。油气主要储层亦以肖茶卡组为主，包括碳酸盐岩和碎屑岩两类，二叠系的碳酸盐岩中也有孔、渗性较好的储集层存在，三叠系的泥质岩为主要的盖层，以发育局域性储层为主。

另外，昌都盆地存在三大类烃源岩，即泥质岩、含煤岩系及碳酸盐岩。烃源岩垂向分布主要为：下石炭统马查拉组；上二叠统妥坝组、卡香达组；上三叠统波里拉组、阿堵拉组、夺盖拉组。昌都盆地泥质烃源岩与碳酸盐烃源岩有机碳丰度差别较大，各层泥质烃源岩有机碳含量普遍高，平均为0.85%～1.89%。泥质烃源岩有机碳样品分布于0.6%～1.0%，占60%。按评价标准属好，在泥质烃源中，最好级烃源岩占72.4%，较好、较差级占23.8%，非烃源岩仅为3.8%。各层碳酸盐岩烃源岩有机碳含量普遍低，平均为0.16%～0.28%，主要集中于小于0.15%的区间。属较差和非烃源岩占63.8%，较好级级占17.0%，好、最好级占19.2%。垂向上，下石炭统马查拉组及上二叠统妥坝组、卡香达组泥质烃源有机碳丰度高于上三叠统及中侏罗统，前者有机碳含量一般为0.43%～3.23%，平均值大于1.1%；后者有机碳含量一般为0.17%～4.27%，平均值小于1.0%。碳酸盐烃源岩主要分布于上三叠统波里拉组，多数样品有机碳含量低，一般为0.09%～0.36%，个别达0.64%，平均值为0.17%。

昌都盆地主要发育三叠系碎屑岩和碳酸盐岩储层，前者上三叠统甲丕拉组和阿堵拉 - 夺盖拉组地层中，属盆地缘河湖相和三角洲相沉积，分布广泛。储层平均孔隙度为3.94%，主要集中在2.0%～8.0%，最大孔隙度可达12.3%；渗透率主要集中于(0.01～0.02)×10⁻³μm²，最大值可达0.4×10⁻³μm²。后者为上三叠统波里拉组，可见碳酸盐台地边缘浅滩有利相带。平均孔隙度为1.95%，最大值可达5.20%；平均渗透率为3.42×10⁻³μm²，渗透率最大值也可达64.4×10⁻³μm²，说明本区碳酸盐岩有一个显著特点，孔隙度虽然很低，但其渗透率可以较高，因此在该区碳酸盐岩储层中完全有可能形成低孔中渗或高渗储层。

昌都盆地内泥质岩盖层在三叠系、二叠系及石炭系中均有分布，岩性主要为灰色钙质泥岩，灰绿、紫红色泥岩及灰紫、紫灰色粉砂质泥岩，含砂量低，厚度较大，累计厚度可达1000m，全区广泛分布，侧面连续性好，与储层呈韵律性配置，可层层遮挡，对油气的封盖性较好。

膏盐层在本区分布也比较广泛，主要分布于上三叠统中。上三叠统下段中下部有厚80m的含膏盐岩层。膏盐层的封盖性比较强，如此分布的膏盐层完全可以封盖数百米烃柱高度的油气层，因此其封盖性比较优越。此外，在各层段中的致密砂岩也能对油气产生一定的封盖作用。

研究结果总体表明，青藏地区位于全球油气产量较高、储量较为丰富的特提斯含油气构造域东段，具有海相中生界和陆相新生界两大油气领域，油气地质条件优越，有望在21世纪中期成为油气战略接替区，是陆区首选战略选区。

图版及说明

西北地区泥盆纪沉积相特征

A. 灰绿色中细砂岩，滨浅海，克拉玛依-和什托洛盖公路中泥盆统；B. 砂砾岩中见大量的植物化石，三角洲平原，克拉玛依-和什托洛盖公路晚泥盆统朱鲁木特组；C. 粒序层理，水平层理及虫迹，潮坪-潟湖，准噶尔盆地将军庙柳树沟泥盆系卡拉麦里组 a 段；D. 砂砾岩，具定向性，滨岸，准噶尔盆地将军庙柳树沟泥盆系卡拉麦里组 a 段；E. 砾岩，冲积扇，北祁连地区泥盆系雪山群下部；F. 砾岩-含砾砂岩-粉砂岩-泥岩韵律组合，冲积扇，北祁连地区泥盆系雪山群中上部；G. 火焰状构造，北祁连地区泥盆系雪山群上部；H. 平行层理、砂纹层理，北祁连地区泥盆系雪山群上部

华南地区泥盆纪沉积相特征

A.海绵礁灰岩，开阔台地，盐源盆地泥盆系碳山坪组；B.大型单体珊瑚，开阔台地，盐源盆地泥盆系碳山坪组；C.菊石灰岩，开阔台地，川西北何家梁泥盆系金宝石组；D.粉晶白云岩，开阔台地，川西北何家梁泥盆系观雾山组；E.水平层理，潟湖，盐源盆地泥盆系坡脚组黑色泥岩；F.水平层理，潮坪-潟湖，盐源盆地泥盆系坡脚组黑色泥岩夹含泥灰岩；G.交错层理，河道边滩，宁蒗盆地中泥盆统；H.生物礁灰岩，角砾灰岩，台地边缘-斜坡，宁蒗盆地碳山坪组

西藏地区泥盆纪沉积相特征

A. 水平层理，透镜状层理，潮坪，聂拉木亚来乡上泥盆统亚里组粉砂岩夹泥灰岩组合；B. 透镜状层理，潮坪，聂拉木亚来乡上泥盆统亚里组粉砂质泥岩夹粉砂岩透镜体；C. 平行层理，水平层理，波状层理，冲刷充填构造，潮坪，聂拉木亚来乡中上泥盆统波曲组；D. 水平层理，潮坪，聂拉木亚来乡中上泥盆统波曲组；E. 脉状层理，透镜状层理，潮坪，聂拉木亚来乡中上泥盆统波曲组；F. 冲刷充填构造，潮坪，聂拉木亚来乡中上泥盆统波曲组；G. 重荷模，水平层理，潮坪，聂拉木亚来乡中上泥盆统波曲组；H. 包卷层理，潮坪，聂拉木亚来乡中上泥盆统波曲组山坪组

西北地区石炭纪沉积相特征

A. 生物灰岩，开阔台地，新疆博乐五台地区杜内期；B. 生物碎屑灰岩，开阔台地，新疆博乐五台地区杜内期；C. 平行层理、交错层理、斜层理等，河流，克拉玛依市北石炭系
太勒古拉组；D. 水平层理，潮坪；E. 平行层理及大型植物化石，河流，布尔津县科克森套南坡恰其海组；F. 砾岩-砂岩-泥岩正粒序及平行层理，潮坪，准噶尔盆地将军庙柳树
沟石炭系塔木岗组；G. 砂纹层理，潮坪，克拉玛依北和布克河组；H. 生物碎屑灰岩，开阔台地，新疆博乐五台地区维宪期

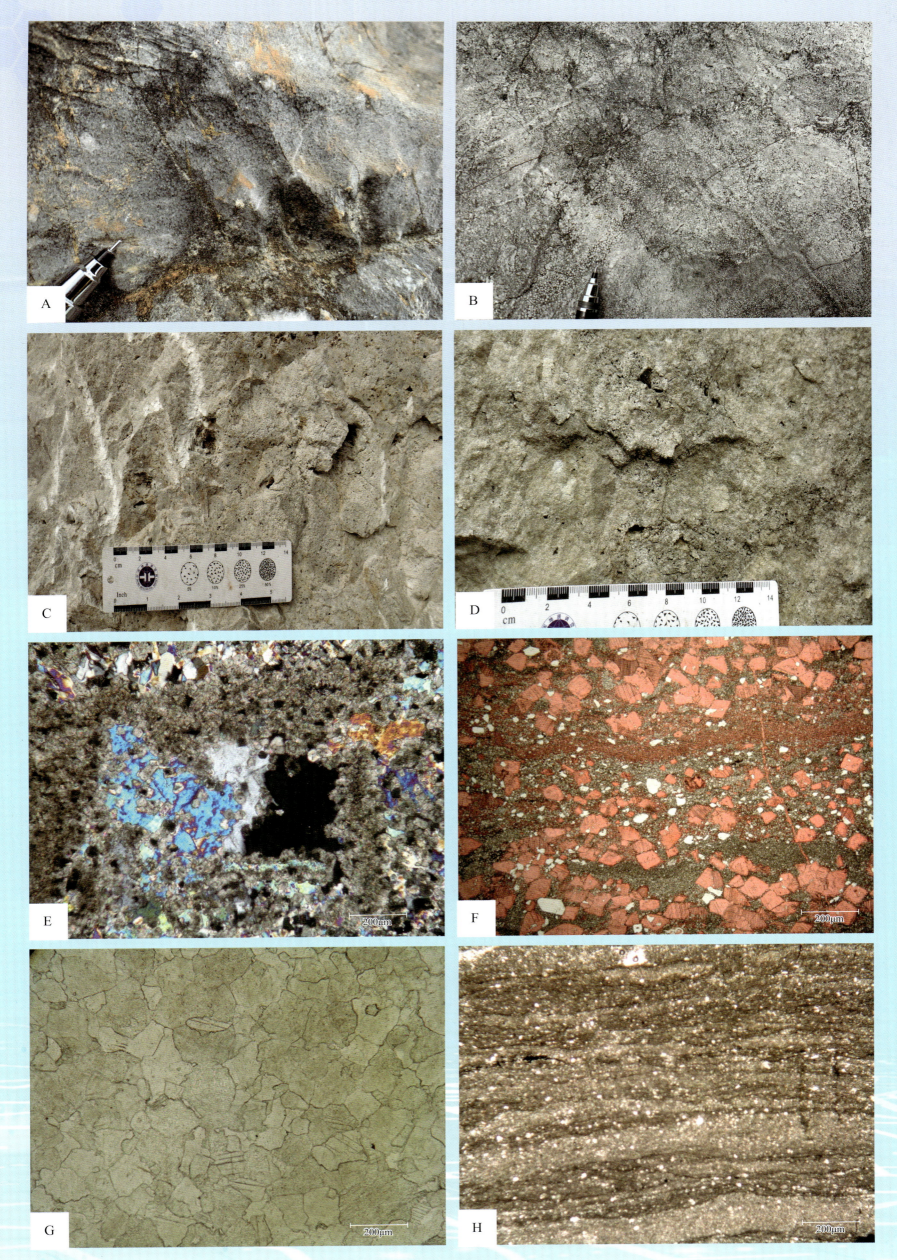

华南地区石炭纪沉积相相特征（一）

A. 亮晶鲕粒灰岩，开阔台地，宁蒗红桥金子沟石炭系；B. 亮晶鲕粒灰岩，开阔台地，宁蒗战河乡石炭系；C. 砂糖状白云岩，溶孔发育，充填沥青，潮坪，川西北何家梁石炭系；D. 砂糖状白云岩，溶孔发育，充填沥青，潮坪，川西西北乡石炭系；E. 硅化膏化微-粉晶白云岩。天东 12 井，C_2hl^1，普通薄片（+），对角线长 1.8mm；F. 纹层状含砂质泥质次生灰岩，次生方解石具白云石的晶形，石英砂、泥质组分是地下水携入的外来物，显示次生灰岩是岩溶作用的产物。乌 1 井，2866.63m，C_2hl^1，染色薄片（-），照片对角线长 8mm；G. 粉-细晶白云岩。细沙坝剖面，C_2hl^1，普通薄片（-），照片对角线长 1.8mm；H. 纹层状泥晶白云岩，天东 9 井，C_2hl^1，染色薄片（-），照片对角线长 4mm；（-）表示偏光镜（单偏光）（+）表示偏光镜（正交偏光）

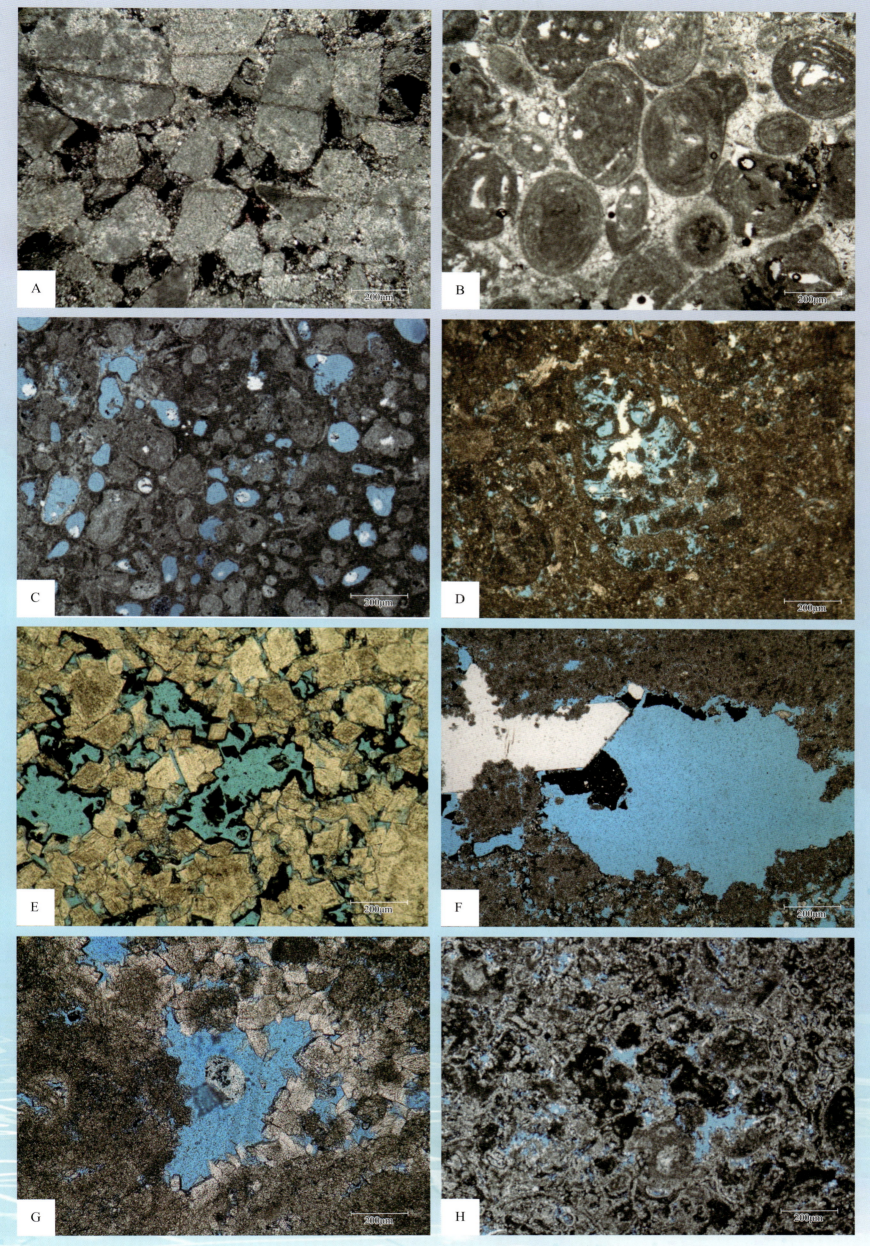

华南地区石炭纪沉积相特征（二）

A. 具溶蚀孔的砂屑白云岩。天东 2 井，C_2hl^2，染色薄片（+），照片对角线长 4mm；B. 亮晶颗粒白云岩。亭 1 井，C_2hl^2，普通薄片（-），照片对角线长 4mm；C. 砂屑白云岩，粒内孔，天东 17 井，65 号，4668.55m，铸体染色薄片（-）；D. 生物屑砂屑泥晶白云岩，粒内孔（有孔虫生物屑），乌 1 井，C_2hl^2，铸体薄片（-），照片对角线长 1.8mm；E. 溶孔细晶白云岩，晶间溶孔和超大溶孔，孔壁有沥青分布。天东 14 井，C_2hl^2，铸体薄片（-），照片对角线长 1.8mm；F. 具溶蚀孔硅化泥晶粉屑白云岩，溶蚀洞，洞内充填自生石英和沥青。茨竹 1 井，C_2hl^2，铸体薄片（-），照片对角线长 1.6mm；G. 亮晶藻砂屑白云岩，超大溶孔。门南 1 井，C_2hl^2，铸体薄片（-），照片对角线长 1.8mm；H. 生物碎屑砂屑白云岩，粒间溶孔，天东 2 井，C_2hl^2，4452.17m，铸体染色薄片（-）

西藏地区石炭纪沉积相特征

A. 含冰碛砾岩砂岩，浅水陆棚，西藏阿里多玛乡擦蒙组；B. 含冰碛砾岩砂岩 - 砂岩组合，浅水陆棚，西藏阿里多玛乡擦蒙组；C. 粒序层理、平行层理，滨岸 - 潮坪，西藏聂拉木亚来乡纳兴组；D. 生物碎屑灰岩，潮坪，西藏申扎买巴乡永珠组；E. 羽状交错层理、交错层理，潮坪，西藏申扎买巴乡永珠组；F. 楔状层理、平行层理、交错层理，三角洲前缘，西藏申扎买巴乡永珠组；G. 粉砂岩中含生物碎屑灰岩冰碛砾岩，杂乱分布，浅水陆棚，西藏申扎买巴乡拉嘎组；H. 平行层理、透镜状层理、包卷层理，同时受后期构造运动形成的大型褶皱，潮坪，西藏康马石炭系雇孜组

西北地区二叠纪沉积相特征

A. 由砾岩 - 砂岩组成明显的交错层理，扇中 - 扇根，克拉玛依托里县二叠系赤底组；B. 砂砾岩，扇根，准噶尔将军庙双井子二叠系平地泉组；C. 包卷层理，潮坪，吉木萨尔小龙口妖魔山组；D. 波痕，潮坪，吉木萨尔小龙口妖魔山组；E. 砾岩，具定向性，扇根，吉木萨尔小龙口泉子街组，与下伏妖魔山组小角度不整合；F. 波痕，潮坪，乌鲁木齐下二叠统石人子沟组；G. 交错层理，潮坪，乌鲁木齐下二叠统塔什库拉组；H. 虫迹及龟裂纹，潮坪，乌鲁木齐中二叠统芨芨槽子组

华南地区二叠纪沉积相特征（一）

A. 生物碎屑灰岩，珊瑚发育，开阔台地，镇巴杨家湾栖霞组；B. 堆积状角砾灰岩，台地边缘斜坡，巴东两河口湾栖霞组；C. 眼球状灰岩，开阔台地，武隆江口茅口组；D. 纹层状灰岩，潮坪，叙永分水镇茅口组；E. 凝灰岩、泥岩、砂岩韵律特征，浅水陆棚，镇巴杨家湾吴家坪组；F. 水平层理，潟湖，古蔺芭蕉滩龙潭组上部；G、H. 海绵礁灰白云岩，台地边缘礁滩，湖北利川见天坝长兴组；

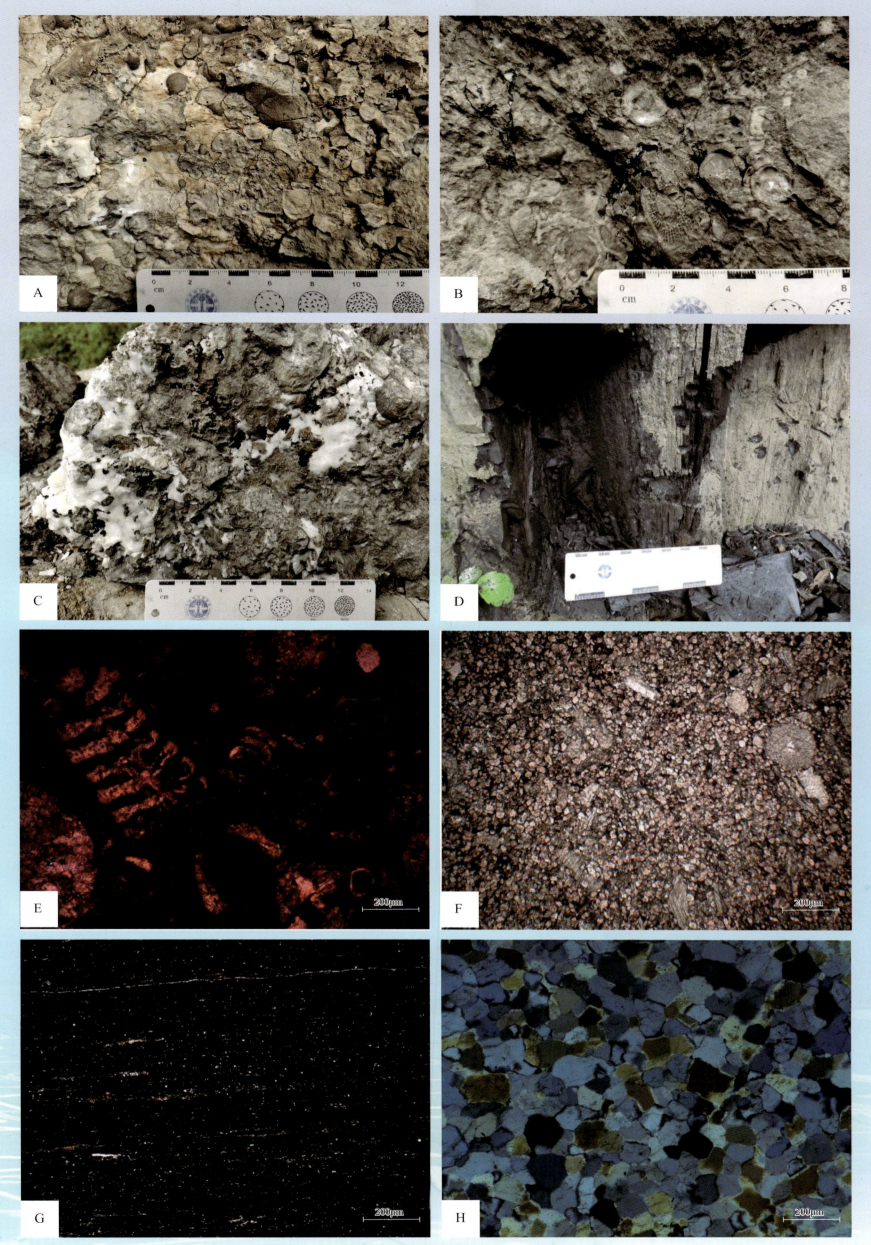

华南地区二叠纪沉积相特征（二）

A.海绵礁灰白云岩，台地边缘礁滩，宣汉盘龙洞长兴组；B.海绵礁灰白云岩，充填沥青，台地边缘礁滩，宣汉盘龙洞长兴组；C.海绵礁灰白云岩，多期成岩作用，充填沥青，台地边缘礁滩，宣汉盘龙洞长兴组；D.碳质硅质泥岩，深水陆棚，镇巴杨家湾大隆组；E.生物碎屑泥晶灰岩，局限台地，叙永分水镇栖霞组；F.粉细晶白云岩，开阔台地，古蔺芭蕉村茅口组；G.碳质硅质页岩，深水陆棚，镇巴杨家湾大隆组；H.岩屑石英细砂岩，巴东两河口栖霞组

西藏地区二叠纪沉积相特征

A.核形石灰岩，开阔台地，西藏阿里多玛乡二叠系龙格组；B.鲕粒灰岩，开阔台地，西藏阿里多玛乡二叠系龙格组；C.含冰碛砾石砂岩，浅水陆棚，西藏阿里多玛乡展金组；D.含冰碛砾石砂岩，浅水陆棚，西藏康马县康马组；E.含冰碛砾石砂岩，浅水陆棚，聂拉木泊子村基龙组；F.生物碎屑灰岩，开阔台地，申扎县买巴乡昂杰组；G.平行层理，波状层理，潮坪，申扎县买巴乡昂杰组；H.苔藓虫灰岩，开阔台地，申扎县买巴乡下拉组

西北地区三叠纪沉积相特征

A. 交错层理，河道滞留砾岩，河流，克拉玛依三叠系小泉沟组；B. 粒序结构及冲刷充填构造，河流，克拉玛依三叠系小泉沟组；C. 砂岩及植物化石，河流，吉木萨尔县小龙口小泉沟群下部白杨河组；D. 槽状交错层理，河流，乌鲁木齐石人沟小泉沟群；E. 交错层理，河流，乌鲁木齐石人沟小泉沟群；F. 砾岩，见玛瑙，冲积扇，吉木萨尔县小龙口小泉沟群下部白杨河组；G. 水平层理，韵律发育，湖泊，吉木萨尔县小龙口小泉沟群上部黄山街组；H. 透镜状层理、水平层理，湖泊，乌鲁木齐石人沟中下三叠统仓房沟群

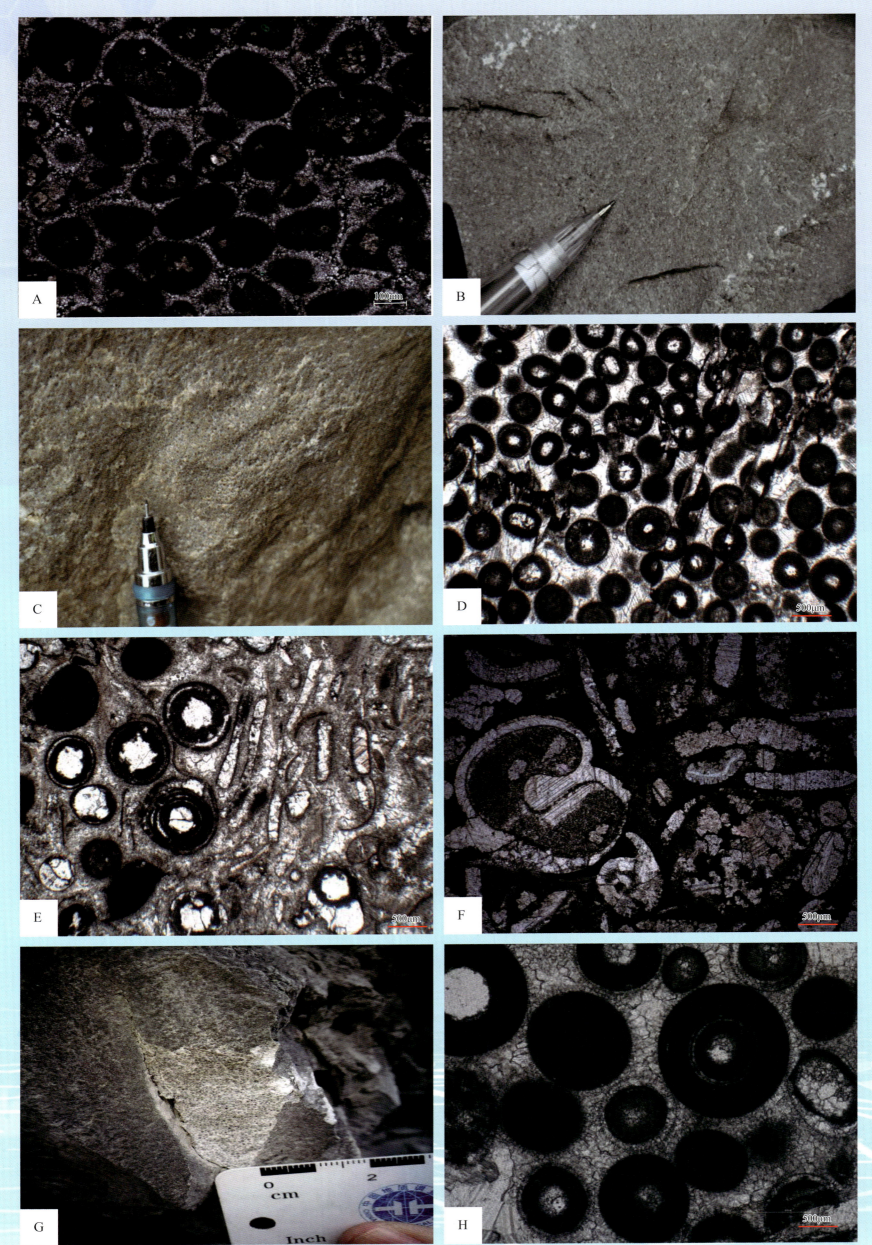

华南地区三叠纪沉积相特征

A.鲕粒亮晶灰岩，白云岩化发育，开阔台地，陕西汉中堰口大冶组二段；B.鲕粒亮晶灰岩，开阔台地，重庆回龙镇大冶组三段；C.鲕粒亮晶灰岩，开阔台地，古蔺芭蕉村夜郎组二段；D.鲕粒亮晶灰岩，同心鲕，开阔台地，古蔺芭蕉村夜郎组二段；E.鲕粒生物碎屑亮晶灰岩，开阔台地，古蔺芭蕉村夜郎组顶部；F.生物碎屑泥晶灰岩，潮坪，古蔺芭蕉村夜郎组一段；G.鲕粒亮晶灰岩，开阔台地，贵州桐梓松坎飞仙关组二段；H.鲕粒亮晶灰岩，开阔台地，武隆江口飞仙关组二段

西藏地区三叠纪沉积相特征

A. 纹层状泥晶灰岩，潮坪，西藏聂拉木土隆组；B. 核形石泥晶灰岩，潮坪，西藏聂拉木土隆组；C. 楔状交错层理、槽状交错层理，河流，西藏双湖县扎那隆巴群；D.沟模，具定向性，三角洲前缘，西藏双湖县扎那隆巴群；E. 生物礁灰岩，单体珊瑚＋海绵礁，开阔台地，羌塘盆地上三叠统波里拉组；F. 叠层石灰岩，开阔台地，羌塘盆地上三叠统波里拉组；G. 楔状交错层理，三角洲前缘，昌都盆地上三叠统夺盖拉组；H. 楔状交错层理，三角洲前缘，昌都盆地上三叠统甲丕拉组

主要参考文献

安太庠，马文璞，1993. 中朝地台的中奥陶统一下石炭统及其古地理和构造含义 [J]. 地球科学，18（6）：777-791，814.

安显银，张予杰，朱同兴，等，2015. 西藏申扎地区下二叠统昂杰组 C-O 同位素地球化学特征 [J]. 地质通报，34（S1）：347-353.

白斌，周立发，曹建科，2002. 镇安西口地区二叠纪—三叠纪地层格架与地层模型 [J]. 沉积与特提斯地质，22（4）：44-49.

白国娟，陈刚，王志维，等，2009. 准噶尔盆地北部晚石炭世岩相古地理 [J]. 内蒙古石油化工，34（6）：124-127.

卜建军，吴俊，史冀忠，等，2019. 北山 - 巴丹吉林地区石炭纪 - 二叠纪构造古地理及其演化 [J]. 地质科技情报，38（1）：113-120.

曹宣铎，赵江天，胡云绪，1995. 秦岭石炭纪古海洋特征及古地理再造 [J]. 地球科学，（6）：624-630.

陈浩如，郑荣才，文华国，等，2011. 川东地区黄龙组层序 - 岩相古地理特征 [J]. 地质学报，85（2）：246-255.

陈洪德，张锦泉，刘文均，1994. 泥盆纪—石炭纪右江盆地结构与岩相古地理演化 [J]. 广西地质，（2）：15-23.

陈洪德，覃建雄，王成善，等，1999a. 中国南方二叠纪层序岩相古地理特征及演化 [J]. 沉积学报，17（4）：13-24.

陈洪德，王成善，刘文均，等，1999b. 华南二叠纪层序地层与盆地演化 [J]. 沉积学报，17（4）：32-38.

陈洪德，侯中健，田景春，等，2001. 鄂尔多斯地区晚古生代沉积层序地层学与盆地构造演化研究 [J]. 矿物岩石，21（3）：16-22.

陈洪德，田景春，刘文均，等，2002. 中国南方海相震旦系—中三叠统层序划分与对比 [J]. 成都理工学院学报，29（4）：355-379.

陈全红，2007. 鄂尔多斯盆地上古生界沉积体系及油气富集规律研究 [D]. 西安：西北大学.

陈榕，张子亚，2023. 滇东—黔西地区早石炭世岩关阶晚期—大塘阶早期沉积环境及古地理格局 [J]. 地质通报，42（S1）：307-316.

陈世悦，1998. 论秦岭碰撞造山作用对华北石炭二叠纪海侵过程的控制 [J]. 岩相古地理，18（2）：48-54.

陈世悦，刘焕杰，1997. 华北地台东部石炭—二叠纪岩相古地理特征 [J]. 中国区域地质，16（4）：44-51.

陈守建，李荣社，计文化，等，2008. 昆仑造山带石炭纪岩相特征及构造古地理 [J]. 地球科学与环境学报，30（3）：221-233.

陈守建，李荣社，计文化，等，2010. 昆仑造山带二叠纪岩相古地理特征及盆山转换探讨 [J]. 中国地质，37（2）：374-393.

陈守建，李荣社，计文化，等，2011. 巴颜喀拉构造带二叠 - 三叠纪岩相特征及构造演化 [J]. 地球科学，36（3）：393-408.

陈守建，陈奋宁，计文化，等，2012. 柴达木盆地及其邻区早—中二叠世构造岩相古地理格局 [J]. 地球科学与环境学报，34（2）：1-14.

陈守建，赵振明，计文化，等，2013. 西昆仑及邻区早 - 中二叠世构造一岩相古地理特征 [J]. 地质科学，48（4）：1015-1032.

陈守民，张璐，胡斌，等，2011. 河南省上石炭统一下二叠统本溪组沉积时期古地理特征 [J]. 古地理学报，13（2）：127-138.

陈旺，2007. 豫西石炭系铝土矿出露位置的控制因素 [J]. 大地构造与成矿学，31（4）：452-456.

陈文一，王立亭，叶念曾，等，1984. 贵州早二叠世岩相古地理研究 [J]. 贵州地质，1（1）：9-43，45-64.

陈旭，田海芹，王向东，2007. 中国海相地层岩石地层单元对比表（暂行方案）及简要说明 [R]. 北京：中石化海相前瞻性项目办公室，35-84.

陈中强，1995. 二叠纪末期的全球淹没事件 [J]. 岩相古地理，15（3）：34-39.

陈钟惠，葛立刚，武法东，等，1997. 江西早二叠世晚期一晚二叠世早期的岩相古地理 [J]. 现代地质，11（3）：24-26，28-30.

程成，2018. 陕西镇安西口二叠系沉积序列演化及古气候、古环境和古地理响应 [D]. 合肥：合肥工业大学.

程成，李双应，赵大千，等，2015. 扬子地台北缘中上二叠统层状硅质岩的地球化学特征及其对古地理、古海洋演化的响应 [J]. 矿物岩石地球

化学通报，34（1）：155-166.

崔军平，任战利，史政，等，2013. 东北地区二叠纪沉积特征及原型盆地分析 [J]. 现代地质，27（2）：260-268.

崔滔，焦养泉，杜远生，等，2014. 黔北务正道地区早二叠世铝土矿沉积古地理及其控矿意义 [J]. 古地理学报，16（1）：9-18.

德勒达尔，1996. 塔里木盆地西部石炭—二叠纪沉积体系及沉积相 [J]. 新疆石油地质，17（4）：350-357.

德勒达尔，穆哈泰，2000. 塔西南坳陷石炭—二叠纪沉积与古地理特征的关系 [J]. 新疆石油学院学报，（3）：4-8.

邓宝柱，余黎雪，王永标，等，2015. 湖北赤壁二叠纪 - 三叠纪之交古海洋沉积环境演化 [J]. 地球科学，40（2）：317-326.

邓敏，程锦翔，王正和，等，2020. 盐源一宁蒗地区早泥盆世古地理特征及油气潜力分析 [J]. 沉积与特提斯地质，40（4）：25-35.

邓旭升，杜远生，余文超，等，2020. "黔中隆起"和贵州晚古生代古地理演化及其对铝土矿的控矿作用 [J]. 古地理学报，22（5）：872-892.

邓珍珍，熊聪慧，黄璞，等，2021. 中国晚泥盆世至早三叠世楔叶类植物多样性研究 [J]. 古地理学报，23（3）：565-580.

刁玉杰，魏久传，李增学，等，2011. 南华北盆地晚石炭世一早二叠世层序地层学及古地理研究 [J]. 地层学杂志，35（1）：88-94.

丁枫，陈洪德，侯明才，等，2012. 黔南拗陷二叠系层序地层特征及岩相古地理 [J]. 成都理工大学学报（自然科学版），39（1）：76-82.

丁恋，2019. 沁水盆地西南缘石炭 - 二叠纪含煤岩系层序地层及聚煤特征 [J]. 中国煤炭地质，31（4）：8-12，22.

丁孝忠，刘训，傅德荣，等，2000. 塔里木板块西北缘石炭纪层序地层及海平面变化探讨 [J]. 中国区域地质，19（1）：59-66.

董大啸，邵龙义，李明培，2017. 华北地台晚石炭世 - 早二叠世含煤岩系聚煤规律研究 [J]. 煤炭科学技术，45（9）：175-181，187.

董霞，郑荣才，罗爱军，等，2009. 开江一梁平台内海槽东段长兴组层序一岩相古地理特征 [J]. 沉积学报，27（6）：1124-1130.

董宇，兰昌益，曾庆平，等，1994. 两淮晚石炭世至晚二叠世初期岩相古地理 [J]. 煤田地质与勘探，22（6）：9-12.

杜秋定，朱迎堂，伊海生，等，2008. 新疆西南天山石炭纪岩相古地理与铝土矿 [J]. 沉积与特提斯地质，28（3）：108-112.

杜叶龙，李双应，孔为伦，等，2010. 安徽泾县一南陵地区二叠纪沉积相与沉积环境分析 [J]. 地层学杂志，34（4）：431-444.

杜一滨，张焱杰，徐备，等，2020. 额济纳旗地区晚石炭 - 晚二叠世地层沉积学和年代学研究及其构造背景分析 [J]. 岩石学报，36（4）：1253-1273.

杜远生，黄宏伟，黄志强，等，2009. 右江盆地晚古生代—三叠纪盆地转换及其构造意义 [J]. 地质科技情报，28（6）：10-15.

范炳恒，何锡麟，张华，2000. 华北地台石炭二叠纪腕足动物群及生物地理研究 [J].. 古地理学报，2（2）：47-54.

范国清，1991. 华北石炭纪海侵活动规律 [J]. 中国区域地质，10（4）：349-355，372.

方维萱，黄转盈，2012. 陕西凤太晚古生代拉分盆地动力学与金多金属成矿 [J]. 沉积学报，30（3）：405-421.

方维萱，刘家军，2013. 陕西柞一山一商晚古生代拉分断陷盆地动力学与成矿作用 [J]. 沉积学报，31（2）：193-209.

方维萱，郑小明，方同辉，等，2021. 甘肃红石山地区泥盆纪一石炭纪有限洋盆重建与蛇绿混杂岩深部结构 [J]. 地质通报，40（5）：649-673.

房尚明，1992. 华北地台东南部石炭纪岩相古地理 [J]. 岩相古地理，12（4）：46-52.

房尚明，1994. 华北地台东南部二叠纪岩相古地理 [J]. 华北地质矿产杂志，（1）：97-104.

冯增昭，2009. 中国古地理学的定义、内容、特点和亮点 [J]. 古地理学报，11（1）：1-11.

冯增昭，李尚武，1997. 从岩相古地理论中国南方二叠系油气潜景 [J]. 石油学报，18（1）：12-19.

冯增昭, 何幼斌, 吴胜和, 1993. 中下扬子地区二叠纪岩相古地理 [J]. 沉积学报, 11（3）: 13-24.

冯增昭, 鲍志东, 李尚武, 1994. 中国南方早中三叠世岩相古地理 [M]. 北京: 石油工业出版社.

冯增昭, 杨玉卿, 李尚武, 1997. 中国南方二叠纪岩相古地理 [M]. 北京: 石油工业出版社.

冯增昭, 杨玉卿, 鲍志东, 1999. 中国南方石炭纪岩相古地理 [J]. 古地理学报, 1（1）: 75-86.

冯增昭, 杨玉卿, 金振奎, 等, 1996. 中国南方二叠纪岩相古地理 [J]. 沉积学报, 14（2）: 3-12.

冯增昭, 杨玉卿, 金振奎, 等, 1999. 从岩相古地理论中国南方石炭系油气潜景 [J]. 古地理学报, 1（1）: 86-92.

付锁堂, 田景春, 陈洪德, 等, 2003. 鄂尔多斯盆地晚古生代三角洲沉积体系平面展布特征 [J]. 成都理工大学学报（自然科学版）, 30（3）: 236-241.

付晓树, 胡明毅, 王丹, 等, 2015. 建南及周缘地区长兴组层序—岩相古地理特征 [J]. 科学技术与工程, 15（7）: 41-49.

高彩霞, 邵龙义, 朱长生, 等, 2012. 重庆地区晚二叠世层序-古地理及聚煤特征 [J]. 现代地质, 26（3）: 508-517.

高德荣, 2000. 会泽铅锌矿床成矿地质条件与找矿方向 [J]. 昆明理工大学学报, 19-24.

高顺莉, 谭思哲, 陈春峰, 等, 2021. 下扬子-南黄海二叠纪岩相古地理特征及油气勘探启示 [J]. 海洋地质前沿, 37（x）: 53-60.

葛祥英, 牟传龙, 周恳恳, 等, 2013. 湖南地区晚奥陶世桑比期—凯迪期早期沉积特征及沉积模式 [J]. 古地理学报, 15（1）: 59-68.

龚大兴, 周家云, 吴驰华, 等, 2015. 四川盆地早中三叠世成盐期岩相古地理及成盐模式 [J]. 地质学报, 89（11）: 2075-2086.

龚一鸣, 纵瑞文, 2015. 西准噶尔古生代地层划分及古地理演化 [J]. 地球科学（中国地质大学学报）, 40（3）: 461-484.

巩恩普, 关广岳, 1995. 华北东部石炭纪巨型珊瑚灰岩带的展布规律及其地质意义 [J]. 科学通报, 40（9）: 826-828.

巩恩普, 张永利, 关长庆, 等, 2000. 世界石炭纪生物礁发育基本特征 [J]. 古地理学报, 12（3）: 127-139.

巩书华, 王克营, 杜江, 等, 2020. 广西天峨-南丹地区中泥盆统罗富组页岩气地质条件研究 [J]. 中国煤炭地质, 32（5）: 27-31.

郭福生, 1990. 江山石炭纪和二叠纪沉积相 [J]. 东华理工大学学报（自然科学版）, 13（4）: 57-65.

郭福生, 1993. 浙江江山晚古生代岩相古地理及其构造控制 [J]. 岩相地理, 13（6）: 44-52.

郭福祥, 2001. 新疆古生代构造-生物古地理 [J]. 新疆地质, 19（1）: 20-26.

郭宏莉, 朱如凯, 邵龙义, 等, 2002. 中国西北地区石炭纪岩相古地理 [J]. 古地理学报, 4（1）: 25-35.

郭岭, 王丽丹, 郭峰, 等, 2009. 桂中坳陷中泥盆统纳标组层序地层与岩相古地理研究 [J]. 石油天然气学报, 31（2）: 211-214.

郭胜哲, 2012. 大兴安岭及邻区石炭—二叠纪地层和生物古地理 [J]. 地质与资源, 21（1）: 59-66.

郭涛, 胡作维, 李云, 等, 2021. 四川北川地区中泥盆统养马坝组碎屑锆石 U-Pb 年代学特征及其构造意义 [J]. 地球科学与环境学报, 43（5）: 868-886.

郭彤楼, 2011a. 川东北地区台地边缘礁、滩气藏沉积与储层特征 [J]. 地学前缘, 18（4）: 201-211.

郭彤楼, 2011b. 川东北元坝地区长兴组—飞仙关组台地边缘层序地层及其对储层的控制 [J]. 石油学报, 32（3）: 387-394.

郭彤楼, 2011c. 元坝气田长兴组储层特征与形成主控因素研究 [J]. 岩石学报, 27（8）: 2381-2391.

郭旭升, 2010. 川西地区中、晚三叠世岩相古地理演化及勘探意义 [J]. 石油与天然气地质, 31（5）: 610-619, 631.

郭旭升, 2014. 南方海相页岩气 "二元富集" 规律: 四川盆地及周缘龙马溪组页岩气勘探实践认识 [J]. 地质学报, 88（7）: 1209-1218.

郭旭升, 梅廉夫, 汤济广, 等, 2006. 扬子地块中、新生代构造演化对海相油气成藏的制约 [J]. 石油与天然气地质, 27（3）: 295-304, 325.

郭旭升, 胡东风, 文治东, 等, 2014. 四川盆地及周缘下古生界海相页岩气富集高产主控因素: 以焦石坝地区五峰组—龙马溪组为例 [J]. 中国地质, 41（3）: 893-901.

郭旭升, 胡东风, 魏志红, 2016. 涪陵页岩气田的发现与勘探认识 [J]. 中国石油勘探, 21（3）: 24-37.

郭旭升, 李宇平, 腾格尔, 等, 2020. 四川盆地五峰组—龙马溪组深水陆棚相页岩生储机理探讨 [J]. 石油勘探与开发, 47（1）: 193-201.

郭艳琴, 李文厚, 郭彬程, 等, 2019. 鄂尔多斯盆地沉积体系与古地理演化 [J]. 古地理学报, 21（2）: 293-320.

郭艳琴, 王美霞, 郭彬程, 等, 2020. 鄂尔多斯盆地西缘北部上古生界沉积体系特征及古地理演化 [J]. 西北大学学报（自然科学版）, 50（1）: 93-104.

郭英海, 刘焕杰, 权彪, 等, 1998. 鄂尔多斯地区晚古生代沉积体系及古地理演化 [J]. 沉积学报, 16（3）: 44-51.

韩美莲, 王真奉, 刘海燕, 等, 2013. 华北地区晚石炭世岩相古地理特征及聚煤规律研究 [J]. 中国煤炭地质, 25（12）: 12-15.

韩玉玲, 2000. 新疆二叠纪古地理 [J]. 新疆地质, 18（4）: 330-334.

郝继鹏, 1991. 伊犁盆地二叠纪沉积相及古地理特征 [J]. 新疆石油地质, 12（3）: 190-197.

郝继鹏, 1992. 伊犁盆地石炭系沉积相及古地理特征初探 [J]. 新疆石油地质, 13（2）: 115-123.

何宝珍, 晁吉祥, 1982. 西北地区石炭纪古地理轮廓及沉积特征 [J]. 煤田地质与勘探, 10（2）: 14-20, 13.

何国建, 陈建中, 张密椋, 等, 2023. 新疆西昆仑加勒万河一带早二叠世菊石化石的发现及岩相古地理意义 [J]. 地质通报, 42（1）: 76-83.

何海清, 唐勇, 邹志文, 等, 2022. 准噶尔盆地中央坳陷西部风城组岩相古地理及油气勘探 [J]. 新疆石油地质, 43（6）: 640-653.

何红生, 2009. 涟邵煤田北段测水煤系岩相古地理与聚煤作用 [J]. 中国煤炭, 21（3）: 11-15.

何磊, 王永标, 杨浩, 等, 2010. 华南二叠纪—三叠纪之交微生物岩的古地理背景及沉积微相特征 [J]. 古地理学报, 12（2）: 151-163.

何卫红, 唐婷婷, 乐明亮, 等, 2014. 华南晚古生代华纪一二叠纪沉积大地构造演化 [J]. 地球科学, 39（8）: 929-953.

何卫红, 张克信, 吴顺宝, 等, 2015. 二叠纪末扬子海盆及其周缘动物群的特征和古地理、古构造启示 [J]. 地球科学, 40（2）: 275-289.

何幼斌, 罗进雄, 2010. 中上扬子地区晚二叠世长兴期岩相古地理 [J]. 古地理学报, 12（5）: 497-514.

何治亮, 聂海宽, 李双建, 等, 2021. 特提斯域板块构造约束下上扬子地区二叠系龙潭组页岩气的差异性赋存 [J]. 石油与天然气地质, 42（1）: 1-15.

侯方浩, 方少仙, 张廷山, 等, 1992. 中国南方晚古生代深水碳酸盐岩及控油气性 [J]. 沉积学报, 10（3）: 133-144.

侯方辉, 张训华, 温珍河, 等, 2014. 古生代以来中国主要块体活动古地理重建及演化 [J]. 海洋地质与第四纪地质, 34（6）: 9-26.

侯明金, 齐敦伦, 金义祥, 1998. 安徽巢湖凤凰山石炭纪岩石特征及沉积环境分析 [J]. 安徽地质, 8（3）: 32-39.

侯明金, Jacques Mercier, Pierre Vergely, 等, 2004. 海西至印支期郯庐断裂带的性质: 据中国东部石炭纪至三叠纪的岩相古地理特征分析 [J]. 古地理学报, 6（4）: 459-468.

厚刚福, 周进高, 谷明峰, 等, 2017. 四川盆地中二叠统栖霞组、茅口组岩相古地理及勘探方向 [J]. 海相油气地质, 22（1）: 25-31.

胡斌, 张璐, 刘顺喜, 等, 2012. 河南省中二叠世山西期古地理特征 [J]. 古地理学报, 14（4）: 411-422.

胡东风, 李宇平, 段金宝, 等, 2017. 桂中地区泥盆纪碳酸盐岩沉积特征与孤立台地礁滩演化 [J]. 岩石学报, 33（4）: 1135-1147.

胡明毅, 魏国齐, 李思田, 等, 2010. 四川盆地嘉陵江组层序—岩相古地理特征及储层预测 [J]. 沉积学报, 28（6）: 1145-1152.

胡明毅, 胡忠贵, 魏国齐, 2012. 四川盆地茅口组层序岩相古地理特征及储集层预测 [J]. 石油勘探与开发, 39（1）: 45-55.

胡书毅, 田海芹, 1999. 扬子地区二叠系油气地质条件综合研究 [J]. 现代地质, 13（2）: 42-48.

胡忠贵, 郑荣才, 文华国, 等, 2010. 渝东-鄂西地区黄龙组层序—岩相古地理研究 [J]. 沉积学报, 28（4）: 696-705.

胡忠贵, 郑荣才, 胡明毅, 等, 2012. 川东邻水—渝北地区石炭系层序-岩相古地理特征 [J]. 中国地质, 37（5）: 1383-1392.

黄本宏, 1982. 东北北部石炭二叠纪陆相地层及古地理概况 [J]. 地质论评, 28（5）: 395-402.

黄程, 沈宇箴, 文馨, 2021. 四川广元清风峡剖面上泥盆统风暴沉积特征及其古环境意义 [J]. 古地理学报, 23（6）: 1094-1109.

黄程, 周小靖, 沈宇箴, 等, 2022. 龙门山北段观雾山组地层时代分布、沉积充填及其古地理意义 [J]. 地质学报, 96（7）: 2255-2271.

黄涵宇, 何登发, 李英强, 等, 2017. 四川盆地及邻区二叠纪梁山-栖霞

中国岩相古地理图集　159

组沉积盆地原型及其演化 [J]. 岩石学报，33（4）：1317-1337.

黄恒，颜佳新，余文超，2020. 广西宜州裂陷槽晚古生代演化与早石炭世沉积锰矿分布 [J]. 古地理学报，22（5）：1001-1011.

黄彭彭，李守军，高丽华，等，2014. 东北地区中泥盆世岩相古地理研究 [J]. 山东科技大学学报（自然科学版），33（4）：16-26.

黄兴，张雄华，杜远生，等，2013. 黔北务正道地区及邻区石炭纪-二叠纪之交海平面变化对铝土矿的控制 [J]. 地质科技情报，32（1）：80-86.

黄芸，梁舒艺，任江玲，等，2019. 滴北凸起早石炭世复理石相发现及油气地质意义 [J]. 新疆石油地质，40（4）：422-429.

黄志强，陆刚，梁军，等，2003. 右江盆地二叠纪孤立碳酸盐岩台地边缘海绵礁特征、时代及海绵礁相 [J]. 南方国土资源，（10）：23-26.

吉丛伟，邵龙义，彭正奇，等，2011. 湖南省晚二叠世层序古地理及聚煤特征 [J]. 中国矿业大学学报，40（1）：103-110.

贾进华，申钮民，2017. 塔里木盆地东河砂岩段准层序组特征及岩相古地理 [J]. 沉积学报，38（2）：135-149.

姜德民，田景春，黄平辉，等，2013. 川西南部地区中二叠统栖霞组岩相古地理特征 [J]. 西安石油大学学报（自然科学版），28（1）：41-46，4.

焦大庆，马永生，邓军，2003. 黔桂地区二叠纪层序地层格架及古地理演化 [J]. 石油实验地质，25（1）：18-27.

焦扬，王训练，崔银亮，等，2013. 云南文山地区晚二叠世吴家坪期岩相古地理特征及成矿作用 [J]. 矿物学报，33（4）：629-636.

靳军，罗正江，王剑，等，2023. 新疆乌鲁木齐地区上石炭亚系祁家沟组介形类及其古环境和古地理意义 [J]. 古地理学报，25（2）：356-367.

荆锡贵，李凤杰，成晓雨，等，2018. 四川龙门山地区早—中泥盆世混积相遗迹化石及其环境分析 [J]. 中国地质，45（2）：377-391.

敬乐，潘建平，徐国盛，等，2012. 湘中拗陷海相页岩层系岩相古地理特征 [J]. 成都理工大学学报（自然科学版），39（2）：215-222.

康德江，2009. 新疆天山南北两侧大型叠合盆地石炭纪的连通性 [J]. 中南大学学报（自然科学版），40（4）：1139-1145.

雷志远，翁申富，陈强，等，2013. 黔北务正道地区早二叠世大竹园期岩相古地理及其对铝土矿的控矿意义 [J]. 地质科技情报，32（1）：8-12.

李江海，周肖阳，李维波，等，2015. 塔里木盆地及邻区寒武纪—三叠纪构造古地理格局的初步重建 [J]. 地质论评，61（6）：1225-1234.

李明隆，谭秀成，杨雨，等，2022. 四川盆地及其邻区下二叠统栖霞阶层序-岩相古地理特征及油气地质意义 [J]. 石油勘探与开发，49（6）：1119-1131.

李明培，邵龙义，李智学，等，2020. 华北地区石炭—二叠纪下煤组聚煤期岩相古地理 [J]. 煤炭学报，45（7）：2399-2410.

李明培，邵龙义，夏玉成，等，2021. 鄂尔多斯盆地中部上三叠统瓦窑堡组层序：古地理与聚煤规律 [J]. 古地理学报，23（2）：375-388.

李守军，张洪，1999. 柴达木盆地石炭纪古生物地理归属研究 [J]. 微体古生物学报，16（2）：73-81.

李守军，黄彭彭，赵立伟，等，2014a. 东北地区早泥盆世岩相古地理研究 [J]. 山东科技大学学报（自然科学版），33（4）：6-15.

李守军，张舒，许超，等，2014b. 东北地区晚二叠世岩相古地理研究 [J]. 山东科技大学学报（自然科学版），33（6）：28-39.

李双应，金福全，1994. 下扬子盆地石炭纪的古地理 [J]. 合肥工业大学学报（自然科学版），17（3）：167-174.

李双应，孟庆任，万秋，等，2008. 长江中下游地区二叠纪碳酸盐斜坡沉积及其成矿意义 [J]. 岩石学报，24（8）：1733-1744.

李维波，李江海，王洪浩，等，2015. 二叠纪古板块再造与岩相古地理特征分析 [J]. 中国地质，42（2）：685-694.

李文忠，沈树忠，2005. 西藏雅鲁藏布江缝合带二叠纪灰岩体的动物群及其古地理意义 [J]. 地质论评，51（3）：225-233，353..

李雯，杨帅，陈安清，等，2023. 川西北深层中二叠统茅口组岩相古地理及勘探意义 [J]. 地球科学，48（2）：609-620..

李祥辉，吴екс，王成善，等，2001. 西藏措勤盆地古生界—中生界岩相古地理演化 [J]. 成都理工学院学报，28（4）：331-339.

李小铭，王向东，2022. 滇西保山和腾冲地区二叠纪珊瑚及其古地理意义 [J]. 南京大学学报（自然科学），58（4）：720-729.

李雄，2016. 鄂西—渝东晚二叠世长兴期古地理格局及生物礁展布的再认识 [J]. 古地理学报，18（2）：197-206.

李莹，2013. 鄂尔多斯盆地南部晚古生代岩相古地理研究 [D]. 西安：西北大学.

李莹，王向东，胡科毅，等，2021. 中国石炭纪岩石地层划分和对比 [J]. 地层学杂志，45（3）：303-318.

李永军，高永利，佟丽莉，等，2009. 西天山阿吾拉勒一带石炭系阿克沙克组风暴岩及其意义 [J]. 地学前缘，16（3）：341-348.

李永军，金昶，胡克亮，等，2010. 西天山尼勒克组北于赞一带下石炭统阿克沙克组扇三角洲相沉积的发现及意义 [J]. 地质学报，84（10）：1470-1478.

李勇，鲍志东，胡广成，2011. 中上扬子地区中三叠世雷口坡期岩相古地理研究 [J]. 沉积与特提斯地质，31（3）：20-27.

李西兴，1985. 广西富贺钟地区中泥盆世岩相古地理及其与锡矿关系初探 [J]. 地质论评，31（5）：429-436.

李育慈，晋慧娟，1993. 新疆博格达山晚古生代风暴岩及其地质意义 [J]. 沉积学报，11（1）：23-31.

李阅薇，王成善，李国彪，等，2020. 广西龙江泥盆纪苔藓虫的发现及其地质意义 [J]. 现代地质，34（4）：745-756.

李战明，马晓辉，郭锐，等，2012. 河南大冶矿区晚石炭世岩相古地理特征及铝土矿找矿方向 [J]. 地质找矿论丛，27（4）：433-439.

李忠，高剑，2016. 构造活动区特征源汇体系及古地理重建：以塔里木块体北缘记录 "泛非" 事件的碎屑锆石分析为例 [J]. 古地理学报，18（3）：424-440.

李忠，徐建强，高剑，2013. 盆山系统沉积学—兼论华北和塔里木地区研究实例 [J]. 沉积学报，31（5）：757-772.

梁薇，牟传龙，周恳恳，等，2014. 湘中—湘南地区寒武纪岩相古地理 [J]. 古地理学报，16（1）：41-54.

廖士范，1992. 中国石炭纪古风化壳相铝土矿古地理及有关问题 [J]. 沉积学报，10（1）：1-10.

林畅松，李思田，刘景彦，等，2011. 塔里木盆地古生代重要演化阶段的古构造格局与古地理演化 [J]. 岩石学报，27（1）：210-218.

林金录，1987. 石炭纪末古地理图 [J]. 地震地质，9（2）：91-94.

林良彪，陈洪德，朱利东，2009. 川东地区吴家坪组层序—岩相古地理特征 [J]. 油气地质与采收率，16（6）：42-45，113.

林玉祥，朱传真，赵承锦，等，2016. 华北地区晚三叠世岩相古地理特征 [J]. 岩性油气藏，28（5）：82-90.

林中月，刘亢，魏迎春，2020. 沁水盆地中北部石炭-二叠纪煤系构造演化特征 [J]. 煤田地质与勘探，48（2）：85-91.

刘爱，李东津，李春田，1990. 吉林省石炭纪岩相古地理特征及沉积相模式 [J]. 吉林地质，9（4）：1-10.

刘宝珺，曾允孚，1985. 岩相古地理基础和工作方法 [M]. 北京：地质出版社.

刘宝珺，许效松，1994. 中国南方岩相古地理图集：震旦纪—三叠纪 [M]. 北京：科学出版社.

刘本培，冯庆来，方念乔，等，1993. 滇西南昌宁—孟连带和澜沧江带古特提斯多岛洋构造演化 [J]. 地球科学，18（5）：529-539，671

刘超，陆刚，张喜，等，2014. 桂西北天峨孤立碳酸盐岩台地晚古生代沉积特征与演化 [J]. 地质论评，60（1）：55-70.

刘焕杰，1988. 中国晚古生代含煤岩系岩相古地理的若干特点 [J]. 矿物岩石地球化学通讯，7（2）：95-96.

刘加强，毛志芳，王训练，等，2012. 滇东南地区晚二叠世吴家坪早期岩相古地理 [J]. 现代地质，14（3）：365-374.

刘金城，2014. 松辽盆地及周边地区石炭二叠纪岩相古地理研究 [D]. 北京：中国地质大学（北京）.

刘树根，文龙，宋金民，等，2022. 四川盆地中二叠统构造-沉积分异与油气勘探 [J]. 成都理工大学学报（自然科学版），49（4）：385-413.

刘先文，崔天日，1996. 吉林东部二叠纪和三叠纪生物沉积和构造古地理格局 [J]. 吉林地质，15（2）：10-15.

刘小兵，王兆明，贺正军，等，2022. 阿拉伯板块古生代岩相古地理及其对油气富集的控制作用 [J]. 岩石学报，38（9）：2595-2607.

刘晓光，陈启林，白云来，等，2012. 鄂尔多斯盆地中寒武统张夏组沉积相特征及岩相古地理分析 [J]. 天然气工业，32（5）：14-18，99.

刘新宇，颜佳新，2007. 华南地区二叠纪栖霞组燧石结核成因研究及其地质意义 [J]. 沉积学报，25（5）：730-736.

刘亚雷，胡秀芳，王道轩，等，2012. 塔里木盆地三叠纪岩相古地理特征 [J]. 断块油气田，19（6）：696-700.

刘长江，桑树勋，陈世悦，等，2008. 渤海湾盆地石炭—二叠纪沉积作用与储层形成 [J]. 天然气工业，28（3）：22-25，135-136.

刘正元，苑保国，黄兴，等，2020. 川西北剑阁县猫儿塘二叠纪地层划分与对比 [J]. 成都理工大学学报（自然科学版），47（3）：257-273.

刘志丽，童金南，2001. 中国南方中三叠世地层及沉积古地理分异 [J]. 沉积学报，19（3）：327-332，356.

楼仁兴，董清水，聂辉，等，2011. 塔里木盆地巴楚—麦盖提地区志留—泥盆纪岩相古地理特征及油气勘探前景 [J]. 石油实验地质，33（6）：580-586.

卢书炜，2010. 中华人民共和国区域地质调查报告 [M]. 北京：中国地质大学出版社 .

鲁静，邵龙义，孙斌，等，2012. 鄂尔多斯盆地东缘石炭 - 二叠纪煤系层序 - 古地理与聚煤作用 [J]. 煤炭学报，37（5）：747-754.

陆刚，胡贵昂，张能，等，2006. 右江盆地二叠纪生物礁时空分布和沉积构造演化新知 [J]. 地质评论，52（2）：190-197，294.

罗亮，王冬兵，尤廷海，等，2022. 昌宁 - 孟连结合带东部泥盆系—石炭系南段近研究新进展及其对特提斯洋演化的启示 [J]. 沉积与特提斯地质，42（2）：242-259.

罗锐，刘传喜，许军，2007. 豫西陕渑煤田东部石炭二叠纪含煤岩系岩相古地理分析 [J]. 中州煤炭，（1）：27-29.

罗志立，孙玮，韩建辉，等，2012. 峨眉地幔柱对中上扬子区二叠纪成藏条件影响的探讨 [J]. 地学前缘，19（6）：144-154.

吕大炜，李增学，刘海燕，2009. 华北板块晚古生代海侵事件古地理研究 [J]. 湖南科技大学学报（自然科学版），24（3）：16-22.

吕大炜，魏欣伟，刘海燕，等，2010. 华北板块晚石炭世古地貌单元划分及其聚煤规律 [J]. 油气地质与采收率，15（2）：24-27，112.

吕大炜，赵洪刚，李增学，2012. 渤海湾盆地临清坳陷晚古生代古地理特征 [J]. 古地理学报，14（4）：437-450.

吕留彦，陈仁，于宁，等，2021. 黔中开阳地区早石炭世大塘期岩相古地理对铝土矿成矿的制约 [J]. 矿物学报，41（S1）：509-519.

马昌明，李江海，曹正林，等，2020. 中亚盆地群石炭 - 二叠纪岩相古地理恢复及演化 [J]. 岩石学报，36（11）：3510-3522.

马收先，李增学，吕大炜，2010. 南华北石炭—二叠系陆表海层序古地理演化 [J]. 沉积学报，28（3）：497-508.

马帅，王永诗，王学军，2023. 华北东部石炭纪：二叠纪沉积充填过程及其对物源区构造演化的响应 [J]. 油气地质与采收率，30（4）：1-20.

马文昭，李守军，黄彭彭，等，2014. 东北地区晚泥盆世岩相古地理研究 [J]. 山东科技大学学报（自然科学版），33（5）：15-21.

马永生，陈洪德，王国力，2009. 中国南方构造—层序岩相古地理图集 [M]. 震旦记—新近纪 . 北京：科学出版社 .

马永生，傅强，郭彤楼，等，2005. 川东北地区普光气田长兴—飞仙关气藏成藏模式与成藏过程 [J]. 石油实验地质，27（5）：35-41.

马永生，郭旭升，郭彤楼，等，2005a. 川东北盆地普光大型气田的发现与勘探启示 [J]. 地质论评，51（4）：477-480.

马永生，牟传龙，郭彤楼，等，2005b. 四川盆地东北部飞仙关组层序地层与储层分布 [J]. 矿物岩石，25（4）：73-79.

马永生，牟传龙，郭彤楼，等，2005c. 四川盆地东北部长兴组层序地层与储层分布 [J]. 地学前缘，12（3）：179-185.

马永生，牟传龙，郭旭升，等，2006a. 四川盆地东北部长兴期沉积特征与沉积格局 [J]. 地质论评，52（1）：25-29，153-154.

马永生，郭旭升，郭彤楼，2006b. 川东北达县—宣汉地区飞仙关组沉积相与储层分布 [J]. 地质学报，80（2）：293-297.

马永生，牟传龙，谭钦银，等，2006c. 关于开江 - 梁平海槽的认识 [J]. 石油与天然气地质，27（3）：326-331.

马永生，郭彤楼，赵雪凤，等，2007a. 普光气田深部优质白云岩储层形成机制 [J]. 中国科学（D 辑：地球科学），37（2）：43-52.

马永生，牟传龙，谭钦银，等，2007b. 达县—宣汉地区长兴组—飞仙关组生物礁滩特征及其对储层的制约 [J]. 地学前缘，14（1）：182-192.

毛翔，李江海，2014. 全球石炭纪煤的分布规律 [J]. 煤炭学报，39（S1）：198-203.

毛志芳，周洪瑞，王训练，等，2013. 滇东南丘北地区晚二叠世吴家坪早期岩相古地理特征 [J]. 矿物学报，33（4）：599-605.

梅冥相，李仲远，2004. 黔桂地区晚古生代至三叠纪层序地层序列及沉积盆地演化 [J]. 现代地质，18（4）：555-563.

梅冥相，高金汉，易定红，等，2002. 黔桂地区二叠系层序地层格架及相对海平面变化研究 [J]. 高校地质学报，8（3）：318-333.

梅冥相，马永生，邓军，等，2005a. 滇黔桂盆地及其邻区石炭纪至二叠纪层序地层格架及三级海平面变化的全球对比 [J]. 中国地质，32（1）：13-24.

梅冥相，马永生，邓军，等，2005b. 加里东运动造古地理及滇黔桂盆地的形成：兼论滇黔桂盆地深层油气勘探潜力 [J]. 地学前缘，12（3）：227-236.

梅仕龙，Charles M. Henderson，2001. 试论二叠纪牙形石古地理分区、演化及其控制因素 [J]. 古生物学报，40（4）：471-485.

孟琦，黄恒，颜佳新，等，2018. 黔南地区中二叠世碳酸盐台地边缘沉积演化及古海洋意义 [J]. 古地理学报，20（1）：87-103.

孟祥化，葛铭，2001. 中国华北地台二叠纪前陆盆地的发现及其证据 [J]. 地质科技情报，20（1）：8-14.

孟祥化，葛铭，肖增化，1987. 华北石炭纪含铝建造沉积学研究 [J]. 地质科学，22（2）：182-197.

牟传龙，1994. 湖南泥盆纪露头层序地层研究 [J]. 岩相古地理，（2）：1-9.

牟传龙，2022a. 关于相的命名及其分类的建议 [J]. 沉积与特提斯地质，42（3）：331-339.

牟传龙，2022b. 中国岩相古地理研究进展 [J]. 沉积与特提斯地质，42（3）：340-349.

牟传龙，许效松，林明，1992. 层序地层与岩相古地理编图：以中国南方泥盆纪地层为例 [J]. 岩相古地理，12（4）：1-9.

牟传龙，刘宝珺，朱晓镇，1996. 新疆阿舍勒 - 冲乎尔地区泥盆纪活动力学研究 [J]. 岩相古地理，16（3）：30-38.

牟传龙，王立全，沈苏，1999. 云南拖顶泥盆纪岩相古地理及层序地层分析 [J]. 岩相古地理，19（4）：1-13.

牟传龙，谭钦银，余谦，2005. 云南思茅盆地二叠纪层序格架与生储盖研究 [J]. 沉积与特提斯地质，25（3）：33-37.

牟传龙，刘宝珺，朱晓镇，等，1995. 新疆阿舍勒、冲乎尔地区泥盆纪岩相古地理研究 [J]. 岩相古地理，15（5）：1-13.

牟传龙，丘东洲，王立全，等，1997. 湘鄂赣二叠纪岩相古地理研究 [J]. 岩相古地理，17（6）：1-21.

牟传龙，丘东洲，王立全，等，2000. 湘鄂赣二叠系层序岩相古地理与油气 [M]. 北京：地质出版社 .

牟传龙，谭钦银，余谦，等，2004. 川东北地区上二叠统长兴组生物礁组成及成礁模式 [J]. 沉积与特提斯地质，24（3）：65-71.

牟传龙，马永生，王瑞华，等，2005. 川东北地区上二叠统盘龙洞生物礁成岩作用研究 [J]. 沉积与特提斯地质，25（2）：198-202.

牟传龙，马永生，余谦，等，2005. 四川通江诺水河二叠纪 - 三叠纪界线地层牙形石的发现 [J]. 地层学杂志，29（2）：372-375.

牟传龙，马永生，谭钦银，等，2007. 四川通江—南江—巴中地区长兴组—飞仙关组沉积模式 [J]. 地质学报，81（6）：820-826.

牟传龙，王瑞华，谭钦银，等，2011. 扬子地块北缘晚二叠世长兴期岩相古地理 [J]. 地学前缘，18（4）：1-8.

牟传龙，王启华，王秀平，等，2016a. 岩相古地理研究可作为页岩气地质调查之指南 [J]. 地质通报，35（1）：10-19.

牟传龙，王秀平，王启宇，等，2016b. 川南及邻区下志留统龙马溪组下段沉积相与页岩气地质条件的关系 [J]. 古地理学报，18（3）：457-472.

牟传龙，周恳恳，陈小炜，等，2016c. 中国岩相古地理图集（埃迪卡拉纪—志留纪）[M]. 北京：地质出版社 .

牟传龙，王秀平，王启宇，等，2017. 岩相古地理与页岩气地质调查 [M]. 北京：科学出版社 .

牟传龙，侯乾，郑斌嵩，等，2020. 北祁连造山带志留纪岩相古地理研究 [J]. 沉积与特提斯地质，40（3）：48-58.

牟中海，1993. 吐—哈盆地二叠、三叠纪地层分布及古地理格局 [J]. 新疆石油地质，14（1）：14-20.

牟中海，肖又军，王国林，等，2001. 从岩相古地理论塔里木盆地西南地区石炭系油气潜力 [J]. 地球学报，22（1）：79-84.

南君亚，周德全，叶健骝，等，1996. 贵州广顺二叠系化学地层的划分及沉积环境分析 [J]. 矿物学报，16（2）：223-230.

牛亚卓，宋博，周俊林，等，2020. 中亚造山带北山南部下泥盆统火山—沉积地层的岩相、时代及古地理意义 [J]. 地质学报，94（3）：615-633.

牛永斌，钟建华，段宏亮，2010. 柴达木盆地石炭系沉积相及其与烃源岩的关系 [J]. 沉积学报，28（1）：140-149.

牛志军，吴俊，段其发，等，2011a. 青海南部二叠纪大地构造背景及其构造演化研究 [J]. 地质论评，57（5）：609-622.

牛志军，吴俊，王建雄，等，2011b. 青海南部治多—杂多地区早石炭世珊瑚组合和生物地理特征 [J]. 现代地质，25（5）：975-986.

潘桂棠，肖庆辉，陆松年，等，2009. 中国大地构造单元划分 [J]. 中国地质，36（1）：1-28.

潘颖，2017. 鄂尔多斯盆地南部上三叠统延长组长 8- 长 6 层序地层与沉积古地理研究 [J]. 北京：中国地质大学（北京）.

庞绪勇，王宇，卫巍，等，2009. 新疆富蕴县下石炭统南明水组沉积相及

其古地理意义 [J]. 岩石学报, 25 (3): 682-688.

彭军, 陈景山, 陈洪德, 等, 2000. 黔桂地区石炭纪 I 型层序界面沉积记录及成因分析 [J]. 地球学报, 21 (4): 433-440.

彭向东, 张梅生, 米家榕, 1998. 中国东北地区二叠纪生物混生机制讨论 [J]. 辽宁地质, (1): 41-45.

钱劲, 马莉龙, 步少峰, 等, 2013. 湘中、湘东南拗陷泥页岩层系岩相古地理特征 [J]. 成都理工大学学报 (自然科学版), 40 (6): 688-695.

郤文昆, 张雄华, 张扬, 2010. 桂北南丹巴平剖面早石炭亚纪盆地相烃源岩的地球生物学特征 [J]. 古地理学报, 12 (2): 233-243.

郤文昆, 马学平, 徐洪河, 等, 2019. 中国泥盆纪综合地层和时间框架 [J]. 中国科学: 地球科学, 49 (1): 115-138.

郤文昆, 郭文, 马学平, 等, 2021. 中国泥盆纪岩石地层划分和对比 [J]. 地层学杂志, 45 (3): 286-302.

秦元奎, 边敏, 杨宏伟, 等, 2015. 鄂西泥盆纪沉积铁矿成矿岩相古地理条件分析 [J]. 资源环境与工程, 29 (2): 132-139.

邱余波, 伊海生, 蔡占虎, 等, 2014. 内蒙古锡林浩特 - 阿鲁科尔沁地区林西组岩相古地理特征 [J]. 成都理工大学学报 (自然科学版), 41 (2): 192-202.

曲希玉, 张满利, 刘立, 等, 2013. 中国东北地区晚二叠世岩相古地理特征 [J]. 古地理学报, 15 (5): 679-692.

任纪舜, 李崇, 2016. 华夏古陆及相关问题: 中国南部前泥盆纪大地构造 [J]. 地质学报, 90 (4): 607-614..

任收麦, 乔德武, 张兴洲, 等, 2011. 松辽盆地及外围上古生界油气资源战略选区研究进展 [J]. 地质通报, 30 (S1): 197-204.

任战利, 崔军平, 史政, 等, 2010. 中国东北地区晚古生代构造演化及后期改造 [J]. 石油与天然气地质, 31 (6): 734-742.

阮壮, 罗忠, 于炳松, 等, 2021. 鄂尔多斯盆地中一晚三叠世盆地原型及构造古地理响应 [J]. 地学前缘, 28 (1): 12-32.

单厚香, 王永标, 何磊, 等, 湖北崇阳二叠纪—三叠纪之交生物灭绝和沉积微相演化 [J]. 地质科技情报, 31 (1): 16-21.

桑杨, 王立亭, 叶念曾, 1986. 贵州晚二叠世岩相古地理特征 [J]. 贵州地质, 3 (2): 105-125, 127-152.

邵济安, 唐克东, 何国琦, 2014. 内蒙古早二叠世构造古地理的再造 [J]. 岩石学报, 30 (7): 1858-1866.

邵龙义, 张鹏飞, 1999. 广西来宾一合山一带晚二叠世海底扇浊积岩相 [J]. 古地理学报, 1 (1): 20-31.

邵龙义, 窦建伟, 张鹏飞, 1996. 西南地区晚二叠世氧、碳稳定同位素的古地理意义 [J]. 地球化学, 25 (6): 575-581.

邵龙义, 刘红梅, 田宝霖, 等, 1998. 上扬子地区晚二叠世沉积演化及聚煤 [J]. 沉积学报, (2): 55-60.

邵龙义, 肖正辉, 何志平, 等, 2006. 晋东南沁水盆地石炭二叠纪含煤岩系古地理及聚煤作用研究 [J]. 古地理学报, 8 (1): 43-52.

邵龙义, 高彩霞, 张超, 等, 2013. 西南地区晚二叠世层序: 古地理及聚煤特征 [J]. 沉积学报, 31 (5): 856-866.

邵龙义, 董大啸, 李明培, 等, 2014a. 华北石炭—二叠纪层序 - 古地理及聚煤规律 [J]. 煤炭学报, 39 (8): 1725-1734.

邵龙义, 李英娇, 靳凤仙, 等, 2014b. 华南地区晚三叠世含煤岩系层序—古地理 [J]. 古地理学报, 16 (5): 613-630.

邵龙义, 张超, 闫志明, 等, 2016. 华南晚二叠世层序: 古地理及聚煤规律 [J]. 古地理学报, 18 (6): 905-919.

邵龙义, 郑明泉, 侯海海, 等, 2018. 山西省石炭 - 二叠纪含煤岩系层序 - 古地理与聚煤特征 [J]. 煤炭科学技术, 46 (2): 1-8, 34.

邵龙义, 徐小涛, 王帅, 等, 2021. 中国含煤岩系古地理及古环境演化研究进展 [J]. 古地理学报, 23 (1): 19-38.

邵小阳, 李文辉, 罗锡宜, 等, 2018. 桂东北富川地区泥盆纪层序地层划分 [J]. 地层学杂志, 42 (3): 344-351.

申博恒, 沈树忠, 侯章帅, 等, 2021. 中国二叠纪岩石地层划分和对比 [J]. 地层学杂志, 45 (3): 319-339.

申博恒, 沈树忠, 吴琼, 等, 2022. 华北板块石炭纪 - 二叠纪地层时间框架 [J]. 中国科学: 地球科学, 52 (7): 1181-1212.

沈树忠, 张以春, 袁东勋, 等, 2023. 青藏高原及其周边二叠纪综合地层、生物群以及古地理和古气候演化 [J]. 中国科学: 地球科学, 66: 2452-2462.

沈炎彬, 1984. 甘肃二叠纪 Leaid 叶肢介的发现及其古地理意义 [J]. 古生物学报, 23 (4): 505-512, 547.

盛吉虎, 张恩惠, 王家德, 等, 1997. 河南省早二叠世早期岩相古地理及聚煤作用分析 [J]. 河南地质, (3): 27-32.

石和, 马润则, 陶晓风, 等, 2001. 西藏措勤地区地层古生物研究新进展: 兼论古生物学在新一轮地质大调查中的作用 [J]. 沉积与特提斯地质, 21 (2): 78-83.

史冀忠, 陈高潮, 姜亭, 等, 2018. 银额盆地及邻区石炭纪小独山期—二叠纪紫松期岩相古地理 [J]. 地质通报, 37 (1): 107-119.

史燕青, 2020. 准噶尔盆地东南缘中二叠世 - 早三叠世构造 - 古地理演化研究 [D]. 北京: 中国石油大学 (北京).

宋洪柱, 2008. 环渤海湾地区石炭—二叠纪关键成煤期岩相古地理恢复 [D]. 青岛: 山东科技大学.

宋慧波, 胡斌, 张璐, 等, 2011. 河南省太原组沉积时期岩相古地理特征 [J]. 沉积学报, 29 (5): 876-888.

宋俊俊, 郭文, 张以春, 等, 2022. 西藏南部聂拉木地区晚泥盆世—早石炭世的介形类 [J]. 微体古生物学报, 39 (1): 40-56.

宋全友, 王冠民, 2002. 西藏措勤盆地中 - 新生代岩相古地理特征 [J]. 石油大学学报 (自然科学版), 26 (6): 7-11, 9.

宋永, 雍锦杰, 李世鑫, 等, 2022. 西准噶尔地区石炭纪残余洋盆充填演化的地层学记录 [J]. 地层学杂志, 46 (2): 163-173.

苏炳睿, 2019. 塔里木盆地晚泥盆世东河塘组沉积记录、物源分析及古地理研究 [D]. 成都: 成都理工大学.

孙春燕, 胡明毅, 胡忠贵, 等, 2015. 四川盆地下三叠统飞仙关组层序—岩相古地理特征 [J]. 海相油气地质, 20 (3): 1-9.

孙琦森, 张世涛, 倪春中, 等, 2011. 滇东北地区利用岩相古地理找矿方法可行性讨论 [J]. 矿物学报, 31 (S1): 843-844.

塔斯肯, 李江海, 李维波, 等, 2014. 三叠纪全球板块再造及岩相古地理研究 [J]. 海洋地质与第四纪地质, 34 (5): 153-162.

覃洪锋, 李昌明, 邓宾, 等, 2022. 桂西北隆或地区晚古生代地层沉积特征及台地沉积演化 [J]. 桂林理工大学学报, 42 (1): 1-14.

覃建雄, 陈洪德, 田景春, 1999. 西南地区二叠纪层序古地理特征及演化 [J]. 中国区域地质, 18 (3): 66-74.

覃建雄, 曾允孚, 陈洪德, 等, 1998. 西南地区二叠纪层序地层及海平面变化 [J]. 岩相古地理, 18 (1): 19-35.

覃建雄, 陈洪德, 田景春, 1999. 西南地区东南部二叠纪沉积盆地类型及演化 [J]. 特提斯地质, 19 (0): 132-141.

谭先锋, 李洁, 何金平, 等, 2012. 开江一梁平海槽区带南段飞仙关组层序 - 岩相古地理特征 [J]. 中国地质, 39 (3): 612-622.

谭志远, 侯学文, 魏继生, 等, 2021. 四川盆地下三叠统嘉陵江组主要成盐期岩相古地理特征 [J]. 沉积与特提斯地质, 41 (4): 563-572.

唐开疆, 1989. 华北陆台晚古生代岩相古地理 [J]. 沉积学报, 7 (4): 97-104.

唐勇, 王刚, 郑孟林, 等, 2015. 新疆北部石炭纪盆地构造演化与油气成藏 [J]. 地学前缘, 22 (3): 241-253.

田景春, 郭维, 黄平辉, 等, 2012. 四川盆地西南部茅口期岩相古地理 [J]. 西南石油大学学报 (自然科学版), 34 (2): 1-8.

田力, 童金南, 孙冬英, 等, 2014. 江西乐平沿沟二叠纪 - 三叠纪过渡期沉积微相演变及其对灭绝事件的响应 [J]. 中国科学: 地球科学, 44 (10): 2247-2261.

田乾乾, 韩建光, 易洪春, 2009. 我国华北地区石炭二叠纪成煤作用 [J]. 煤炭技术, 28 (3): 118-121.

田树刚, 翟大兴, 范嘉松, 2019. 内蒙古南部石炭—二叠纪陆缘生物礁及其建造环境 [J]. 地球学报, 40 (6): 781-794.

田树刚, 李子舜, 王峻涛, 等, 2012. 内蒙古东部及邻区石炭纪—二叠纪构造地层格架与形成环境 [J]. 地质通报, 31 (10): 1554-1564.

田树刚, 李子舜, 永永生, 等, 2016. 内蒙东部及邻区晚石炭世—二叠纪构造古地理环境及演变 [J]. 地质学报, 90 (4): 688-707.

田硕夫, 杨瑞东, 2016. 贵州早石炭世岩相古地理演化及页岩气成藏特征 [J]. 成都理工大学学报 (自然科学版), 43 (3): 291-299..

田雨, 张兴阳, 何幼斌, 2014. 四川盆地晚二叠世岩相古地理特征及演化 [J]. 长江大学学报 (自科版), 11 (31): 77-81.

田雨, 张兴阳, 何幼斌, 2010. 四川盆地晚二叠世吴家坪期岩相古地理 [J]. 古地理学报, 12 (2): 164-176.

佟再三, 1992. 北祁连东段石炭纪岩相古地理研究现状 [J]. 兰州大学学报, 28 (3): 167-168

佟再三, 1993. 北祁连东段石炭纪古地理与构造关系初探 [J]. 甘肃地质学报, 2 (2): 61-66.

佟再三, 1996. 北祁连东段早石炭世前黑山期岩相古地理主要特征 [J]. 地层学杂志, 20 (3): 190-195, 206, 241

佟再三, 李汉业, 1994. 北祁连东段石炭纪岩相古地理基本特征 [J]. 沉积学报，12（1）：89-97.
万发，2014. 新疆和丰县巴音达拉地区泥盆系沉积特征与岩相古地理环境演变 [J]. 乌鲁木齐：新疆大学 .
万秋，李双应，2011. 中扬子地区中二叠统沉积及古地理特征 [J]. 地质学报，85（6）：993-1007.
万梨，赵泽恒，2012. 大南盘江地区泥盆—二叠系生物礁特征及其控制因素 [J]. 天然气勘探与开发，35（4）：15-21，33，8.
万秋，李双应，孔为伦，等，2011. 中扬子晚二叠世沉积特征及古地理演化 [J]. 地质科学，46（2）：336-349.
汪泽成，赵文智，陈孟晋，等，2005. 构造复原技术在前陆冲断带岩相古地理重建中的应用：以鄂尔多斯盆地西缘晚古生代为例 [J]. 现代地质，19（3）：385-393.
汪正江，张锦泉，陈洪德，2001. 鄂尔多斯盆地晚古生代陆源碎屑沉积源区分析 [J]. 成都理工学院学报，28（1）：7-12.
王昌勇，郑荣才，韩永林，等，2009. 鄂尔多斯盆地姬塬地区上三叠统延长组第六段高分辨率层序—岩相古地理 [J]. 地层学杂志，33（3）：326-332.
王朝钧，赵叶，王君碧，等，1957. 中国西南部上二叠纪含煤沉积 [J]. 地质学报，31（3）：297-315.
王成善，李祥辉，陈洪德，等，1999. 中国南方二叠纪海平面变化及升降事件 [J]. 沉积学报，17（4）：39-44.
王成文，孙跃武，李宁，等，2009a. 东北地区晚古生代地层分布规律 [J]. 地层学杂志，33（1）：56-61.
王成文，孙跃武，李宁，等，2009b. 中国东北及邻区晚古生代地层分布规律的大地构造意义 [J]. 中国科学（D 辑：地球科学），39（10）：1429-1437.
王德海，谭文文，徐文世，等，2011. 东北佳木斯—内蒙古地区中二叠世岩相古地理研究 [J]. 地学前缘，18（4）：41-51.
王冬兵，唐渊，罗亮，等，2020. 昌宁 - 孟连结合带弄巴地区泥盆系、石炭系的时代及沉积环境：放射虫、碎屑锆石 U-Pb 年龄和 Hf 同位素约束 [J]. 地球科学，45（8）：2989-3002.
王国茹，2011. 鄂尔多斯盆地北部上古生界物源及层序岩相古地理研究 [D]. 成都：成都理工大学 .
王果胜，马文璞，朱卫平，2009. 闽西南晚古生代—早三叠世沉积特征及其大地构造意义 [J]. 成都理工大学学报（自然科学版），36（1）：87-91.
王洪战，范国清，丁杰，等，1991. 辽东太子河流域石炭—二叠纪岩相古地理及铝土矿成矿地质条件 [J]. 辽宁地质，（1）：1-42.
王华明，夏军，徐家聪，等，1992. 皖南石炭纪岩相古地理特征 [J]. 中国区域地质，11（4）：294-303.
王怀洪，尹露生，朱裕振，等，2021. 黄河北地区晚古生代岩相古地理与煤系烃源岩发育 [J]. 中国煤炭地质，33（1）：13-21.
王惠，陈志勇，杨万容，2002. 内蒙古满都拉二叠纪海绵生物丘的发现及意义 [J]. 地层学杂志，26（1）：33-38，83-84.
王建华，朱幼安，李强，2024. 藏南亚东帕里地区早泥盆世沉积及古生物特征 [J]. 现代地质，38（1）：224-229.
王建平，裴放，2002. 东秦岭古生代古生物区与古地理变迁 [J]. 地质论评，48（6）：603-611.
王俊涛，2011. 大兴安岭中南部石炭 - 二叠纪地层、岩相古地理与烃源岩研究 [D]. 北京：中国地质科学院 .
王立亭，2000. 中国南方二叠纪岩相古地理与成矿作用 [M]. 北京：地质出版社 .
王立亭，叶念曾，秦大康，等，1983. 贵州省早二叠世岩相古地理概论 [J]. 中国区域地质，2（1）：23-38.
王明明，张发德，鲁静，等，2014. 北祁连西段石炭 - 二叠纪含煤地层沉积模式研究 [J]. 煤炭科学技术，42（10）：101-105.
王启宇，牟传龙，陈小炜，等，2014. 准噶尔盆地及周缘地区石炭系岩相古地理特征及油气基本地质条件 [J]. 古地理学报，16（5）：655-671.
王启宇，牟传龙，贺娟，等，2018. 维西地区中三叠统上兰组物源分析及构造背景判断 [J]. 地球科学，43（8）：2811-2832.
王向东，Sugiyama T，Ueno K，等，2000. 滇西保山地区石炭纪、二叠纪古动物地理演化 [J]. 古生物学报，39（4）：493-506.
王新强，史晓颖，2008. 桂西北晚古生代乐业孤立碳酸盐岩台地沉积特征与演化阶段 [J]. 古地理学报，10（4）：329-340.
王秀静，李守军，许超，等，2014. 东北地区中二叠世岩相古地理研究 [J]. 山东科技大学学报（自然科学版），33（6）：19-27.
王秀平，牟传龙，王启宇，等，2015. 川南及邻区龙马溪组黑色岩系成岩作用 [J]. 石油学报，36（9）：1035-1047.
王秀平，牟传龙，王启宇，等，2018. 再论岩相古地理可作为页岩气地质调查之指南 [J]. 沉积学报，36（2）：215-231.
王绪龙，唐勇，陈中红，等，2013. 新疆北部石炭纪岩相古地理 [J]. 沉积学报，31（4）：571-579.
王一刚，文应初，洪海涛，等，2009. 四川盆地北部晚二叠世—早三叠世碳酸盐岩斜坡相带沉积特征 [J]. 古地理学报，11（2）：143-156.
王怿，戎嘉余，唐鹏，等，2021. 华南古生代中期地层界面的特征与大地构造意义 [J]. 中国科学：地球科学，51（2）：218-240.
王毅，1998. 塔里木盆地晚泥盆世与石炭纪沉积演化 [J]. 石油大学学报（自然科学版），22（6）：17-23.
王永标，徐桂荣，张克信，等，1998. 中国二叠纪生物礁的研究现状及新进展 [J]. 地质科技情报，17（1）：37-41.
王宇，卫巍，庞绪勇，等，2009. 塔城地区晚泥盆世沉积特征及其构造古地理意义 [J]. 岩石学报，25（3）：699-707.
王张华，张国栋，1999. 鄂尔多斯伊克昭盟晚古生代沉积环境与岩相古地理 [J]. 古地理学报，1（3）：28-39.
王正和，郭彤楼，谭钦银，等，2011. 四川盆地东北部长兴组 - 飞仙关组各沉积相带储层特征 [J]. 石油与天然气地质，32（1）：56-63.
王正允，1998. 湖北兴山大峡口二叠系沉积相及层序地层特征 [J]. 江汉石油学院学报，20（3）：4-10.
王钟堂，1994. 华北石炭二叠纪含煤地层研究的新进展 [J]. 煤田地质与勘探，22（5）：7-10.
王竹泉，潘随贤，顾寿昌，等，1964. 华北地台石炭纪岩相古地理 [J]. 煤炭学报，（1）：1-18，101-102.
韦恒叶，陈代钊，2011. 鄂西—湘西北地区二叠纪栖霞期岩相古地理 [J]. 古地理学报，13（5）：551-562.
卫洪春，牟传龙，谭钦银，等，2003. 云南思茅盆地二叠纪层序地层研究 [J]. 沉积与特提斯地质，23（2）：54-57.
文龙，张奇，杨雨，等，2012. 四川盆地长兴组—飞仙关组礁、滩分布的控制因素及有利勘探区带 [J]. 天然气工业，32（1）：39-44，120-121.
文龙，李亚，易海永，等，2019. 四川盆地二叠系火山岩岩相与储层特征 [J]. 天然气工业，39（2）：17-27.
文龙，张本健，陈骁，等，2023. 四川盆地二叠、三叠系构造—沉积特征及有利勘探区带 [J]. 天然气勘探与开发，46（4）：1-12.
文琼英，张川波，汪筱林，等，1996. 吉林省晚古生代造山带二叠纪移置地体及古地理原型 [J]. 长春地质学院学报，26（3）：26-33.
邬光辉，邓卫，黄少英，等，2020. 塔里木盆地构造—古地理演化 [J]. 地质科学，55（2）：305-321.
吴根耀，2014. 中亚造山带南带晚古生代演化：兼论中蒙交界区中—晚二叠世残留海盆的形成 [J]. 古地理学报，16（6）：907-925.
吴浩若，2003. 晚古生代—三叠纪南盘江海的构造古地理问题 [J]. 古地理学报，5（1）：63-76.
吴基文，陈资平，姚多喜，1995. 皖南地区二叠纪茅口期岩相古地理研究 [J]. 淮南矿业学院学报，15（3）：9-14.
吴岐，郑云钦，1993. 福建石炭纪岩相古地理分析 [J]. 福建地质，12（4）：300-319.
吴绍祖，1993. 新疆石炭—二叠纪植物地理区的形成与演变 [J]. 新疆地质，11（1）：13-22.
吴绍祖，1998. 从古气候探讨新疆北部石炭—二叠纪生油层位 [J]. 新疆地质，16（1）：58-68.
吴绍祖，屈迅，李强，2000. 准噶尔早三叠世古地理及古气候特征 [J]. 新疆地质，18（4）：339-341.
吴胜和，冯增昭，何幼斌，1994. 中下扬子地区二叠纪缺氧环境研究 [J]. 沉积学报，12（2）：29-36.
吴晓智，向书政，赵永德，等，1995. 新疆北部福海地区上古生界岩相古地理 [J]. 新疆石油地质，16（4）：335-342.
吴晓智，齐雪峰，唐勇，等，2008. 新疆北部石炭纪地层、岩相古地理与烃源岩 [J]. 现代地质，22（4）：549-557.
吴兆宁，黄建华，玉素甫艾力，等，2007. 新疆东天山土屋铜矿床形成和保存的古地理环境 [J]. 干旱区地理，30（2）：189-195.
武思琴，颜佳新，刘柯，等，2016. 黔西南二叠纪早期陆源碎屑沉积体系对冈瓦纳冰川发育的响应 [J]. 地学前缘，23（6）：299-311.
夏茂龙，文龙，王一刚，等，2010. 四川盆地上二叠统海槽相大隆组优质烃源岩 [J]. 石油勘探与开发，37（6）：654-662.
夏文臣，雷建喜，周杰，等，1991. 黔桂地区海西—印支阶段的构造古地理演化及沉积盆地的时空组合 [J]. 地球科学，16（5）：477-488.

向英福，陈宗富，1989. 贵州晚二叠世沉积相及其演变规律探讨 [J]. 贵州地质，6（3）：191-202.
肖传桃，李维锋，李艺斌，1995. 中扬子地区二叠纪生态地层学及古地理特征 [J]. 石油学报，16（3）：30-36.
肖建新，孙粉锦，何乃祥，等，2008. 鄂尔多斯盆地二叠系山西组及下石盒子组盒 8 段南北物源沉积汇水区与古地理 [J]. 古地理学报，10（4）：341-354.
谢宏坤，2012. 东北地区早二叠世岩相古地理研究 [D]. 长春：吉林大学 .
谢小平，王永栋，沈焕庭，2004. 宁夏中卫晚石炭世沉积相分析与古环境重建 [J]. 沉积学报，22（1）：19-28.
辛仁臣，贾进华，杨波，2011. 塔里木盆地上泥盆—下石炭统层序地层格架与古地理 [J]. 古地理学报，13（6）：665-676.
邢凤存，陆永潮，郭彤楼，等，2017. 碳酸盐岩台地边缘沉积结构差异及其油气勘探意义：以川东北早三叠世飞仙关期台地边缘带为例 [J]. 岩石学报，33（4）：1305-1316.
熊连桥，姚根顺，倪超，等，2017. 龙门山地区中泥盆统观雾山组岩相古地理恢复 [J]. 石油学报，38（12）：1356-1370.
熊连桥，姚根顺，熊绍云，等，2019. 基于平衡剖面对断裂带地层展布恢复的方法：以川西地区中泥盆统观雾山组为例 [J]. 大地构造与成矿学，43（6）：1079-1093.
熊绍云，郝毅，熊连桥，等，2020. 川西中泥盆统观雾山组沉积演化及其对储层发育的控制作用 [J]. 海相油气地质，25（2）：181-192.
熊小辉，王剑，熊国庆，等，2015. 新疆富蕴盆地下石炭统"底砾岩"特征及其大地构造意义 [J]. 沉积学报，33（2）：254-264.
徐桂芬，林畅松，李振涛，2014. 南哈萨克区块下石炭统层序岩相古地理及其对有利储层的控制 [J]. 东北石油大学学报，38（6）：1-11，151.
徐强，朱同兴，牟传龙，2001. 川西晚三叠世—晚侏罗世层序岩相古地理编图 [J]. 西南石油学院学报，23（1）：1-5.
徐强，刘宝珺，何汉漪，等，2004. 四川晚二叠世生物礁层序地层岩相古地理编图 [J]. 石油学报，25（2）：47-50.
徐文礼，文华国，刘均，等，2021. 川东下三叠统嘉陵江组层序—岩相古地理特征 [J]. 沉积学报，39（6）：1478-1490.
徐振永，王延斌，陈德元，等，2007. 沁水盆地晚古生代煤系层序地层及岩相古地理研究 [J]. 煤田地质与勘探，35（4）：5-7，11.
许效松，1996. 中国南大陆演化与全球古地理对比 [M]. 北京：地质出版社 .
许效松，牟传龙，林明，1994. 中国南方泥盆纪板内盆地层序地层与控矿 [J]. 沉积学报，12（1）：1-7.
许效松，刘宝珺，赵玉光，1996. 上扬子台地西缘二叠系—三叠系层序界面成因分析与盆山转换 [J]. 特提斯地质，16（0）：1-30.
许效松，刘宝珺，牟传龙，等，2004. 中国西部三大海相克拉通含油气盆地沉积 - 构造转换与生储岩 [J]. 地质通报，23（11）：1066-1073.
阎存凤，袁剑英，2011. 武威盆地石炭系沉积环境及含油气远景 [J]. 天然气地球科学，22（2）：267-274.
阎存凤，袁剑英，赵应成，2008. 北祁连东部石炭纪岩相古地理 [J]. 沉积学报，26（2）：193-201.
阎同生，2003. 河北柳江盆地石炭纪和二叠纪植物群及古地理演化 [J]. 古地理学报，5（4）：461-474.
阎同生，广新菊，2006. 河北曲阳晚古生代植物群及古地理研究 [J]. 河北师范大学学报，30（4）：468-472.
颜佳新，2004. 华南地区二叠纪栖霞组碳酸盐岩成因研究及其地质意义 [J]. 沉积学报，22（4）：579-587.
颜佳新，赵坤，2002. 二叠 - 三叠纪东特提斯地区古地理、古气候和古海洋演化与地球表层多圈层事件耦合 [J]. 中国科学（D 辑：地球科学），32（9）：751-759.
颜佳新，刘本培，张海清，1999. 滇西昌宁—孟连带内石炭纪—二叠纪鲕粒灰岩的古地理意义 [J]. 古地理学报，1（3）：13-18.
颜佳新，梁定益，伍明，2003. 滇西保山地区二叠纪碳酸盐岩地层古气候学研究 [J]. 中国科学（D 辑：地球科学），33（11）：1076-1083.
杨宝忠，夏文臣，杨坤光，2006. 吉林中部地区二叠纪岩相古地理及沉积构造背景 [J]. 现代地质，20（1）：61-68.
杨超，陈清华，王冠民，等，2010. 柴达木地区晚古生代沉积构造演化 [J]. 中国石油大学学报（自然科学版），34（5）：38-43，49.
杨逢清，王治平，1995. 秦岭二叠纪古海洋再造 [J]. 地球科学，20（6）：641-647.
杨浩，葛文春，纪政，等，2022. 中国东北地区显生宙岩浆作用和洋 - 陆格局及其与气候演变的关系 [J]. 岩石学报，38（5）：1443-1459.
杨怀宇，2010. 湘桂地区泥盆纪—中三叠世构造古地理格局及其演化 [D]. 北京：中国石油大学 .
杨怀宇，2014. 湘桂地区泥盆纪岩相古地理重建 [J]. 西南石油大学学报（自然科学版），36（1）：1-8.
杨怀宇，陈世悦，郝晓良，等，2010. 南盘江坳陷晚古生代隆林孤立台地沉积特征与演化阶段 [J]. 中国地质，37（6）：1638-1646.
杨嘉文，严平兴，1990. 南特提斯滇西带石炭 - 二叠纪构造、古地理格局 [J]. 地球科学，15（4）：397-406.
杨楠，李承森，2009. 中国泥盆纪维管植物的组成与古地理分布 [J]. 古地理学报，11（1）：91-104.
杨瑞东，1993. 华南地区石炭纪海平面波动与沉积效应 [J]. 云南地质，12（2）：177-182.
杨帅，陈安清，张玺华，等，2021. 四川盆地二叠纪栖霞—茅口期古地理格局转换及勘探启示 [J]. 沉积学报，39（6）：1466-1477.
杨万容，李迅，1995. 中国南方二叠纪礁类型及成礁的控制因素 [J]. 古生物学报，34（1）：67-75.
杨威，刘满仓，魏国齐，等，2021. 四川盆地中三叠统雷口坡组岩相古地理与规模储集体特征 [J]. 天然气地球科学，32（6）：781-793.
杨维，王国灿，纵瑞文，等，2015. 西准噶尔志留纪 - 泥盆纪弧盆格局的确定及其区域构造演化意义 [J]. 地球科学，40（3）：448-460，503.
杨文强，冯庆来，刘桂春，2010. 滇西北甘孜 - 理塘构造带放射虫地层、硅质岩地球化学及其构造古地理意义 [J]. 地质学报，84（1）：78-89.
杨县超，2009. 鄂尔多斯盆地吴定地区晚三叠世早期的沉积环境与古地理演化 [J]. 西安：西北大学 .
杨永剑，刘家铎，田景春，等，2011. 塔里木盆地下石炭统巴楚组岩相古地理特征及演化 [J]. 天然气地球科学，22（1）：81-88.
杨雨，谢继容，张建勇，等，2022. 四川盆地中部中三叠统雷三 ~2 亚段非常规储层特征及勘探潜力 [J]. 天然气工业，42（12）：12-22.
杨雨，文龙，周刚，等，2023. 四川盆地油气勘探新领域、新类型及资源潜力 [J]. 石油学报，44（12）：2045-2069.
姚升阳，牟传龙，周刚，等，2020. 四川盆地东北部镇巴地区二叠系 C-O-Sr 同位素组成及沉积演化特征 [J]. 地球科学与环境学报，42（5）：637-653.
姚仕祥，周开华，庾慧敏，等，2018. 丹池地区泥盆纪地层序列在右江裂陷盆地的延伸 [J]. 地层学杂志，42（2）：238-242.
叶春林，刘家润，王训诫，等，2010. 安徽铜陵及邻区早石炭世沉积古地理 [J]. 古地理学报，12（4）：371-383.
殷科华，叶德书，沈大兴，等，2009. 息烽—遵义早石炭世大塘期岩相古地理特征 [J]. 沉积学报，27（4）：606-613.
于津海，刘潜，胡修棉，等，2012. 华南晚古生代岩浆活动的新发现：岛弧还是陆内造山 [J]? 科学通报，57（31）：2964-2971.
余和中，2001. 松辽盆地及周边地区石炭纪—二叠纪岩相古地理 [J]. 沉积与特提斯地质，21（4）：70-83.
余谦，牟传龙，张海全，等，2011. 上扬子北缘震旦纪 - 早古生代沉积演化与储层分布特征 [J]. 岩石学报，27（3）：672-680.
余树青，张喜，陆千强，等，2021. 隆林德峨地区晚泥盆世 - 早石炭世平行不整合及其意义探讨 [J]. 桂林理工大学学报，41（2）：277-284.
袁庆东，李本亮，刘海涛，等，2010. 川西北地区构造演化阶段及岩相古地理 [J]. 大庆石油学院学报，34（6）：42-52，120-121.
苑坤，陈榕，林拓，等，2019. 贵州南部晚石炭世沉积环境与古地理特征 [J]. 石油实验地质，41（1）：38-44.
翟常博，牟传龙，梁薇，等，2021. 鄂西地区二叠系孤峰组—大隆组沉积演化及其页岩气地质意义 [J]. 矿物岩石，41（4）：114-124.
张帮禄，薛建玲，吕志成，等，2022. 西昆仑玛尔坎苏锰矿带晚石炭世岩相古地理特征及其对成矿的控制 [J]. 地质通报，41（11）：2047-2064.
张东海，黄宝春，赵千，等，2018. 兴安地块下泥盆统古地磁结果对其古地理位置的制约 [J]. 科学通报，63（15）：1502-1514.
张凡，冯庆来，张志斌，等，2003. 滇西南耿马地区弄巴剖面早石炭世硅质岩的地球化学特征及古地理意义 [J]. 地质通报，22（5）：335-340.
张凤林，贺宏云，2002. 内蒙古通辽南部石炭纪岩相古地理特征 [J]. 中国地质，29（4）：407-410.
张关龙，陈世悦，王海方，等，2009. 济阳坳陷石炭—二叠系沉积特征及岩相古地理演化 [J]. 中国石油大学学报（自然科学版），33（3）：11-17.
张光亚，童晓光，辛仁臣，等，2019. 全球岩相古地理演化与油气分布（一）[J]. 石油勘探与开发，46（4）：633-652.
张汉金，徐立中，余正清，等，2011. 湖北省二叠纪梁山组沉积期岩相古地理特征与成煤规律 [J]. 中国煤炭地质, 23（8）：18-21, 27.

张汉金, 徐立中, 颜代蓉, 等, 2012. 湖北省晚二叠世龙潭组沉积期岩相古地理格局与成煤环境 [J]. 地质科技情报, 31（4）：50-54.

张昊, 李凤杰, 沈凡, 等, 2019. 四川盆地龙门山区甘溪石沟里泥盆系养马坝组风暴沉积特征及其地质意义 [J]. 古地理学报, 21（3）：441-450.

张健, 朱占平, 孙雷, 等, 2019. 松辽盆地外围西部上二叠统林西组岩相古地理特征 [J]. 东北石油大学学报, 43（2）：1-11, 139.

张克信, 2015. 中国沉积大地构造图 [M]. 北京：地质出版社.

张矿明, 范志伟, 马成宪, 等, 2018. 桂中地区下石炭统寺门组物源特征与岩相古地理分析 [J]. 东北石油大学学报, 42（6）：10-21, 5-6.

张梅生, 彭向东, 孙晓猛, 1998. 中国东北区古生代构造古地理格局 [J]. 辽宁地质,（2）：12-17.

张孟, 郑飞, 南玲玲, 等, 2018. 新疆哈密地区早泥盆世珊瑚动物群及其地质意义 [J]. 地质通报, 37（10）：1789-1797.

张鹏飞, 陈世悦, 张关龙, 2008. 临清探区石炭二叠系沉积演化特征 [J]. 中国矿业大学学报, 37（2）：270-275.

张启明, 江新胜, 秦建华, 等, 2012. 黔北—渝南地区中二叠世早期梁山组的岩相古地理特征和铝土矿成矿效应 [J]. 地质通报, 31（4）：558-568.

张瑞林, 1990. 由秦巴泥盆纪岩相古地理研究探讨古构造活动 [J]. 岩相古地理, 10（1）：16-26.

张淑荣, 山显任, 盖志琨, 2023. 广西南宁下泥盆统华南鱼类化石新发现及其地层和古地理意义 [J]. 古地理学报, 341-355.

张翔, 田景春, 彭军, 2008. 塔里木盆地志留—泥盆纪岩相古地理及时空演化特征研究 [J]. 沉积学报, 26（5）：762-771.

张翔, 田景春, 曹桐生, 2011. 南华北盆地中二叠统"石盒子组"岩相古地理及储、盖特征研究 [J]. 地层学杂志, 35（4）：431-439.

张翔, 田景春, 陈洪德, 等, 2009. 鄂尔多斯盆地上二叠统石千峰组岩相古地理及时空演化 [J]. 成都理工大学学报（自然科学版）, 36（2）：165-171.

张雄华, 黄兴, 张孟, 等, 2021. 中国石炭纪构造 - 地层区划与地层格架 [J]. 地学前缘, 28（5）：362-379.

张元元, 曾宇轲, 唐文斌, 2021. 准噶尔盆地西北缘二叠纪原型盆地分析 [J]. 石油科学通报, 6（3）：333-343.

张志杰, 周川闽, 袁选俊, 等, 2023. 准噶尔盆地二叠系源 - 汇系统与古地理重建 [J]. 地质学报, 97（9）：3006-3023.

章贵松, 张军, 王欣, 等, 2005. 鄂尔多斯盆地西缘晚古生代层序地层划分 [J]. 天然气工业, 25（4）：19-22.

赵省民, 陈登超, 邓坚, 等, 2011. 银根 - 额济纳旗及邻区石炭 - 二叠纪碳酸盐岩的沉积特征及其地质意义 [J]. 地球科学, 36（1）：62-72.

赵文光, 郭彤楼, 蔡忠贤, 2010. 川东北地区二叠系长兴组生物礁类型及控制因素 [J]. 现代地质, 24（5）：951-956.

赵秀岐, 张振生, 李洪文, 1995. 塔里木盆地石炭系层序地层学及岩相古地理研究 [J]. 石油地球物理勘探, 30（5）：533-545, 572.

赵振宇, 郭彦如, 王艳, 等, 2012. 鄂尔多斯盆地构造演化及古地理特征研究进展 [J]. 特种油气藏, 19（5）：15-20, 151.

赵宗举, 周慧, 陈轩, 等, 2012. 四川盆地及邻区二叠纪层序岩相古地理及有利勘探区带 [J]. 石油学报, 33（S2）：35-51.

郑和荣, 2010. 中国前中生代构造层序 - 岩相古地理图集 [M]. 北京：地质出版社.

郑家凤, 穆曙光, 1995. 塔里木盆地震旦纪—奥陶纪岩相古地理 [J]. 西南石油学院学报, 17（4）：1-5.

郑荣才, 罗平, 文其兵, 等, 2009. 川东北地区飞仙关组层序—岩相古地理特征和鲕滩预测 [J]. 沉积学报, 27（1）：1-8.

郑荣才, 李国辉, 常海亮, 2015. 四川盆地东部上三叠统须家河组层序—岩相古地理特征 [J]. 中国地质, 42（4）：1024-1036.

周慧, 赵宗举, 刘烨, 等, 2012. 四川盆地及邻区早三叠世印度期层序岩相古地理及有利勘探区带 [J]. 石油学报, 33（S2）：52-63.

周进高, 姚根顺, 杨光, 等, 2016. 四川盆地栖霞组—茅口组岩相古地理与天然气有利勘探区带 [J]. 天然气工业, 36（4）：8-15.

周恳恳, 牟传龙, 许效松, 等, 2014. 华南上扬子早志留世古地理与生储盖层分布 [J]. 石油勘探与开发, 41（5）：623-632.

周恳恳, 牟传龙, 葛祥英, 等, 2017. 新一轮岩相古地理编图对华南重大地质问题的反映：早古生代晚期"华南统一板块"演化 [J]. 沉积学报, 35（3）：449-459.

周守沄, 2000. 新疆石炭纪古地理 [J]. 新疆地质, 18（4）：324-329.

周园园, 邵龙义, 贺聪, 等, 2011. 北京西山潭柘寺地区石炭—二叠纪层序地层与聚煤作用研究 [J]. 中国煤炭地质, 23（3）：5-10.

朱宝存, 唐书恒, 张佳赞, 等, 2009. 承德地区石炭 - 二叠系层序岩相古地理 [J]. 中国煤炭地质, 21（1）：5-8, 16.

朱利东, 刘登忠, 陶晓风, 等, 2004. 西藏措勤地区石炭纪—早二叠世古地理演化 [J]. 地球科学进展, 19（S1）：46-49.

朱如凯, 罗平, 罗忠, 2002. 塔里木盆地泥盆世及石炭纪岩相古地理 [J]. 古地理学报, 4（1）：13-24.

朱如凯, 许怀先, 邓胜徽, 等, 2007. 中国北方地区石炭纪岩相古地理 [J]. 古地理学报, 9（1）：13-24.

朱淑玥, 刘磊, 虎建玲, 等, 2026. 鄂尔多斯盆地西缘晚石炭世羊虎沟组源—汇系统特征及古地理格局 [J]. 沉积学报,（4）：1-28.

朱伟鹏, 宋公社, 陈强, 等, 2020. 西山煤田石炭—二叠纪岩相古地理演化特征分析 [J]. 西北地质, 53（4）：20-33.

朱迎堂, 田景春, 白生海, 等, 2009. 青海省石炭纪—三叠纪岩相古地理 [J]. 古地理学报, 11（4）：384-392.

祝贺, 刘家铎, 田景春, 等, 2011. 塔里 - 塔中地区三叠纪岩相古地理特征及油气地质意义 [J]. 断块油气田, 18（2）：183-186.

纵瑞文, 范若颖, 赵龙, 等, 2014a. 准噶尔西北部塔尔巴哈台组早石炭世植物和遗迹化石的发现及其古地理意义 [J]. 古地理学报, 16（3）：319-334.

纵瑞文, 龚一鸣, 王国灿, 2014b. 西准噶尔南部石炭纪地层层序及古地理演化 [J]. 地学前缘, 21（2）：216-233.

祖辅平, 舒良树, 李成, 2012. 永安盆地晚古生代—中—新生代沉积构造环境演化特征 [J]. 地质论评, 58（1）：126-148.

左景勋, 童金南, 赵来时, 2003. 中国南方早三叠世岩相古地理分异演化与板块运动的关系 [J]. 地质科技情报, 22（2）：29-34.

Dickinson S M, 1976. Subjective of occupants to automobile interior noise[J]. The Journal of the Acoustical Society of America, 59（S1）：S99.

Ge X Y, Mou C L, Wang C S, et al., 2019a. Mineralogical and geochemical characteristics of K-bentonites from the Late Ordovician to the Early Silurian in South China and their geological significance[J]. Geological Journal, 54（1）：514-528.

Ge X Y, Mou C L, Yu Q, et al., 2019b. The geochemistry of the sedimentary rocks from the Huadi No，1 well in the Wufeng-Longmaxi formations（Upper Ordovician-Lower Silurian）, South China, with implications for paleoweathering, provenance, tectonic setting and paleoclimate[J]. Marine and Petroleum Geology, 103：646-660.

Hou M C, Chen A Q, Ogg J G, et al., 2019. China paleogeography：Current status and future challenges[J]. Earth-Science Reviews, 189：177-193.[LinkOut]

Hou Q, Mou C L, Wang Q Y, et al., 2018. Provenance and tectonic setting of the early and middle Devonian Xueshan Formation, the North Qilian belt, China[J]. Geological Journal, 53（4）：1404-1422.

Huang H, Shi Y K, Jin X C, 2015. Permian fusulinid biostratigraphy of the Baoshan Block in western Yunnan, China with constraints on paleogeography and paleoclimate[J]. Journal of Asian Earth Sciences, 104：127-144.

Huang H Y, He D F, Li Y Q, et al., 2021. Late Permian tectono-sedimentary setting and basin evolution in the Upper Yangtze Region, South China：Implications for the formation mechanism of intra-platform depressions[J]. Journal of Asian Earth Sciences, 205：104599.

Li H Y, Huang X L, 2013. Constraints on the paleogeographic evolution of the north China Craton during the Late Triassic–Jurassic[J]. Journal of Asian Earth Sciences, 70：308-320.

Li Y N, Shao L Y, Fielding C R, et al., 2021. Sequence stratigraphy, paleogeography, and coal accumulation in a lowland alluvial plain, coastal plain, and shallow-marine setting：Upper Carboniferous–Permian of the Anyang–Hebi Coalfield, Henan Province, north China[J]. Palaeogeography, Palaeoclimatology, Palaeoecology, 567：110287.

Liao Z W, Hu W X, Cao J, et al., 2016. Permian–Triassic boundary（PTB）in the Lower Yangtze Region, southeastern China：A new discovery of deep-water archive based on organic carbon isotopic and U–Pb geochronological studies[J]. Palaeogeography, Palaeoclimatology, Palaeoecology, 451：124-139.

Lin C S, Yang H J, Liu J Y, et al., 2012. Distribution and erosion of the

Paleozoic tectonic unconformities in the Tarim Basin, Northwest China: Significance for the evolution of paleo-uplifts and tectonic geography during deformation[J]. Journal of Asian Earth Sciences, 46: 1-19.

Lin L B, Yu Y, Zhai C B, et al., 2018. Paleogeography and shale development characteristics of the Late Permian Longtan Formation in southeastern Sichuan Basin, China[J]. Marine and Petroleum Geology, 95: 67-81.

Liu G H, 1990. Permo-Carboniferous paleogeography and coal accumulation and their tectonic control in the North and South China continental plates[J]. International Journal of Coal Geology, 16 (1-3): 73-117.

Luo J X, He Y B, Wang R, et al., 2014. Lithofacies palaeogeography of the Late Permian wujiaping age in the middle and Upper Yangtze Region, China[J]. Journal of Palaeogeography, 3 (4): 384-409.

Ma X P, Zong P, 2010. Middle and Late Devonian brachiopod assemblages, sea level change and paleogeography of Hunan, China[J]. Science China Earth Sciences, 53 (12): 1849-1863.

Ma Y S, Guo X S, Guo T L, et al., 2007. The Puguang gas field: New giant discovery in the mature Sichuan Basin, southwest China[J]. AAPG Bulletin, 91 (5): 627-643.

Men X, Mou C L, Ge X Y, et al., 2020. Geochemical characteristics of siliceous rocks of Wufeng Formation in the Late Ordovician, South China: Assessing provenance, depositional environment, and formation model[J]. Geological Journal, 55 (4): 2930-2950.

Li M L, Tan X C, Yang Y, et al., 2022. Sequence-lithofacies paleogeographic characteristics and petroleum geological significance of Lower Permian Qixia Stage in Sichuan Basin and its adjacent areas, SW China[J]. Petroleum Exploration and Development, 49 (6): 1295-1309.

Miall A D, 1984. Depositional Systems[M]. New York: Springer.

Mou C L, Wang X P, Wang Q Y, et al. Lithofacies Paleogeography and Geological Survey of Shale Gas[M]. Singapore: Springer Nature Singapore, 2023.

Niu Y Z, Shi G R, Ji W H, et al., 2021. Paleogeographic evolution of a Carboniferous–Permian Sea in the southernmost part of the Central Asian Orogenic Belt, NW China: Evidence from microfacies, provenance and paleobiogeography[J]. Earth-Science Reviews, 220: 103738.

Shao Y W, Zhao F H, Mu G Y, et al., 2023. Sequence-paleogeography and coal accumulation of the Late Carboniferous–Early Permian paralic successions in western Shandong Province, Northern China[J]. Marine and Petroleum Geology, 151: 106184.

Wang R X, Wang Q F, Huang Y X, et al., 2018. Combined tectonic and paleogeographic controls on the genesis of bauxite in the Early Carboniferous to Permian Central Yangtze Island[J]. Ore Geology Reviews, 101: 468-480.

Yan Z, Aitchison J C, Fu C L, et al., 2016. Devonian sedimentation in the Xiqingshan Mountains: Implications for paleogeographic reconstructions of the SW Qinling Orogen[J]. Sedimentary Geology, 343: 1-17.

Wang Y, Jin Y G, 2000. Permian palaeogeographic evolution of the Jiangnan Basin, South China[J]. Palaeogeography, Palaeoclimatology, Palaeoecology, 160 (1-2): 35-44.

Zan B W, Mou C L, Lash G G, et al., 2021. An integrated study of the petrographic and geochemical characteristics of organic-rich deposits of the Wufeng and Longmaxi formations, western Hubei Province, South China: Insights into the co-evolution of paleoenvironment and organic matter accumulation[J]. Marine and Petroleum Geology, 132: 105193.

Zheng B S, Mou C L, Wang X P, et al., 2019. Sedimentary record of the collision of the North and South China cratons: New insights from the Western Hubei Trough[J]. Geological Journal, 54 (6): 3335-3348.

Zheng B S, Mou C L, Wang X P, et al., 2021. Paleoclimate and paleoceanographic evolution during the Permian-Triassic transition (western Hubei Area, South China) and their geological implications[J]. Palaeogeography, Palaeoclimatology, Palaeoecology, 564: 110166.

Zhong Y, Yang Y M, Wen L, et al., 2021. Reconstruction and petroleum geological significance of lithofacies paleogeography and paleokarst geomorphology of the Middle Permian Maokou Formation in northwestern Sichuan Basin, SW China[J]. Petroleum Exploration and Development, 48 (1): 95-109.